AutoCAD 家具设计

2015 从入门到精通

李林 / 编著

U0322266

中国青年出版社
CHINA YOUTH PRESS 中青雄狮

侵权举报电话

全国"扫黄打非"工作小组办公室　　　　中国青年出版社
010-65233456　65212870　　　　　　010-59521012
http://www.shdf.gov.cn　　　　　　　　E-mail: editor@cypmedia.com

图书在版编目（CIP）数据

AutoCAD 2015家具设计从入门到精通 / 李林编著 . 一 北京：中国青年出版社，2015.1
ISBN 978-7-5153-3064-8
I.①A… II.①李… III.①家具 — 计算机辅助设计 — AutoCAD 软件　IV.①TS664.01-39
中国版本图书馆 CIP 数据核字（2014）第 301271 号

AutoCAD 2015家具设计从入门到精通

李林　编著

出版发行：🐱中国青年出版社
地　　址：北京市东四十二条21号
邮政编码：100708
电　　话：（010）59521188 / 59521189
传　　真：（010）59521111
企　　划：北京中青雄狮数码传媒科技有限公司

责任编辑：柳　琪
助理编辑：乔　峤
封面制作：六面体书籍设计　孙素锦

印　　刷：中煤涿州制图印刷厂北京分厂
开　　本：787×1092　　1/16
印　　张：29
版　　次：2015 年 1 月北京第 1 版
印　　次：2015 年 1 月第 1 次印刷
书　　号：ISBN 978-7-5153-3064-8
定　　价：59.90 元（附赠 1DVD，含语音视频教学 + 海量素材）

本书如有印装质量等问题，请与本社联系　电话：（010）59521188 / 59521189
读者来信：reader@cypmedia.com　　　　投稿邮箱：author@cypmedia.com
如有其他问题请访问我们的网站：http://www.cypmedia.com

前 言

PREFACE

写作初衷

本书针对当今日益火爆的家具设计行业，结合作者多年在实际工作中积累的一些经典案例，详细讲解了家具设计行业中的设计要素和特点。

本书将AutoCAD软件操作与家具设计紧密结合，通过本书的学习，可以使读者在学习AutoCAD的操作方法和绘图技巧的同时，了解和掌握家具设计的原理、材料、工艺和设计方法，积累丰富的从业经验，以便将其快速应用到实际工作中。

本书特点

本书内容丰富，讲解简明扼要，同时安排了丰富的制作实例，过程完整，针对性强；全书结构清晰、技术全面，理论讲解部分言简意赅、通俗易懂，实战演练部分步骤分明、图文并茂，具有以下几大特点。

● 结合国内特点，融入设计内容

本书不但详细介绍了家具设计的相关特点，吸收了国外家具设计行业的特点，还根据国内实情，加入了一些国内外精选的红木、原木等家具的设计特点，以及详细的绘制方法，从而更好地和后期装修工程结合起来，为业主和设计师搭建良好的沟通平台。

● 丰富实用的案例

所有相关知识均是结合家具设计典型案例进行讲解，重视案例的代表性，尽量避免重复，力求以最少的内容达到最好的教学效果。

● 专业务实的教学内容

知识点全面、通俗、实用，全书内容紧扣"家具设计"这一主题，坚持规范作图，同时体现软件的工具效应，也是作者多年的经验总结。

● 多媒体教学光盘

借助案例教学录像直观、生动、交互性好的优点，使读者轻松领会各种知识和技术，达到无师自通的效果。

● 超值附赠

附赠大量室内装潢设计图和多套室内设计图纸集，其中包括沙发、桌椅、床、台灯、挂画、坐便器、门窗、灶具、电视、冰箱、空调、音响、绿化配景等，利用这些图块可以大大提高家具设计的工作效率，真正物超所值。

适用群体

本书主要适用于以下读者群体：

● 准备学习或正在学习AutoCAD（包括AutoCAD 2012～2015）软件的初级读者

● 建筑设计绘图的初中级用户

● 室内装饰设计与施工图的初中级用户

● 相关专业学生及从业者

另外，书中部分图片来自网络，仅用于简单佐证相关观点，因未能联系到原作者，在此一并表示衷心的感谢。

由于作者水平有限，书中难免出现错误和疏漏之处，还请广大读者朋友指正，再次衷心感谢各位读者能够提出宝贵意见！

编　者

目 录

CONTENTS

Chapter 08
家具制图基础

Chapter 09
桌几类家具设计

AutoCAD 2015是Autodesk公司推出的最新版本的计算机辅助设计软件，该软件经过不断完善，现已成为国际上广为流行的绘图工具。本章将讲述AutoCAD 2015的基础知识和基本操作。

Chapter

01

软件入门

AutoCAD 2015

1.1 AutoCAD 2015的安装

1.2 AutoCAD 2015的工作界面

1.3 图形文件管理

1.4 设置文件的备份功能

1.1 AutoCAD 2015的安装

同大多数应用软件一样，用户要想在计算机上使用AutoCAD 2015软件，必须先要在计算机上正确安装该应用软件。

1.1.1 AutoCAD 2015 系统需求

不是随便一台计算机都可以安装AutoCAD 2015软件的，只有计算机的硬件和软件系统满足要求才能够正确安装。

对于Windows操作系统的用户来说，其安装AutoCAD 2015的系统需求如下表所示。

AutoCAD 2015 系统需求

说　明	需　求
操作系统	Microsoft Windows 8/8.1 专业版/企业版
	Microsoft Windows 7 企业版、Microsoft Windows 7 旗舰版/专业版/家庭版
处理器	对于 32 位 AutoCAD 2015： 32 位 Intel Pentium 4 或 AMD Athlon 双核，3.0 GHz 或更高，采用 SSE2 技术
	对于 64 位 AutoCAD 2015： AMD Athlon 64，采用 SSE2 技术 AMD Opteron，采用 SSE2 技术 带有 Intel EM64T 支持并采用 SSE2 技术的 Intel Xeon Intel Pentium 4，具有 Intel EM64T 支持并采用 SSE2 技术
内存	2GB RAM（建议使用 8 GB）
显示器分辨率	1024 × 768（建议使用 1600 x 1050 或更高）真彩色
磁盘空间	6GB
浏览器	Internet Explorer 9 或更高版本
介质 (DVD)	从 DVD 下载并安装
.NET Framework	.NET Framework 版本 4.50
三维建模的其他需求	Intel Pentium 4 处理器或 AMD Athlon，3.0 GHz 或更高，采用 SSE2 技术；Intel 或 AMD Dual Core 处理器，2.0 GHz 或更高版本
	8 GB RAM或更高，6 GB 可用硬盘空间（不包括安装需要的空间）
	1280 × 1024 真彩色视频显示适配器 128 MB显存或更高，Pixel Shader 3.0 或更高版本，支持 Direct3D 功能的工作站级图形卡

1.1.2 AutoCAD 2015的安装步骤

只要计算机满足要求，用户就可以在计算机上安装该软件了，下面简单说明一下安装步骤。

案例 AutoCAD安装

STEP 01 将AutoCAD安装光盘放入到光驱中，双击"Setup"应用程序，如下图所示，弹出"安装初始化"窗口，系统进行初始化。

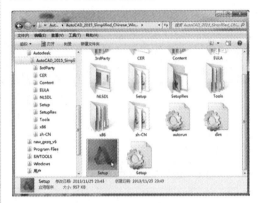

STEP 02 弹出"AutoCAD 2015"的安装界面窗口，单击"安装"按钮即可，如下图所示。

STEP 03 进入到"许可协议"对话框，在"国家或地区"中选择"China"，然后选中"我接受"单选按钮，单击"下一步"按钮，如下图所示。

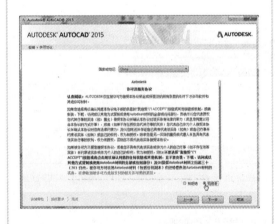

STEP 04 进入到"产品信息"对话框，默认选中"产品语言"为"中文（简体）（Chinese（Simplified））"，"许可类型"为"单机"，"产品信息"部分用户根据购买提示输入序列号和产品密钥即可，此处选择"我想要试用该产品30天"，如下图所示。

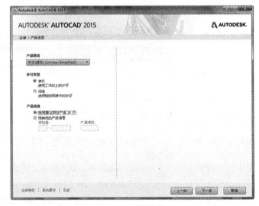

STEP 05 进入到"配置安装"对话框，用户可以根据需求自行选择安装组件、安装路径等，然后单击"安装"按钮即可开始安装，如右图所示。

提示 tips 在安装过程中，AutoCAD软件会根据用户的计算机系统来自行安装相应的组件，会耗时大约30分钟。

1.1.3 AutoCAD 2015的启动

安装完成后，用户可以有以下几种方法启动该软件。

① 双击桌面上的"AutoCAD 2015 – 简体中文 (Simplified Chinese)"图标。

② 单击"开始"菜单，选择"AutoCAD 2015-简体中文(Simplified Chinese)"程序。

③ 双击硬盘中的DWG格式图形文件。

使用以上方法启动AutoCAD软件，会显示新选项卡窗口，如下图所示。

该窗口主要分为3个部分：快速入门、最近使用的文档和通知。

快速入门： 用户可以在这里启动新建图形文件、打开文件、打开图纸集等操作。

最近使用的文档： 显示当前系统中用户最近使用的文档情况。

通知： 包括脱机帮助。用户可以登录Autodesk 360，发送反馈等。

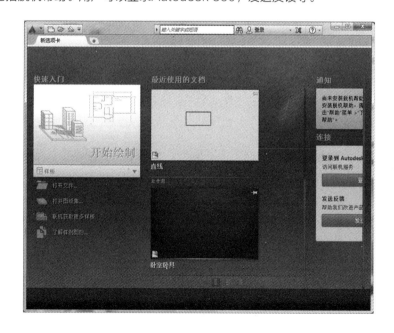

1.2 AutoCAD 2015的工作界面

中文版AutoCAD 2015提供了"草图与注释""三维基础"和"三维建模"3种工作空间，取消了"AutoCAD经典"工作空间。下图是"草图与注释"工作空间界面。

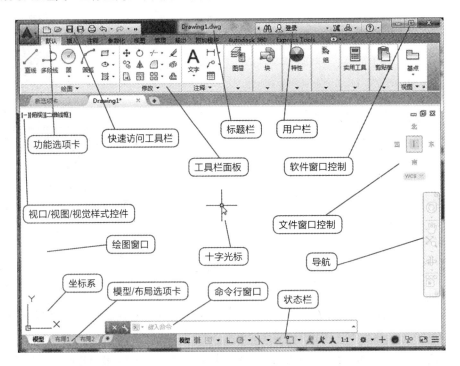

1.2.1 工作空间的切换

AutoCAD 2015版本软件包括"草图与注释""三维基础"和"三维建模"3种工作空间类型，用户可以根据需要更换工作空间，切换工作空间的具体方法有以下两种。

① 首先启动AutoCAD 2015，然后单击工作界面右下角中的"切换工作空间"按钮 ⚙ ，在弹出的菜单中选择"三维建模"命令，如下左图所示。

② 用户也可以在快速访问工具栏中选择相应的工作空间，如下右图所示。

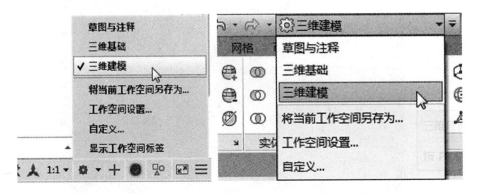

1.2.2 标题栏

中文版AutoCAD 2015工作界面的最上端是标题栏。在标题栏中，显示系统当前正在使用的图形文件。在第一次启动AutoCAD 2015时，标题栏中将显示AutoCAD 2015在启动时创建并打开的图形文件的名称"Drawing1.dwg"，如下图所示。

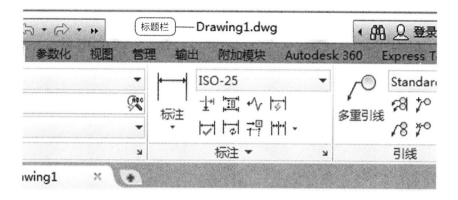

1.2.3 菜单栏与快捷菜单

AutoCAD默认界面中菜单栏被隐藏，界面中包括了很多种样式，包括有菜单栏和快捷菜单选择。

1. 菜单栏

单击快速访问工具栏右侧的下拉按钮，弹出下拉列表，在下拉列表中选择"显示菜单栏"选项即可显示或隐藏菜单栏，如下左图所示。菜单栏显示在绘图区域的顶部，AutoCAD 2015中默认一共有12个菜单选项（部分选项与用户安装的插件有关，如Express），每个菜单选项下都有各类不同的菜单命令，是AutoCAD中最常用的执行菜单命令的方式之一，如下右图所示。

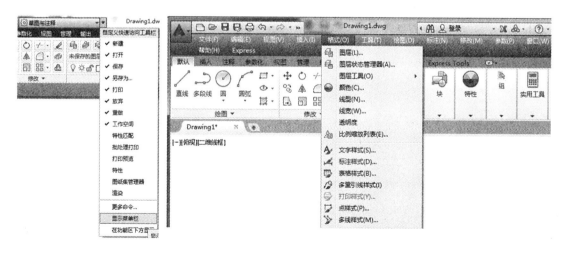

2. 快捷菜单

在绘图窗口中右击时，在十字光标位置附近将会显示快捷菜单。在不同的命令不同选择对象下右击，显示的快捷菜单的内容也不相同，在绘图区域空白处右击，显示的快捷菜单如右图所示。

1.2.4 绘图窗口

在AutoCAD 2015中，绘图窗口是绘图工作区域。所有的绘图结果都反映在这个窗口中。可以根据需要关闭其周围和里面的各个工具栏，以增大绘图空间。如果图纸比较大，需要查看未显示部分时，可以单击窗口右侧与下方滚动条上的箭头，或拖动滚动条上的滑块来移动图纸。

在绘图窗口中除了显示当前的绘图结果外，还显示了当前使用的坐标系类型以及坐标原点，X轴、Y轴的方向等。默认情况下，坐标系为世界坐标系。

绘图窗口的下方有"模型"和"布局"选项卡，单击选项卡标签可以在模型空间或图纸空间（布局空间）之间来回切换，如下图所示（左为模型窗口，右为布局窗口）。

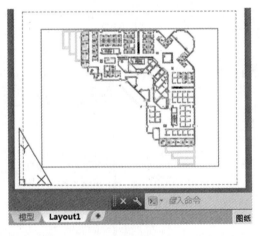

提示 tips 初次使用AutoCAD 2015时绘图窗口中栅格处于打开状态，这时可以在键盘上按F7键关闭栅格或在状态栏中单击 圝 按钮关闭栅格。

1.2.5 命令行与文本窗口

命令行和文本窗口是用户与计算机进行交互的地方，其中命令行是用户输入相应的命令值或系统提示出现的位置，文本窗口是将命令行拖动成浮动状态时的一种命令行状态，可以放大或缩小。

1. 命令行窗口

命令行窗口位于绘图窗口的底部，用于接受输入的命令，并显示AutoCAD的提示信息。在中文版AutoCAD 2015中，命令行窗口默认为浮动窗口，用户可以根据需要将其修改为固定窗口，如下左图所示。处于浮动状态的命令行窗口随拖放位置的不同，其标题显示的方向也不同。

2. 文本窗口

AutoCAD文本窗口是记录AutoCAD命令的窗口，也是放大的命令行窗口，其中记录了对文档已执行的所有命令操作，也可以用来输入新命令。在中文版AutoCAD 2015中，可以选择"视图>显示>文本窗口"菜单命令，也可输入"Textscr"命令或按F2键来打开AutoCAD文本窗口，如下右图所示。

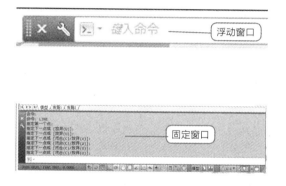

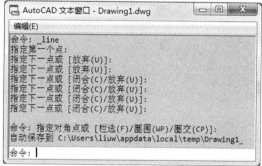

1.2.6 十字光标

在AutoCAD中，光标是以正交十字线形状显示的，所以通常称为"十字光标"。十字光标的中心代表当前点的位置，移动鼠标即可改变十字光标的位置。十字光标的大小及靶框的大小可以自定义。

选择"工具>选项"菜单命令，在"选项"对话框中选择"显示"选项卡，在"十字光标大小"区域中，输入数值或拖动滑块即可控制十字光标的大小，如下左图所示。

选择"绘图"选项卡，在"靶框大小"区域中，可以通过拖动滑块对十字光标中靶框的大小进行控制，通过左侧图标还可以实时预览调整效果，如下右图所示。

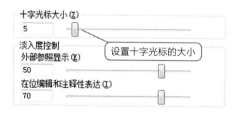

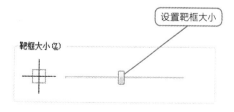

1.3 图形文件管理

正确管理图形文件是绘图的关键，在设计过程中为了避免计算机意外故障，随时都需要对文件进行保存。下面介绍一下AutoCAD的图形文件管理方式。

1.3.1 新建与打开文件

新建和打开文件是所有Windows系统下应用程序最基本的功能，此处来讲解一下AutoCAD 2015中新建和打开文件的方法。新建和打开文件均有多种方式，最常用的是通过菜单命令新建或打开，也可以通过快速访问工具栏进行新建或打开。

1. 新建文件

新建文件有以下几种方法，说明如下。
① 选择"文件>新建"菜单命令。
② 在命令行中输入"New"命令。
③ 在快速访问工具栏中单击"新建"按钮 。

案例 新建图形文件

Chapter01\新建图形文件.avi

STEP 01 启动AutoCAD 2015软件，然后选择"文件>新建"菜单命令，如下图所示。

提示 用户也可以单击快速访问工具栏上的"新建"按钮新建文件，如下图所示。

STEP 02 弹出"选择样板"对话框，用户可在样板列表框中选中某个样板文件，在右侧的"预览"框中将显示该样板的预览图像，单击"打开"按钮，即可将选中的样板文件作为样板来创建新图形，如下图所示。

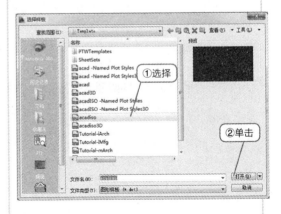

STEP 03 系统自动将文件命名为Drawing2，并显示空白图纸供用户绘图，如右图所示。

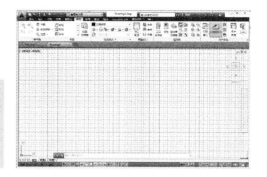

> **提示** 样板文件中通常包含与绘图相关的一些通用设置，如图层、线型、文字样式等，利用样板创建新图形不仅提高了绘图效率，而且还保证了图形的一致性。

2. 打开文件

打开文件有以下几种方法。

① 选择"文件>打开"菜单命令。

② 在命令行中输入"Open"命令。

③ 在快速访问工具栏中单击"打开"按钮 。

案例 case 打开图形文件

Chapter01\打开图形文件.avi

STEP 01 启动AutoCAD 2015软件，选择"文件>打开"菜单命令，如下图所示。

STEP 02 弹出"选择文件"对话框，用户可以在文件列表框中选中某一图形文件，在右侧的"预览"框中将显示该图形的预览图像，然后单击"打开"按钮即可打开该文件，如下图所示。

> **提示** 用户也可以单击快速访问工具栏上的"打开"按钮打开文件，如下图所示。

STEP 03 打开后的图形文件如右图所示。

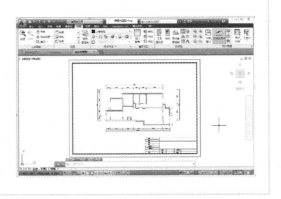

如果用户想以"局部方式"打开图形文件，则单击"打开"按钮旁边的下三角按钮，如下左图所示。

选择"局部打开"选项，弹出"局部打开"对话框，在该对话框中选择要打开的图层，如下右图所示，然后单击"打开"按钮，程序将只会打开所选图层上的图形。

1.3.2 保存与另存文件

保存文件和另存文件有所不同，保存文件可以用于新建文件的保存和已经存在的文件修改后的保存，而另存则是为了将文件保存在另外一个位置或者在相同位置以另外一个名称保存。

1. 保存文件

保存文件主要针对新建的图形文件或者修改打开后的文件，有以下几种方法。

① 选择"文件>保存"菜单命令。

② 在命令行中输入"save"命令。

③ 在快速访问工具栏中单击"保存"按钮 💾 。

案例 保存图形文件

Chapter01\保存图形文件.avi

STEP 01 在新建的文件中编辑完图形后，单击快速访问工具栏上的"保存"按钮，如下图所示。

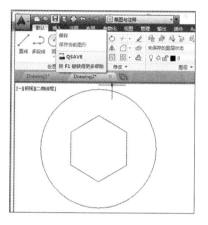

STEP 02 系统弹出"图形另存为"对话框，输入文件名并设置保存位置，然后单击"保存"按钮即可完成保存，如下图所示。

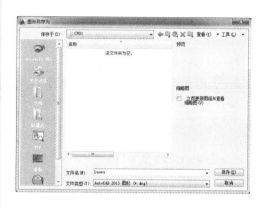

用户也可以在"文件类型"下拉列表框中选择以其他格式进行保存。

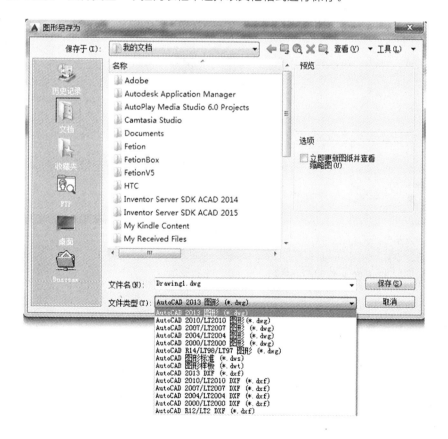

常见的格式有AutoCAD 2013图形、AutoCAD图形标准、AutoCAD图形样板等。其中AutoCAD 2013~2015版本的通用格式为AutoCAD 2013图形格式，AutoCAD图形标准是指将该文件保存为一个图形标准供其他图形参照，AutoCAD图形样板则是将该图形的格式、线型、图层等设置保存为样板，供同一小组或团队的人调用，方便保持一致的格式等。

2．另存文件

另存文件和保存文件的主要区别是：另存文件可以将同一个文件保存在不同的位置或者以不同的文件名保存在同一个位置，不覆盖原文件；保存则是以同一文件名，在同一位置覆盖原文件。另存文件有以下几种方法。

① 选择"文件>另存为"菜单命令。

② 在命令行中输入"Saveas"命令。

③ 在快速访问工具栏中单击"另存为"按钮 ▦ 。

选择"文件>另存为"菜单命令，将弹出"图形另存为"对话框，在该对话框中可以设置存储路径和文件名，方法与保存文件时相同。

1.3.3 输出图形文件

图形文件的输出是为了将图形文件转换成其他软件支持的格式，可以将AutoCAD 2015中的图形输出为以下格式：*.dwf、*.dwfx、*.fbx、*.wmf、*.sat和*.igs等。

案例 文件输出

STEP 01 当图形文件需要和其他软件进行交换时，选择"应用程序按钮>输出>PDF"命令，如下图所示。

STEP 02 在弹出的"另存为PDF"对话框中，选择输出文件的保存路径并输入文件名，单击"保存"按钮，程序自动将图形文件进行数据转换，如下图所示。

提示 用户可以根据需要设置输出选项和页面设置等。

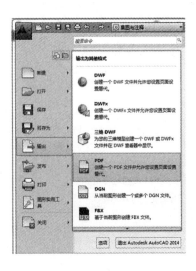

1.3.4 加密图形文件

在设计过程中为了文件的安全性，可以给图形文件设置密码。

 案例 加密图形文件

Chapter01\加密图形文件.avi

STEP 01 选择"文件>另存为"菜单命令，在弹出的"图形另存为"对话框中单击"工具"按钮，选择"安全选项"，如下图所示。

STEP 02 弹出"安全选项"对话框，在"密码"选项卡中输入密码，然后单击"确定"按钮，如下图所示。

STEP 03 在弹出的"确认密码"对话框中，再次输入密码，并单击"确定"按钮，如下图所示。

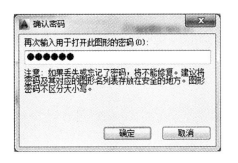

STEP 04 回到"图形另存为"对话框中，单击"保存"按钮，如下图所示。

STEP 05 再次打开图形文件时，会弹出"密码"对话框，在该对话框中输入正确的密码，然后单击"确定"按钮才能打开图形，如右图所示。

1.4 设置文件的备份功能

通过前面内容的学习，相信大家对图形文件的管理和软件操作等知识已经有了一个初步的了解，已经可以应付一些基本的问题。但在实际工作中，除了这些基本操作外，还有些大家经常忽略的问题，比如设置和打开备份文件、如何快速更换图层（这部分见后面的章节）等。

当图形绘制好或者电脑出现故障时，打开原文件有时会遇到错误，这时可以利用备份文件来修复错误的原文件。

那么怎么设置文件的备份呢？

案例 case 设置文件的备份功能

STEP 01 选择"工具>选项"菜单命令，弹出"选项"对话框，如下图所示。

STEP 02 在"选项"对话框中选择"打开和保存"选项卡，在"文件安全措施"区域中勾选"每次保存时均创建备份副本"复选框，如下图所示。

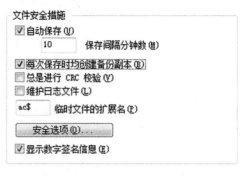

在了解了AutoCAD 2015的界面组成之后，本节将介绍AutoCAD的一些最基本的操作。二维绘图命令是AutoCAD的基础，可以说所有图形都是由点、线等最基本的元素构成的，AutoCAD 2015提供了一系列绘图命令，利用这些命令可以绘制常见的图形，如点、圆、射线、矩形、正多边形等。

Chapter

02

家具设计中常见的二维绘图命令

2.1 绘制直线类图形

2.2 绘制多边形类图形

2.3 绘制圆类图形

2.1 绘制直线类图形

在绘图中会经常使用到各种线段，线段是构建图形的基础，线段一般由开始点和结束点构成。

2.1.1 绘制直线段

直线的长度是开始点与结束点之间的最短距离。

调用直线命令的方法有以下几种。

① 选择"绘图>直线"菜单命令。

② 单击"默认"选项卡"绘图"面板中的"直线"按钮 。

③ 在命令行输入"Line"或"L"命令。

案例 利用直线段命令绘制桌子俯视图

Chapter02\利用直线段绘制桌子.avi

STEP 01 新建一个图形文件，选择"绘图>直线"菜单命令，在绘图窗口中单击以指定直线的第一点，如下图所示。

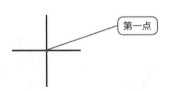

STEP 02 拖动鼠标到合适的位置并单击以指定直线的下一点，如下图所示。

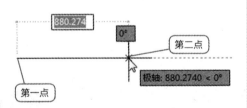

STEP 03 向下拖动鼠标，在距离提示栏中输入500，然后按Enter键，即这个直线段的长度为500，如下图所示。

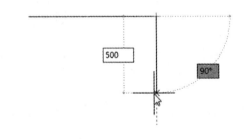

STEP 04 继续向左拖动，系统自动捕捉相交点，在该点处单击，完成第四点的绘制，结果如下图所示。

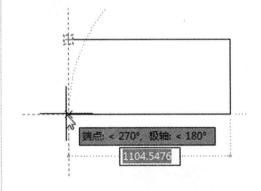

STEP 05 系统提示指定下一点或输入相应的命令代码，此处输入C完成闭合，即自动首尾连接，按Enter键结束绘制，结果如下图所示。

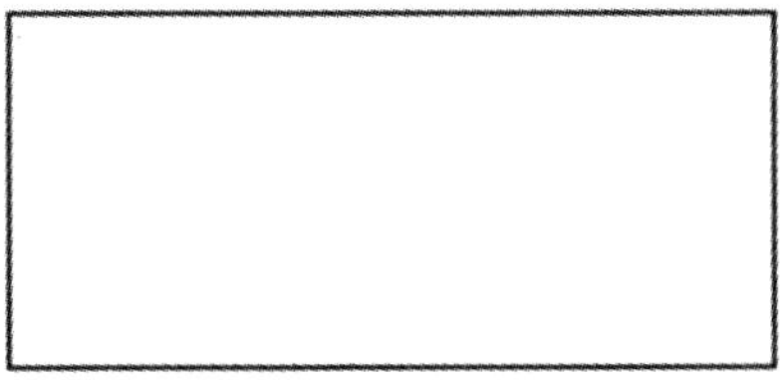

提示 tips 直线绘制的AutoCAD命令行提示及操作如下。

命令: _line
指定第一个点:
指定下一点或 [放弃(U)]: <选择循环关>
指定下一点或 [放弃(U)]: 500
指定下一点或 [闭合(C)/放弃(U)]:
指定下一点或 [闭合(C)/放弃(U)]:
指定下一点或 [闭合(C)/放弃(U)]:

其中"闭合（C）"会在绘制图形至少3点时出现，即将绘制的图形的第一点和最后一点连接起来完成闭合，"放弃（U）"则是放弃前一步的操作，回到上一步的结果处。

2.1.2　绘制射线段

射线是只有起点没有终点的一种线型，其起点和通过点定义了射线延伸的方向，射线在此方向上延伸到显示区域的边界。

调用射线命令的方法有以下几种。
① 选择"绘图>射线"菜单命令。
② 单击"默认"选项卡中"绘图"面板下拉箭头 ▼ 中的"射线"按钮 ∕。
③ 在命令行输入"Ray"命令。

案例 case 绘制射线

STEP 01 选择"绘图>射线"菜单命令，以端点为起点，如下图所示。

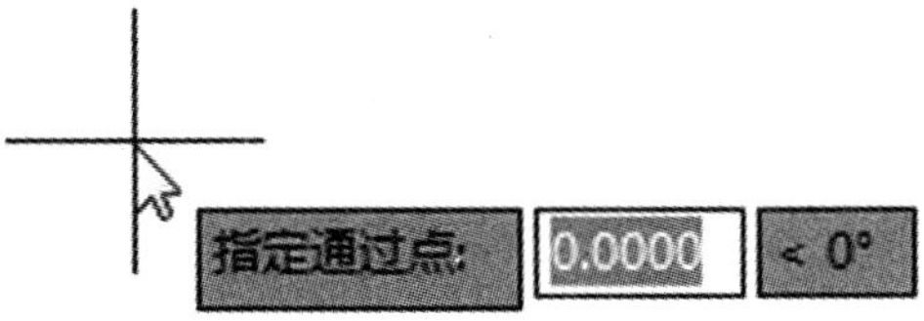

STEP 02 向右拖动鼠标，单击指定射线上的第二点，系统即显示绘制后的结果，如下图所示。

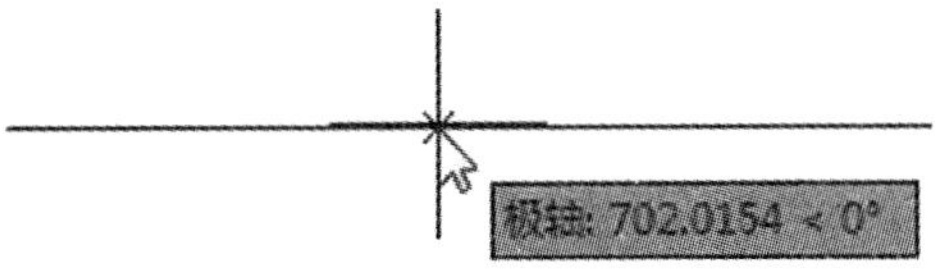

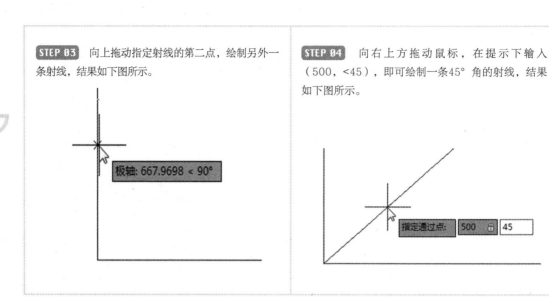

STEP 03 向上拖动指定射线的第二点，绘制另外一条射线，结果如下图所示。

极轴: 667.9698 < 90°

STEP 04 向右上方拖动鼠标，在提示下输入（500，<45），即可绘制一条45°角的射线，结果如下图所示。

指定通过点: 500 🔒 45

2.1.3 绘制转角楼梯平面图

前面介绍了直线、射线等命令的绘制方法，下面通过一个转角楼梯的平面图绘制来简单介绍直线和射线的综合应用。

案例 case 绘制转角楼梯图形

Chapter02\绘制转角楼梯.avi

绘制完成后结果如右图所示。

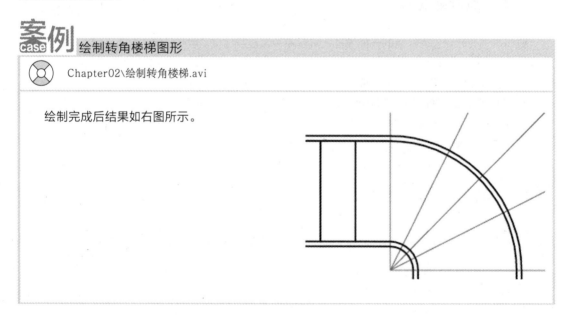

STEP 01 单击软件的"新建"按钮，如下图所示。

STEP 02 弹出"选择样板"对话框，选择acadiso样板文件，然后单击"打开"按钮完成图形的新建，如下图所示。

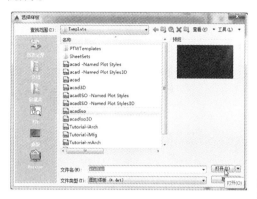

STEP 03 单击"默认"选项卡"绘图"面板上的"射线"按钮启动射线命令，如下图所示。

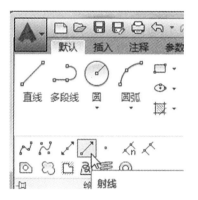

STEP 04 任意单击一点作为射线起点，向上拖动并单击指定第二点，绘制一条射线，如下图所示。

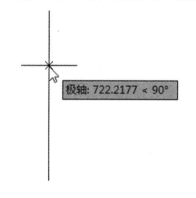

STEP 05 使用同样的方法绘制向右侧延伸的水平射线，以及分别过点（1000,<22.5）（1000,<45）和（1000,<67.5）的三条射线，如下图所示。

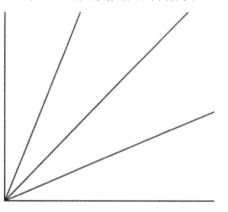

STEP 06 单击"默认"选项卡"绘图"面板中的"圆"按钮启动圆命令，如下图所示。

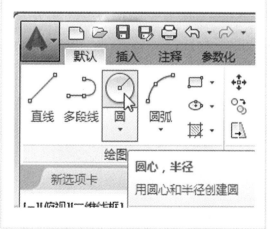

STEP 07 以射线起点为圆心，如下图所示，绘制半径为500的圆。

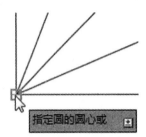

STEP 08 向外侧移动鼠标，然后在命令行输入500指定圆半径，按Enter键完成绘制，如下图所示。

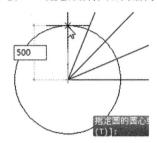

STEP 09 使用同样的方法，绘制半径为1500、300和1700的圆，即楼梯台阶宽度为1000，如下图所示。

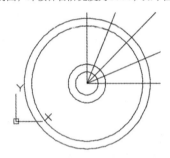

STEP 10 单击"默认"选项卡"绘图"面板上的"直线"按钮启动直线命令，如下图所示。

STEP 11 使用外侧圆和向上射线的交点作为直线的第一个点，如下图所示。

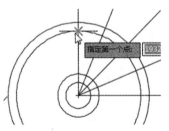

STEP 12 然后向左移动鼠标，并指定直线长度为3000，如下图所示。

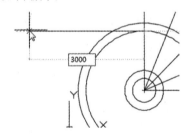

STEP 13 使用同样的方法，将内侧圆与向上射线的交点作为直线第一点，然后向左绘制一条直线。用同样方法绘制其他部分图形，如下图所示。

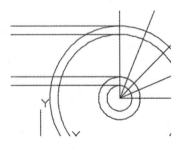

STEP 14 继续使用直线命令，指定外侧圆与第二条直线的交点作为起始点绘制楼梯踏步线，如下图所示。

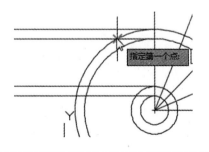

STEP 15 向下移动鼠标与第三条直线垂直，如下图所示。

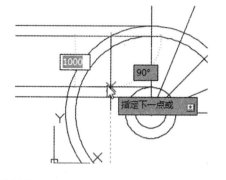

STEP 16 继续绘制直线，第一点为第二个圆与第三条直线的交点，向上垂直于第二条直线，如下图所示。

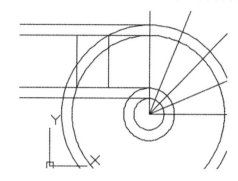

STEP 17 对图形进行修剪，结果如下图所示。

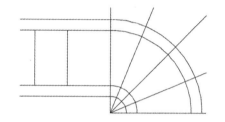

> **提示 tips**　本节中提到的圆、捕捉、修剪等编辑、选择等常用功能，会在后面陆续讲到，请参照学习。

2.2 绘制多边形类图形

AutoCAD中，矩形可以通过指定两个对角点、指定面积或尺寸等多种方法绘制。正多边形则既可以通过指定中心点也可以通过指定边的方法来绘制，在确定正多边形的大小时可以通过指定内接于圆还是外切于圆的半径来确定它的大小。

2.2.1 绘制矩形图形

矩形是由4条相互垂直且封闭的线段组成，矩形的特点是相邻两条边相互垂直，非相邻两条边相互平行且长度一致。绘制矩形时只需要指定两个点，程序便会自动将这两个点作为矩形的对角点生成一个矩形。

绘制矩形的方法有以下几种。

① 选择"绘图>矩形"菜单命令。

② 单击"默认"选项卡"绘图"面板上的"矩形"按钮 ▭ 。

③ 在命令行输入"Rectang"或"Rec"命令。

案例 case 绘制矩形图案

Chapter02\绘制矩形.avi

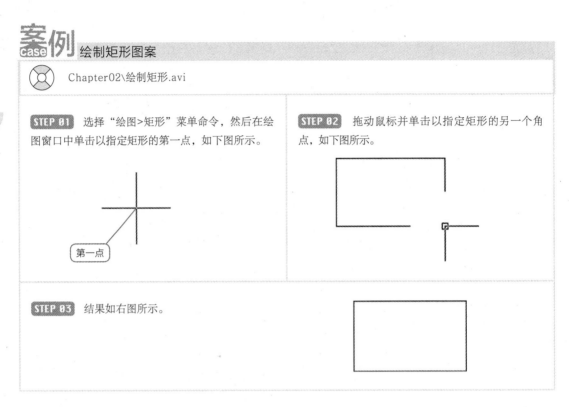

STEP 01 选择"绘图>矩形"菜单命令，然后在绘图窗口中单击以指定矩形的第一点，如下图所示。

第一点

STEP 02 拖动鼠标并单击以指定矩形的另一个角点，如下图所示。

STEP 03 结果如右图所示。

　　系统默认绘制方法是指定两个对角点，除了采用默认方式来绘制矩形以外，当AutoCAD提示"指定第一个角点或 [倒角(C)/标高(E)/圆角(F)/厚度(T)/宽度(W)]:"时，通过选择各种选项命令，也可以用其他方式绘制矩形，如下表所示。

绘制矩形的其他方式

选 项	使用方法	图 示
倒角（C）	命令: _rectang 指定第一个角点或 [倒角(C)/……/宽度(W)]: C✓ 指定矩形的第一个倒角距离 <20.0000>:20✓ 指定矩形的第二个倒角距离 <20.0000>:20✓ 指定第一个角点或 [倒角(C)/……/宽度(W)]: (任意单击一点) 指定另一个角点或 [面积(A)/……/旋转(R)]:　(在合适的位置单击确定另一点)	
标高（E）	命令: _rectang 指定第一个角点或 [倒角(C)/标高(E)/圆角(F)/厚度(T)/宽度(W)]: E✓ 指定矩形的标高 <0.0000>: 5✓ 指定第一个角点或 [倒角(C)/……/宽度(W)]:(任意单击一点) 指定另一个角点或 [面积(A)/……/旋转(R)]:(在合适的位置单击确定另一点)	

选　项	使用方法	图　示
圆角（F）	命令：_rectang 指定第一个角点或 [倒角(C)/标高(E)/圆角(F)/厚度(T)/宽度(W)]: F↙ 指定矩形的圆角半径 <20.0000>: 30↙ 指定第一个角点或 [倒角(C)/……/宽度(W)]: (任意单击一点) 指定另一个角点或 [面积(A)/……/旋转(R)]:(在合适的位置单击确定另一点)	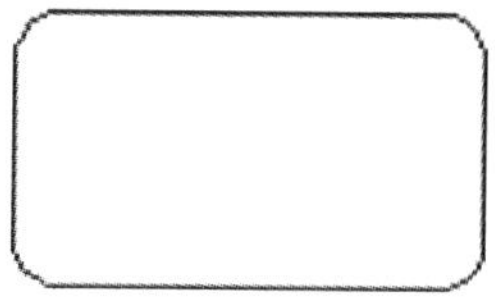
厚度（T）	命令：_rectang 指定第一个角点或 [倒角(C)/标高(E)/圆角(F)/厚度(T)/宽度(W)]: T↙ 指定矩形的厚度 <0.0000>: 5↙ 指定第一个角点或 [倒角(C)/……/宽度(W)]:(任意单击一点) 指定另一个角点或 [面积(A)/……/旋转(R)]:(在合适的位置单击确定另一点)	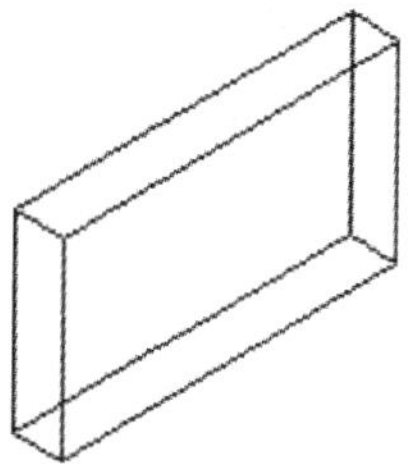
宽度（W）	命令：_rectang 指定第一个角点或 [倒角(C)/标高(E)/圆角(F)/厚度(T)/宽度(W)]: W↙ 指定矩形的线宽 <0.0000>: 20↙ 指定第一个角点或 [倒角(C)/……/宽度(W)]:(任意单击一点) 指定另一个角点或 [面积(A)……/旋转(R)]: (在合适的位置单击确定另一点)	

提示 tips 当用户设定标高和厚度来绘制矩形时，在三维视图中能显示出设置的标高和矩形的厚度。

另外还可以使用尺寸、面积、旋转等方式来绘制矩形，图形及使用方法如下表所示。

使用尺寸、面积、旋转等方式绘制矩形

选　项	使用方法	图　示
面积（A）	命令：_rectang 指定第一个角点或 [倒角(C)/……/宽度(W)]:(任意单击一点) 指定另一个角点或 [面积(A)/……/旋转(R)]: A↙ 输入当前单位计算的矩形面积 <60.0000>:60↙ 计算矩形标注时依据 [长度(L)/宽度(W)] <长度>: ↙ (按Enter键确定) 输入矩形长度 <3.0000>: 10↙	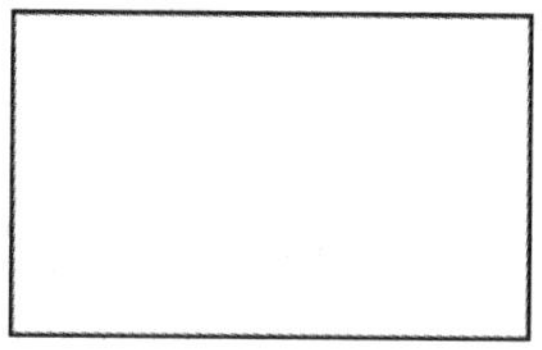

AutoCAD 2015 家具设计从入门到精通

选　项	使用方法	图　示
尺寸（D）	命令: _rectang 指定第一个角点或 [倒角(C)……宽度(W)]: （任意单击一点） 指定另一个角点或 [面积(A)/尺寸(D)/旋转(R)]: D✓ 指定矩形的长度 <0.0000>: 30✓ 指定矩形的宽度 <0.0000>: 20✓ 指定另一个角点或 [面积(A)/……/旋转(R)]: (在合适的位置单击确定另一点)	
旋转（R）	命令: _rectang 指定第一个角点或 [倒角(C)……/宽度(W)]: （任意单击一点） 指定另一个角点或 [面积(A)/尺寸(D)/旋转(R)]: R✓ 指定旋转角度或 [拾取点(P)] <0>: 30✓ 指定另一个角点或 [面积(A)/……/旋转(R)]: (在合适的位置单击确定另一点)	

2.2.2　绘制正多边形图形

正多边形是由3条或3条以上的线段构成，每条边的长度都一样长，多边形可以分为外切于圆和内接于圆。外切于圆是将多边形的边与圆相切，而内接于圆则是将多边形的顶点与圆相接。

调用正多边形命令的方法有以下几种。

① 选择"绘图>多边形"菜单命令。

② 单击"默认"选项卡"绘图"面板中的"多边形"按钮 ⬠ 。

③ 在命令行输入"Polygon"或"Pol"命令。

案例　绘制正多边形图形

🔘　Chapter02\绘制正多边形.avi

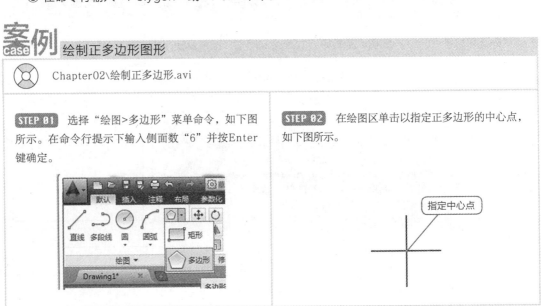

STEP 01　选择"绘图>多边形"菜单命令，如下图所示。在命令行提示下输入侧面数"6"并按Enter键确定。

STEP 02　在绘图区单击以指定正多边形的中心点，如下图所示。

指定中心点

STEP 03 当命令行提示输入选项时，直接按Enter键确定，如下图所示。

STEP 04 拖动鼠标并单击以确定半径（或直接输入半径），如下图所示。

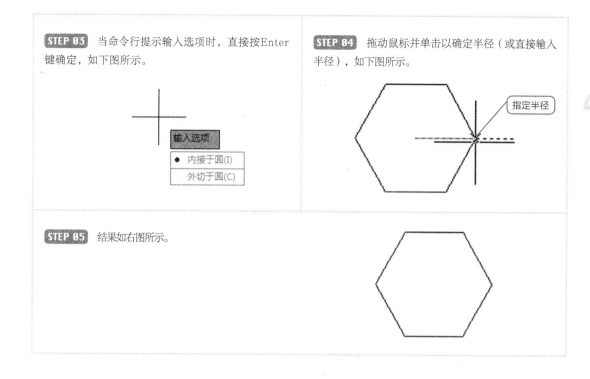

STEP 05 结果如右图所示。

2.2.3 多边形综合应用：绘制地砖

上面已经对"矩形"和"正多边形"进行了介绍，接下来通过绘制饰面石材实例讲解"矩形"和"多边形"在绘图中的应用。

案例 绘制地砖图案

Chapter02\绘制地砖.avi

STEP 01 选择"绘图>矩形"菜单命令，在绘图窗口中任意位置单击确定第一点，然后输入"@1200，-1200"作为第二点，绘制出矩形如下图所示。

STEP 02 选择"绘图>直线"菜单命令，分别捕捉矩形对边的中点作为直线的起始点，绘制两条直线，结果如下图所示。

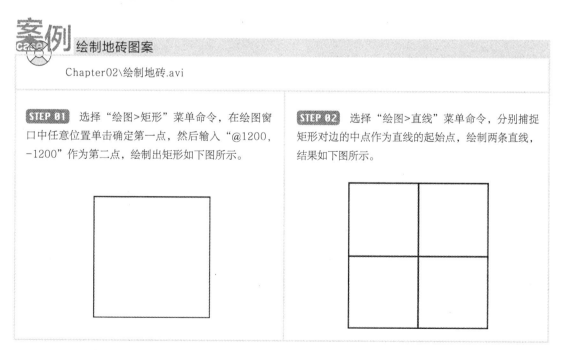

STEP 03 选择"绘图>多边形"命令，AutoCAD命令行提示及操作如下：

```
命令: _polygon
输入侧面数 <4>: 8↙
指定正多边形的中心点或 [边(E)]:
(以两条中心线的交点为中心点)
输入选项[内接于圆(I)/外切于圆(C)] <I>:
C↙
指定圆的半径: 600↙
```

结果如下图所示。

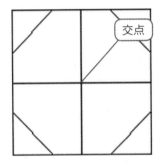

交点

STEP 04 继续使用多边形命令，绘制一个外切于圆，且外切圆半径为560的正八边形，结果如下图所示。

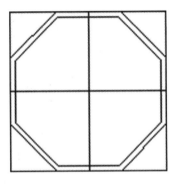

STEP 05 选择"绘图>多边形"命令，AutoCAD命令行提示及操作如下：

```
命令: _polygon
输入侧面数 <4>:4↙
指定正多边形的中心点或 [边(E)]:
(以两条中心线的交点为中心点)
输入选项 [内接于圆(I)/外切于圆(C)] <I>:I↙
指定圆的半径:
(捕捉正八边形的中点并单击)
```

结果如下图所示。

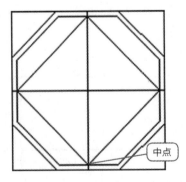

中点

STEP 06 继续使用多边形命令，AutoCAD命令行提示及操作如下：

```
命令: _polygon
输入侧面数 <4>:4↙
指定正多边形的中心点或 [边(E)]:
(以两条中心线的交点为中心点)
输入选项 [内接于圆(I)/外切于圆(C)] <I>:I↙
指定圆的半径: @0,320↙
```

结果如下图所示。

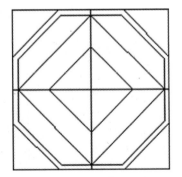

STEP 07 选择"修改>删除"命令，将步骤2绘制的
两条直线删除掉，结果如右图所示。

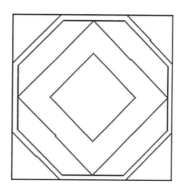

2.3 绘制圆类图形

AutoCAD提供了几种圆类图形的画法，主要包括圆、圆弧、椭圆和椭圆弧等，下面将对圆类图形的画法进行介绍。

2.3.1 绘制圆形

在AutoCAD中圆的创建有多种方法，可以通过指定圆心和半径/直径来创建圆，通过两点或三点来创建圆，通过相切来创建圆，程序默认的创建圆的方式为通过圆心和半径来创建。

调用圆命令的方法有以下几种。

① 选择"绘图>圆>圆心、半径"菜单命令。

② 单击"默认"选项卡下"绘图"面板中"圆"按钮 ⊙ 下方的下拉按钮，从中选择一种绘制方法。

③ 在命令行输入"Circle"或"C"命令。

案例 绘制圆形

STEP 01 选择"绘图>圆>圆心、半径"菜单命令，
然后在绘图窗口中单击以指定圆的圆心，如右图所示。

单击指定圆心

STEP 02 在命令行提示下输入圆的半径为30，按
Enter键确定，结果如下图所示。

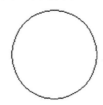

系统默认绘制方法是指定圆心和半径，除了采用默认方式来绘制圆以外，在"指定圆的圆心或
[三点（3P）/两点（2P）/切点、切点、半径(T)：]"提示下，通过选择各种选项命令，也可以用其
他方式绘制图形，如下表所示。

绘制圆的其他方法

选　项	使用方法	图　示
三点（3P）	命令: c↙ CIRCLE 指定圆的圆心或 [三点(3P)/两点(2P)/切点、切点、半径(T)]: 3p↙ 指定圆上的第一个点: （单击任意一点） 指定圆上的第二个点: （单击任意一点） 指定圆上的第三个点: （单击任意一点）	
两点（2P）	命令: c↙ CIRCLE 指定圆的圆心或 [三点(3P)/两点(2P)/切点、切点、半径(T)]: 2p↙ 指定圆直径的第一个端点: （单击任意一点） 指定圆直径的第二个端点: （单击任意一点）	
切点、切点、半径(T)	命令: c↙ CIRCLE 指定圆的圆心或 [三点(3P)/两点(2P)/切点、切点、半径(T)]: t↙ 指定对象与圆的第一个切点: （单击圆1上的切点） 指定对象与圆的第二个切点: （单击圆2上的切点） 指定圆的半径 <0.0000>: 30↙	圆1　圆2

提示 tips 使用"相切、相切、相切"方式绘制圆时，在命令行无法进行选择，需要通过菜单栏中的"绘图>圆>相切、相切、相切"命令实现。

2.3.2 绘制圆弧

圆弧可以看成是圆的一部分，它不仅有圆心和半径，而且还有起点和端点。在AutoCAD中绘制圆弧的方式有"三点""起点、圆心、端点""起点、圆心、半径"和"起点、圆心、角度"等多种。

绘制圆弧的方法有以下几种。

① 选择"绘图>圆弧>三点"菜单命令。

② 单击"默认"选项卡"绘图"面板中"圆弧"按钮 下方的下拉按钮，从中选择一种绘制方法。

③ 在命令行输入"Arc"或"A"命令。

 绘制圆弧

 Chapter02\绘制圆弧.avi

STEP 01 选择"绘图>圆弧>三点"菜单命令，然后在绘图窗口中单击以指定圆弧的起点，如下图所示。

STEP 02 在绘图窗口中拖动鼠标并单击以指定圆弧的第二个点，如下图所示。

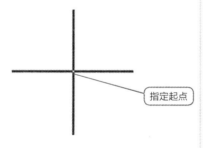

指定起点

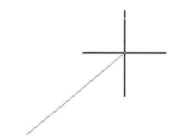

STEP 03 在绘图窗口中拖动鼠标并单击以指定圆弧的端点，完成圆弧绘制，结果如下图所示。

提示 绘制圆弧时，输入的半径值和圆心角有正负之分。对于半径，当输入的半径值为正时，生成的圆弧是劣弧；反之，生成的是优弧。对于圆心角，当角度为正值时系统沿逆时针方向绘制圆弧；反之，则沿顺时针方向绘制圆弧。

2.3.3 绘制椭圆和椭圆弧

椭圆和椭圆弧类似，都是由到两点之间的距离之和为定值的点集合而成。

1. 绘制椭圆

椭圆是一种在建筑制图中常见的平面图形，它是由距离两个定点（焦点）的长度之和为定值的点组成的。

调用椭圆命令的方法有以下几种。

① 选择"绘图>椭圆>圆心/轴、端点"菜单命令。

② 单击"默认"选项卡"绘图"面板中的 ⊙· 或 ⬭ 按钮。

③ 在命令行输入"Ellipse"或"EL"命令。

案例 case 绘制椭圆

STEP 01 选择"绘图>椭圆>圆心"菜单命令，然后在绘图窗口中单击以指定椭圆的中心点，如下图所示。

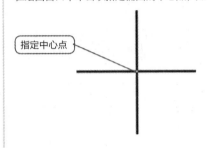

STEP 02 在绘图窗口中拖动鼠标单击以指定轴的端点，如下图所示。

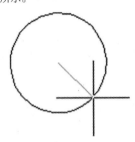

STEP 03 在绘图窗口中拖动鼠标并单击以指定另一条半轴长度，如下图所示。

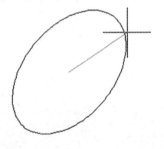

STEP 04 松开鼠标，结果如下图所示。

2. 绘制椭圆弧

椭圆弧为椭圆上某一角度到另一角度的一段，在绘制椭圆弧前必须先绘制一个椭圆。

绘制椭圆弧的方法有以下几种。

① 选择"绘图>椭圆>圆弧"菜单命令。

② 单击"默认"选项卡"绘图"面板中的 ⬭ 按钮。

③ 在命令行输入"Ellipse"或"EL"命令。

案例 绘制椭圆弧

STEP 01 选择"绘图>椭圆>圆弧"菜单命令，然后在绘图窗口中单击以指定椭圆弧的轴端点，如下图所示。

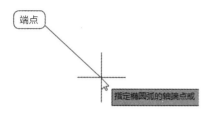

STEP 02 在绘图窗口中拖动鼠标并单击以指定轴的另一个端点，如下图所示。

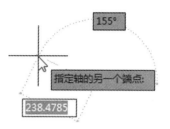

STEP 03 在绘图窗口中拖动鼠标并单击以指定另一条半轴长度，如下图所示。

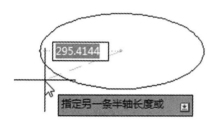

STEP 04 在绘图窗口中拖动鼠标并单击以指定椭圆弧的起始角度，如下图所示。

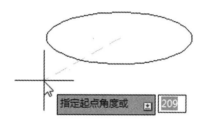

STEP 05 继续单击指定椭圆弧的端点角度，如下图所示。

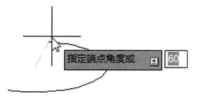

STEP 06 此时椭圆弧即绘制完成，如下图所示。

2.3.4 绘制圆环

在AutoCAD 2015中提供了圆环的绘制命令，只需指定内外圆直径和圆心，即可完成多个相同性质的圆环图形对象的绘制。

调用圆环命令的方法有以下几种。

① 选择"绘图>圆环"菜单命令。

② 单击"默认"选项卡"绘图"面板上的"圆环"按钮 ◎ 。

③ 在命令行输入"Donut"或"DO"命令。

案例 绘制圆环

STEP 01 单击"默认"选项卡"绘图"面板上的"圆环"按钮 ◎，如下图所示。

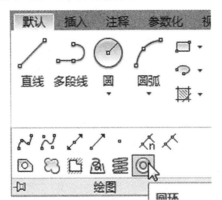

STEP 02 系统提示输入圆环的内径，设置内径为30，如下图所示。

指定圆环的内径 <68.3075>： 30

STEP 03 系统提示输入圆环的外径，设置外径为80，如下图所示。

指定圆环的外径 <70.3730>： 80

STEP 04 然后单击指定圆环的中心点位置，如下图所示。

提示 tips

若指定圆环内径为0，则可绘制实心填充圆，用命令FILL可以控制圆环是否填充，说明如下。

命令: FILL ↙
输入模式 [开(ON)/关(OFF)] <开>: ON （选择"开"表示填充，选择"关"表示不填充）

下左图为绘制的圆环，下中图为填充的圆环，下右图为没有填充的圆环。

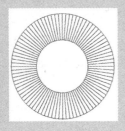  

2.3.5　案例：绘制单盆洗手池

前面对圆、圆弧、椭圆和椭圆弧进行了介绍，接下来通过绘制洗手池实例来讲解"圆""椭圆"和"椭圆弧"命令的操作。

 案例　绘制单盆洗手池

Chapter02\绘制单盆洗手池.avi

STEP 01　选择"绘图>圆>圆心、直径"命令，以坐标原点为圆心，绘制一个直径为30的圆，如下图所示。

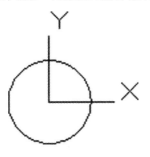

STEP 02　继续使用圆命令，绘制一个直径为40的圆，如下图所示。

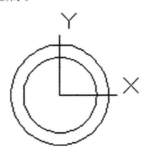

STEP 03　选择"绘图>椭圆>圆心"菜单命令，命令行提示及操作如下：

```
命令：_ellipse
指定椭圆的轴端点或 [圆弧(A)/中心点(C)]: c↙
指定椭圆的中心点: (以坐标原点为中心点)
指定轴的端点: 210,0↙
指定另一条半轴长度或 [旋转(R)]: 145↙
```

结果如下图所示。

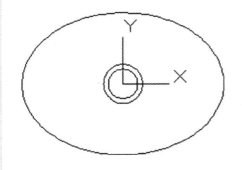

STEP 04　选择"绘图>椭圆>轴、端点"菜单命令，命令行提示及操作如下：

```
命令：_ellipse
指定椭圆的轴端点或 [圆弧(A)/中心点(C)]:
265,0↙
指定轴的另一个端点: -265,0↙
指定另一条半轴长度或 [旋转(R)]: 200↙
```

结果如下图所示。

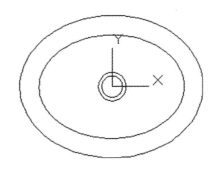

STEP 05 选择"绘图>直线"菜单命令，AutoCAD命令行提示及操作如下：

```
命令：_line
指定第一点：-360,-100↙
指定下一点或 [放弃(U)]：-360,250↙
指定下一点或 [放弃(U)]：360,250↙
指定下一点或 [闭合(C)/放弃(U)]：360,-100↙
指定下一点或 [闭合(C)/放弃(U)]：
```

结果如下图所示。

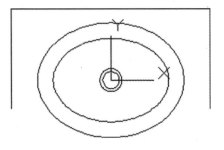

STEP 06 选择"绘图>圆弧>起点、端点、半径"菜单命令，AutoCAD命令行提示及操作如下：

```
命令：_arc
指定圆弧的起点或 [圆心(C)]：（捕捉A点）
指定圆弧的第二个点或 [圆心(C)/端点(E)]：e↙
指定圆弧的端点：（捕捉B点）
指定圆弧的圆心或 [角度(A)/方向(D)/半径
(R)]：r↙
指定圆弧的半径：500↙
```

结果如下图所示。

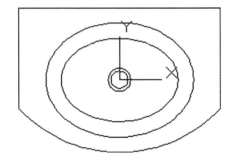

STEP 07 选择"格式>点样式"菜单命令，在弹出的"点样式"对话框中进行相应的设置，如下图所示。

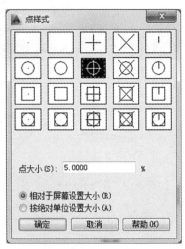

STEP 08 选择"绘图>点>多点"菜单命令，输入"-60,100""0,170"和"60,160"作为第一点、第二点和第三点，结果如下图所示。

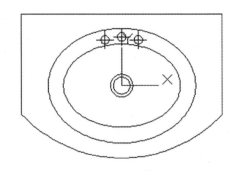

在绘图时单纯地使用绘图命令，只能创建一些基本的图形对象。如果要绘制复杂的图形，在很多情况下必须借助图形编辑命令来完成。AutoCAD提供了强大的图形编辑功能，可以帮助用户合理地构造和组织图形，保障绘图的精确性，简化绘图操作，从而极大地提高绘图效率。

Chapter

03

家具设计中常见的编辑命令

3.1 选择对象

在编辑对象前，首先需要明白怎么选择相关的对象，然后才能对其进行复制、镜像、偏移等操作，有些图形需要一次修改，更多的对象需要几次甚至几十次的修改才能完成。下面来说明如何选择对象。

3.1.1 通过鼠标选择对象

所有的编辑工具都是在选中对象的情况下进行的，在介绍编辑工具前，要介绍几种选择对象的方法。AutoCAD有多种选择对象的方式。

1. 鼠标单击选择对象

用鼠标单击即可将对象选中。下左图为未选择图形时的状态，下右图为用鼠标单击选中图形后的效果，其中已选中的图形对象以夹点方式加粗显示。将鼠标光标放置到某一个图形对象上时，会显示当前对象的一些快捷特性，如颜色、所在图层、线型等信息。

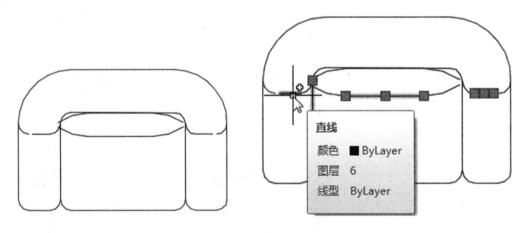

2. 窗口方式选择对象

除了通过鼠标单击选择外，在绘图窗口中通过鼠标单击确定对角线的两个端点来定义矩形区域，也可以选择对象，根据鼠标拖动的方向不同可以分为两种方式：窗口和窗交。

从左到右拖动光标以选择完全封闭在所选矩形或套索（窗口选择）中的所有对象。

案例 利用窗口方式选择对象

Chapter03\窗口方式选择对象.avi

STEP 01 打开图形文件,如下图所示。

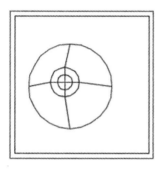

STEP 02 选择"修改>旋转"菜单命令,然后在绘图窗口中选择要旋转的对象,如下图所示。

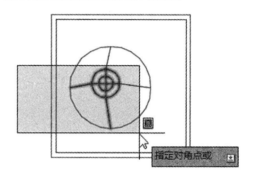

STEP 03 选中的图形对象(显示夹点部分)如下图所示。

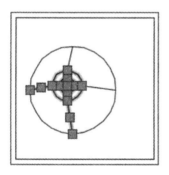

STEP 04 继续使用套索选择工具选择对象,如下图所示。

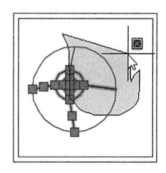

STEP 05 选择的结果如下图所示。

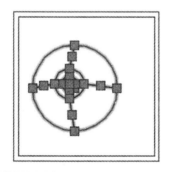

STEP 06 选择完成后,按Enter键结束对象的选择,如下图所示。

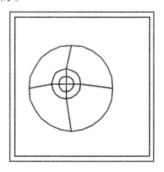

3. 窗交方式选择对象

先在绘图区域中单击,然后从右向左拖动光标以矩形或套索相交的所有对象将被选中。

案例 利用窗交方式选择对象

STEP 01 打开图形文件（为了和上面对照说明，仍旧利用上面案例的图形文件），如下图所示。

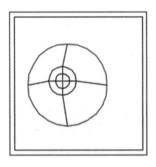

STEP 02 单击矩形内一点，然后向左上拖动鼠标，如下图所示。

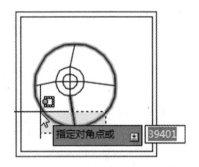

STEP 03 选中的图形对象（显示夹点部分）如下图所示。

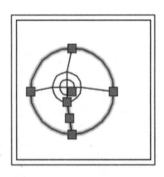

STEP 04 继续使用套索选择工具选择对象，如下图所示。

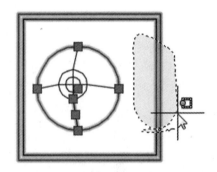

STEP 05 选择的结果如下图所示。

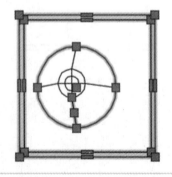

STEP 06 选择完成后，按Enter键结束对象的选择，如下图所示。

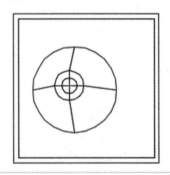

　　需要注意的是，按Esc键即可取消对所有对象的选择。在选择对象时，按住Shift键的同时单击可多选对象。选择对象后按Delete键，选择的对象将会被删除。

> **提示**
> tips
> 窗口和窗交选择方式的区别：窗口选择，只有对象完全包含在矩形框内才能被选择；窗交选择，只要选择了对象的一部分，整个对象都会被选择。

3.1.2　通过对话框来选择对象

除了通过鼠标选择对象外，用户还可以通过命令行和快速选择对话框来选择对象。

1. 命令行选择对象

当用户不方便选择时，可以直接在命令行输入"select"或"？"，在命令行提示下选择对象。

案例 case 利用命令行选择对象

STEP 01 打开图形文件，如下图所示。

STEP 02 在命令行输入select命令，系统提示选择对象，如下图所示。

选择对象：

STEP 03 命令行提示如下图所示。

STEP 04 对象选择完成后按Enter键，选中的对象以夹点形式突出显示，如下图所示。

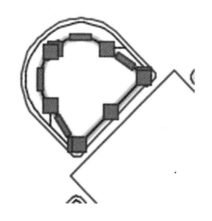

```
命令：SELECT
选择对象：找到 1 个
选择对象：找到 1 个，总计 2 个
选择对象：
```

STEP 05 如果当前处于其他编辑功能下，需要选择对象时（如处于镜像编辑功能下），输入"？"即可显示当前的所有选择选项，如下图所示。

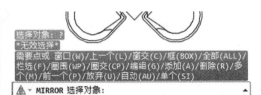

提示 tips 用户输入的选择模式仅对当前的选择对象提示是活动的。

STEP 07 选择完成后按Enter键结束选择，系统即以加粗显示选中的对象，如下图所示。

STEP 06 用户输入相应的字母即可以相应的方式选择对象（如M），如下图所示。

STEP 08 按Esc键退出所有的选择，如下图所示。

2．快速选择对话框

前面的选择方式主要用于图形对象比较靠近时的快速选择，如果我们想在一个大的图形中选择某一类图形对象，比如具有相同颜色或线型等特性的图形对象，利用鼠标选择显然不现实。这时可以利用快速选择功能来实现。

案例 case　快速选择同类图形对象

STEP 01　打开图形文件，如下图所示。

STEP 02　这里要选择所有图层3上面的图形，按通常的方式，只能是利用图层功能来一步步地选择。这里利用"快速选择"对话框，如下图所示。

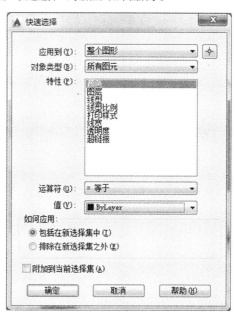

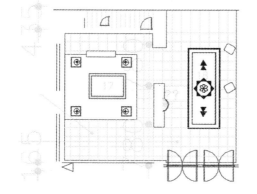

STEP 03　将"特性"设置为"图层"，运算符不变，"值"设置为"3"，如下图所示。

STEP 04　然后单击"确定"按钮即可选中图层3上的所有图形对象，如下图所示。

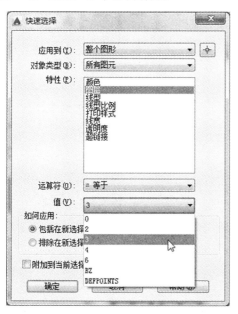

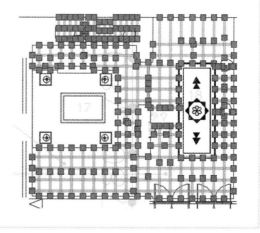

STEP 05 不过，利用"颜色"等于"黄"这个设置，在快速选择功能里则无法像上面一样选中黄色对象，如下图所示。

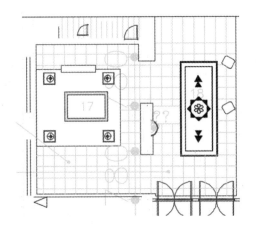

STEP 06 这时可以利用快捷菜单中的"选择类似对象"功能来实现，如下图所示。

STEP 07 将鼠标放置到前面选择的对象上面，可以看到选中对象的部分特性，比如颜色为黄色，图层为2，如下图所示。

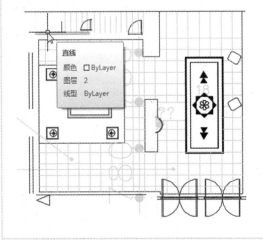

STEP 08 可以看到所有的黄色元素图形均被选中，如下图所示。

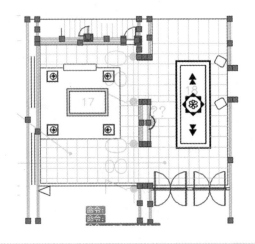

3.2　编辑位置类命令

使用某些编辑命令，用户可以将现有的图形的位置进行修改，如将图形移动、旋转、缩放等，从而创建出更加完整的图形效果。

3.2.1　移动对象命令

移动对象仅仅是指位置上的平移，对象的形状和大小并不会被改变。

调用移动命令的方法有以下几种。

① 选择"修改>移动"菜单命令。

② 单击"默认"选项卡"修改"面板中的"移动"按钮 ⊹。

③ 在命令行输入"Move"或"M"命令。

案例 移动对象

 Chapter03\移动对象.avi

STEP 01 打开随书光盘中的图形文件，如下图所示。单击"移动"按钮，或者选择"修改>移动"菜单命令。

STEP 02 在绘图窗口中选择要进行移动的对象，如下图所示。

STEP 03 以图形底边的中点为移动对象的基点，如下图所示。

STEP 04 以边框的中点为移动的第二点，如下图所示。

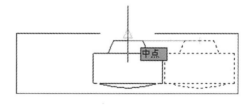

STEP 05 结果如下图所示。

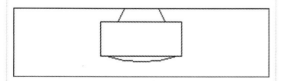

提示 除了捕捉特殊点来移动图形，还可以使用输入位移或者坐标值的方法来移动图形。如先捕捉对象上的一点，然后输入"@x、y""@R<a"等相对坐标来移动图形。

3.2.2 旋转对象命令

旋转图形是将图形按照一定的角度进行旋转。输入的角度可以是顺时针方向的角度，也可以是逆时针方向的角度。

调用旋转命令的方法有以下几种。

① 选择"修改>旋转"菜单命令。

② 单击"默认"选项卡"修改"面板中的"旋转"按钮 ○。

③ 在命令行输入"Rotate"或"Ro"命令。

 案例　旋转对象

⊚　Chapter03\旋转对象.avi

STEP 01 打开随书光盘中的图形文件，如下图所示。

STEP 02 单击"修改"面板中的"旋转"按钮，然后在绘图窗口中选择要旋转的对象，如下图所示。

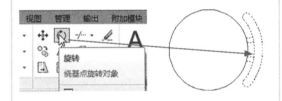

STEP 03 以圆心为旋转对象的基点，如下图所示。

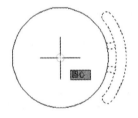

STEP 04 然后输入旋转角度为180°，按Enter键后结果如下图所示。

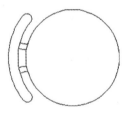

提示 tips 除了使用旋转角度来旋转对象以外，还可以指定一个角度通过"参照"的方法来旋转对象。此外，在选择基点后，输入"C（复制）"，在旋转的同时还可以复制对象。

3.2.3 缩放对象命令

缩放对象是将对象按照一定的比例进行放大或缩小，缩放后的对象具有原来图形的形状。缩放比例大于1时将放大对象，缩放比例小于1时将缩小对象。

调用缩放命令的方法有以下几种。

① 选择"修改>缩放"菜单命令。

② 单击"默认"选项卡"修改"面板中的"缩放"按钮 。

③ 在命令行输入"Scale"或"Sc"命令。

案例 缩放对象

Chapter03\缩放图形.avi

STEP 01 启动软件，打开随书光盘中的图形文件，如下图所示。

STEP 02 选择"修改>缩放"菜单命令，然后在绘图窗口中选择要缩放的对象，如下图所示。

STEP 03 以中点为缩放的基点，如下图所示。

STEP 04 输入缩放比例"1.5"，结果如下图所示。

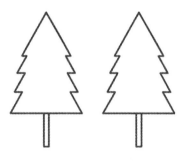

提示 指定基点后，当命令行提示输入"比例因子"时，输入"R"，然后指定两个长度，AutoCAD会参照两个长度的比值来对所选图形进行缩放。如果提示指定"比例因子"时输入的是"C"，则重新指定比例因子后，图形在缩放的同时会进行复制。

3.2.4 案例：修改室内家具布置

前面我们已经对移动、旋转、缩放命令进行了介绍，接下来我们利用移动、旋转等命令来编辑室内家具的位置和大小。

案例 case 修改室内家具布置

Chapter03\修改室内家具.avi

STEP 01 打开图形文件，如下图所示。

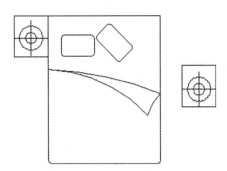

STEP 02 选择"修改>移动"菜单命令，选择要移动的对象，如下图所示。

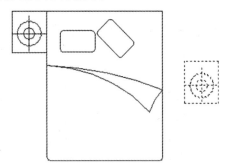

STEP 03 以端点为基点，如下图所示。

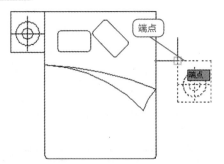

STEP 04 以床的端点为第二点，结果如下图所示。

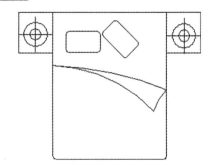

STEP 05 选择"修改>旋转"菜单命令，然后选择要旋转的对象，如下图所示。

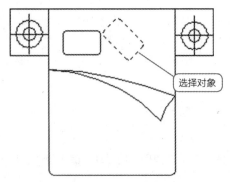

STEP 06 选择中点为基点，如下图所示。

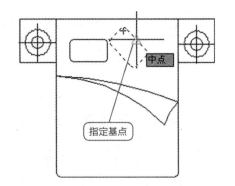

STEP 07 当指定旋转角度时输入R，当命令行提示指定参照角度时，再次单击上步中所选择的中点，如下图所示。

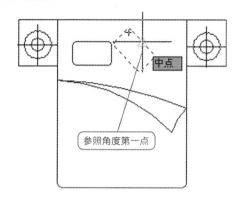

STEP 08 当命令行提示指定第二点时，单击枕头的端点，如下图所示。

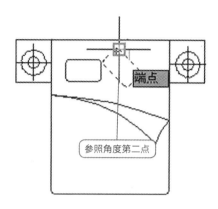

STEP 09 当命令行提示输入新角度时，沿180°方向拖动鼠标，如下图所示。

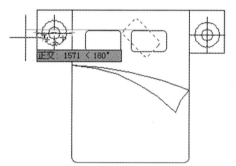

STEP 10 单击鼠标后，结果如下图所示。

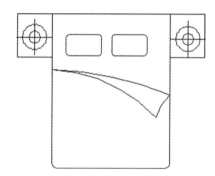

STEP 11 选择"修改>缩放"菜单命令，然后选择要缩放的对象，如下图所示。

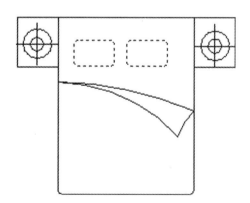

STEP 12 选择两个枕头之间的中点为基点，当提示指定比例因子时输入R，输入参照长度271，新的长度325，结果如下图所示。

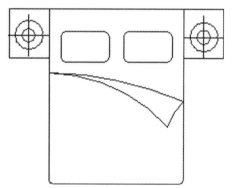

3.3 快速复制对象类命令

在AutoCAD中，复制类命令主要包括"复制""偏移""阵列"和"镜像"，复制类命令可以创建与原对象相同或相似的图形。

3.3.1 复制对象命令

在绘图时，不用重复绘制各个相同的图形，只需绘制出其中一个，再通过复制命令即可获得多个相同的图形。

调用复制命令的方法有以下几种。

① 选择"修改>复制"菜单命令。

② 单击"默认"选项卡"修改"面板中的"复制"按钮 ⅋ 。

③ 在命令行输入"Copy"或"Co/Cp"命令。

案例 复制对象

Chapter03\复制对象.avi

STEP 01 打开随书光盘中的图形文件，如下图所示。

STEP 02 选择"修改>复制"菜单命令，然后在绘图窗口中选择要复制的对象，如下图所示。

STEP 03 以端点为基点，如下图所示。

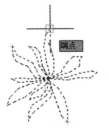

STEP 04 向右拖动鼠标，在合适的地方单击，结果如下图所示。

提示 tips 除了捕捉特殊点来复制图形外，还可以使用输入位移或坐标值来复制图形。例如先捕捉对象上的一点，然后输入"@x、y""@R<a"等相对坐标来移动图形。如果第一点输入了坐标，当提示指定第二点时直接按Enter键，则以第一点的坐标值为相对距离进行复制。对于AutoCAD，在提示指定第二点时输入A，则复制命令可以变成阵列命令使用。

3.3.2 镜像对象命令

使用镜像命令可以绘制出具有对称结构的图形，先选择要镜像的对象，再指定镜像线，即可完成图形的镜像。

调用镜像命令的方法有以下几种。

① 选择"修改>镜像"菜单命令。

② 单击"默认"选项卡"修改"面板中的"镜像"按钮 ⚶ 。

③ 在命令行输入"Mirror"或"Mi"命令。

案例 case例 镜像对象

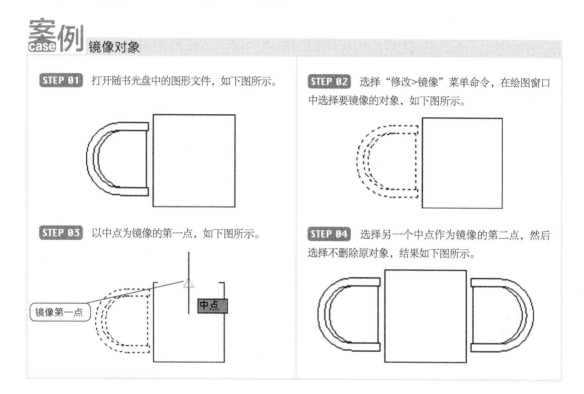

STEP 01 打开随书光盘中的图形文件，如下图所示。

STEP 02 选择"修改>镜像"菜单命令，在绘图窗口中选择要镜像的对象，如下图所示。

STEP 03 以中点为镜像的第一点，如下图所示。

镜像第一点

中点

STEP 04 选择另一个中点作为镜像的第二点，然后选择不删除原对象，结果如下图所示。

3.3.3 偏移对象命令

"偏移"命令是一个可连续执行的命令，如果偏移距离相同，调用一次"偏移"命令可以连续进行多次偏移，但在偏移时只能以单选方式选择对象。可进行偏移复制的对象有直线、多边形、圆形、弧形、多段线和样条曲线。

调用偏移命令的方法有以下几种。

① 选择"修改>偏移"菜单命令。

② 单击"默认"选项卡"修改"面板中的"偏移"按钮 ⚲ 。

③ 在命令行输入"Offset"或"O"命令。

案例 偏移对象

Chapter03\偏移对象.avi

STEP 01 打开随书光盘中的图形文件，如下图所示。

STEP 02 选择"修改>偏移"菜单命令，在命令行中输入偏移距离为3，然后选择要偏移的对象，如下图所示。

STEP 03 在所选对象要偏移的一侧单击，如下图所示。

STEP 04 以同样的方法继续选择其他对象进行偏移，结果如下图所示。

3.3.4 阵列对象命令

"阵列"命令是绘制大量具有相同结构对象的有力工具。在阵列过程中，根据生成对象的分布情况，可以分为矩形阵列、环形（极轴）阵列和路径阵列。

1. 矩形阵列对象

矩形阵列可以根据指定的行数、列数、行间距和列间距生成矩形分布的阵列对象。

调用矩形阵列命令的方法有以下几种。

① 选择"修改>阵列>矩形阵列"菜单命令。

② 单击"默认"选项卡"修改"面板中的"阵列"按钮 。

③ 在命令行输入"Ar"，然后输入"r"命令。

案例 case　矩形阵列对象

Chapter03\矩形阵列对象.avi

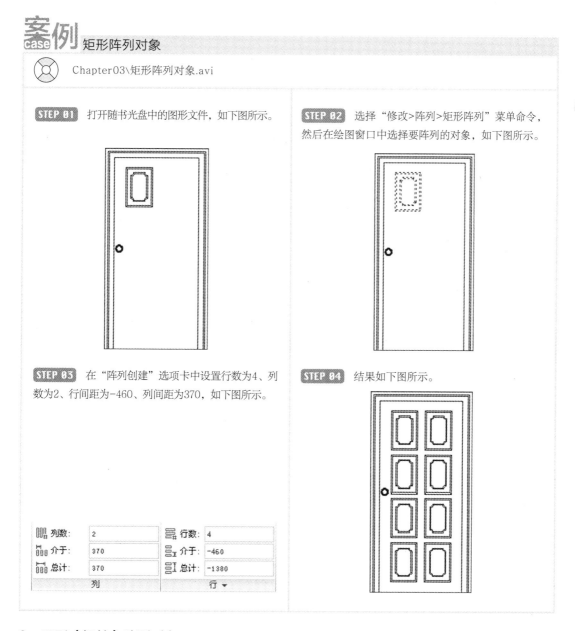

STEP 01 打开随书光盘中的图形文件，如下图所示。

STEP 02 选择"修改>阵列>矩形阵列"菜单命令，然后在绘图窗口中选择要阵列的对象，如下图所示。

STEP 03 在"阵列创建"选项卡中设置行数为4、列数为2、行间距为-460、列间距为370，如下图所示。

STEP 04 结果如下图所示。

列数：	2	行数：	4
介于：	370	介于：	-460
总计：	370	总计：	-1380
列		行 ▾	

2. 环形（极轴）阵列对象

环形阵列可以根据指定的中心点、对象数目和填充角度生成环形分布的阵列对象。

调用环形阵列的方法有以下几种。

① 选择"修改>阵列>环形阵列"菜单命令。

② 单击"默认"选项卡"修改"面板中的"阵列"按钮 ᵇᵇ 。

③ 在命令行中输入"Ar"，然后输入"po"命令。

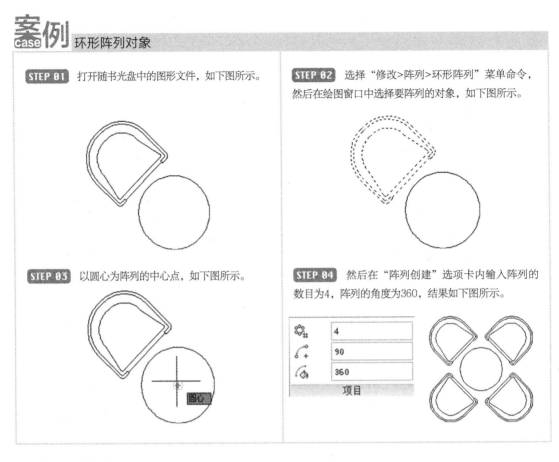

案例 环形阵列对象

STEP 01 打开随书光盘中的图形文件，如下图所示。

STEP 02 选择"修改>阵列>环形阵列"菜单命令，然后在绘图窗口中选择要阵列的对象，如下图所示。

STEP 03 以圆心为阵列的中心点，如下图所示。

STEP 04 然后在"阵列创建"选项卡内输入阵列的数目为4，阵列的角度为360，结果如下图所示。

3. 路径阵列对象

路径阵列可以根据路径或部分路径均匀地生成沿路径分布的阵列对象。路径可以是直线、多段线、三维多段线、样条曲线、螺旋、圆弧、圆和椭圆。

调用路径阵列的方法有以下几种。

① 选择"修改>阵列>路径阵列"菜单命令。

② 单击"默认"选项卡"修改"面板中的"路径"按钮 ❑。

③ 在命令行中输入"Ar"，然后输入"pa"命令。

案例 路径阵列对象

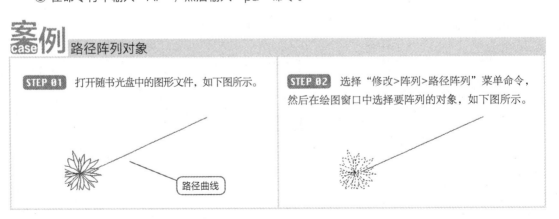

STEP 01 打开随书光盘中的图形文件，如下图所示。

STEP 02 选择"修改>阵列>路径阵列"菜单命令，然后在绘图窗口中选择要阵列的对象，如下图所示。

路径曲线

STEP 03 然后选择路径曲线，输入沿路径分布的项目数为3，路径距离为500，如下图所示。

STEP 04 结果如下图所示。

3.3.5 案例：绘制玻璃茶几

玻璃茶几的绘制主要应用了复制、偏移、阵列和缩放等编辑命令，具体操作步骤如下。

案例 绘制玻璃茶几

 Chapter03\绘制玻璃茶几.avi

STEP 01 打开软件，新建一个文件，单击"绘图"面板中的"直线"按钮 ，绘制一条直线，长度为600，如下图所示。

STEP 02 选择"修改>复制"命令，将上一步所绘制的直线向右复制，间距为1600，如下图所示。

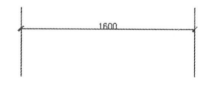

STEP 03 选择"绘图>圆弧>起点、端点、半径"命令，以两直线的端点为圆弧的起点和端点，绘制一个半径为2500的圆弧，如下图所示。

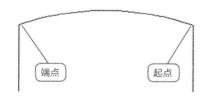

STEP 04 选择"修改>镜像"命令，将上一步所绘制的圆弧进行镜像，根据命令行的提示，以两直线的中点为镜像第一点和第二点，其镜像结果如下图所示。

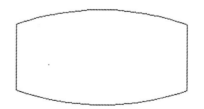

STEP 05 选择"绘图>边界"命令，在弹出的"边界创建"对话框中设置"对象类型"为"多段线"，然后单击"拾取点"，如下图所示。

STEP 08 选择"绘图>圆>圆心、半径"命令，绘制圆，命令行提示及操作如下：

```
命令: Circle↵
指定圆的圆心或 [三点(3P)/两点(2P)/切点、
切点、半径(T)]: fro↵
基点: （以茶几的左上角点为基点）
<偏移>: @70,-45↵
指定圆的半径或 [直径(D)] <40.0000>: 40↵
```

结果如下图所示。

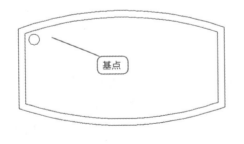

STEP 06 在图形内部拾取点，然后按Enter键结束命令，则以上线型均转换为多段线，即创建边界完成。
进阶提示：此步转换为多段线，根据多段线的特点，便于后面偏移。

STEP 07 选择"修改>偏移"命令，将以上图形向内偏移50，如下图所示。

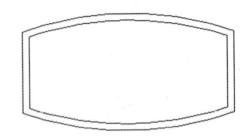

STEP 09 选择"修改>阵列>矩形阵列"命令，将上一步绘制的圆进行阵列，命令行提示及操作如下：

```
命令: _arrayrect
选择对象: 找到 1 个
选择对象: （选择圆）
类型 = 矩形 关联 = 是
为项目数指定对角点或 [基点(B)/角度(A)/计
数(C)] <计数>:↵
输入行数或 [表达式(E)] <4>: 2↵
输入列数或 [表达式(E)] <4>: 2↵
指定对角点以间隔项目或 [间距(S)] <间距>: s↵
指定行之间的距离或 [表达式(E)] <120>: -430↵
指定列之间的距离或 [表达式(E)] <120>: 1360↵
```

结果如下图所示。

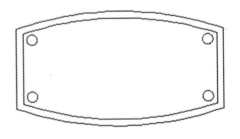

STEP 10 选择"绘图>椭圆>圆心"命令，绘制椭圆。选择"绘图>圆>圆心、半径"命令，绘制圆，命令行提示及操作如下：

```
命令：_ellipse
指定椭圆的轴端点或 [圆弧(A)/中心点(C)]: _c↙
指定椭圆的中心点: fro↙
基点：  （以中点为基点）
<偏移>: @540,0↙
指定轴的端点: @-300,0↙
指定另一条半轴长度或 [旋转(R)]: @0,-80↙
```

结果如下图所示。

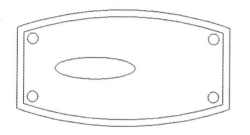

STEP 11 选择"修改>复制"命令，将步骤10中绘制的椭圆进行复制，启用正交模式，根据命令行的提示，将椭圆向右复制，输入距离值为220和440。复制结果如下图所示。

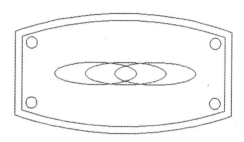

STEP 12 选择"修改>缩放"命令，将中间的椭圆进行缩放，比例为0.6，结果如右图所示。

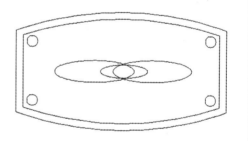

3.4 修改图形对象类命令

在AutoCAD中，使用"修剪"和"延伸"命令可以缩短或拉长对象，以与其他对象的边相接；使用"拉伸""拉长"命令可以在一个方向上调整对象的大小，或按比例增大或缩小对象；使用"倒角""圆角"命令可以使对象以平角或圆角相接；使用"合并"命令可以将对象进行合并。

3.4.1 修剪对象命令

修剪命令是比较常用的编辑命令，通过确定修剪的边界，可以对两条相交的线段进行修剪，也可以同时对多条线段进行修剪。

调用修剪命令的方法有以下几种。

① 选择"修改>修剪"菜单命令。

② 单击"默认"选项卡"修改"面板中的"修剪"按钮 -/--。

③ 在命令行输入"Trim"或"Tr"命令。

案例 case 修剪对象

Chapter03\修剪对象.avi

STEP 01 打开随书光盘中的图形文件，如下图所示。

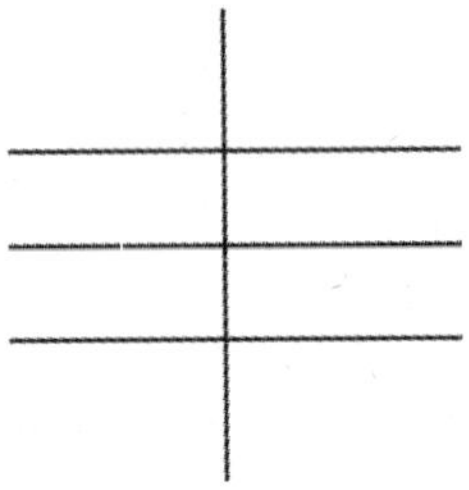

STEP 02 选择"修改>修剪"菜单命令，然后选择剪切边，如下图所示。

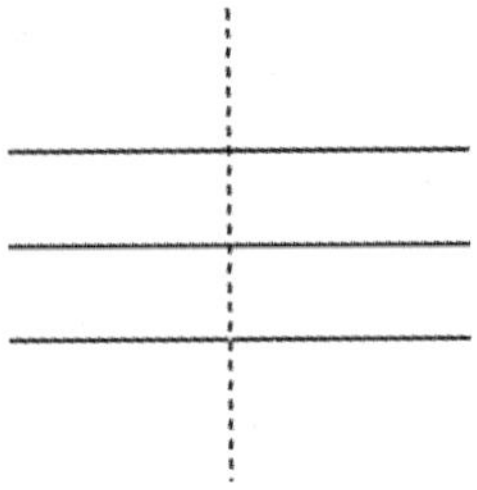

STEP 03 按Enter键确定，然后选择要修剪的对象，如下图所示。

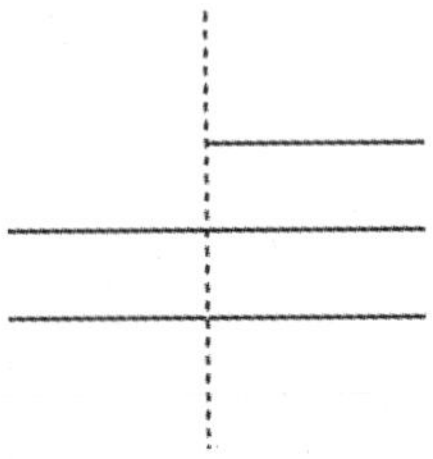

STEP 04 继续选择要修剪的对象，结果如下图所示。

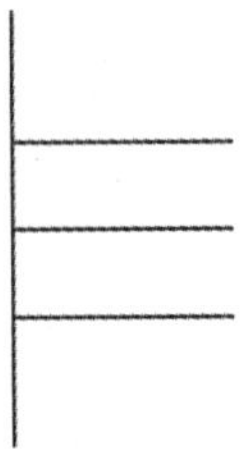

提示 tips

选择剪切边后，当命令行提示选择修剪对象时按住Shift键，则修剪命令暂时变成延伸命令，松开Shift键后继续执行修剪命令。

3.4.2 延伸对象命令

延伸命令与修剪命令正好相反，延伸命令是将选取的对象延伸到边界与之相交。使用延伸命令时必须选择一条边界，如果不指定边界线段，程序将以最近一条线段作为边界进行延伸。

调用延伸命令的方法有以下几种。

① 选择"修改>延伸"菜单命令。

② 单击"默认"选项卡"修改"面板中的"延伸"按钮 --/。

③ 在命令行输入"Extend"或"Ex"命令。

案例 case 延伸对象

STEP 01 打开随书光盘中的图形文件，如下图所示。

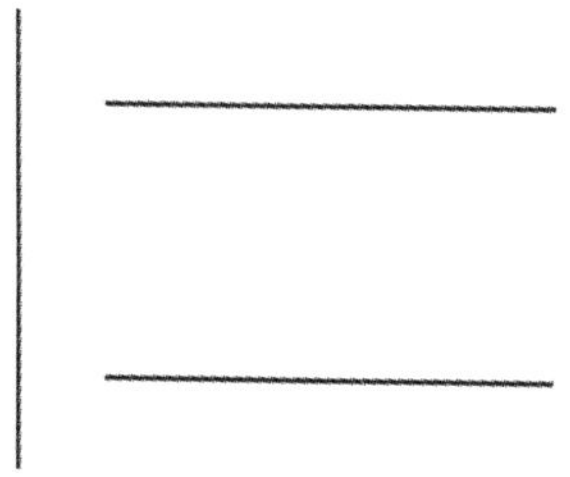

STEP 02 选择"修改>延伸"菜单命令，在绘图窗口中选择要延伸的边界，如下图所示。

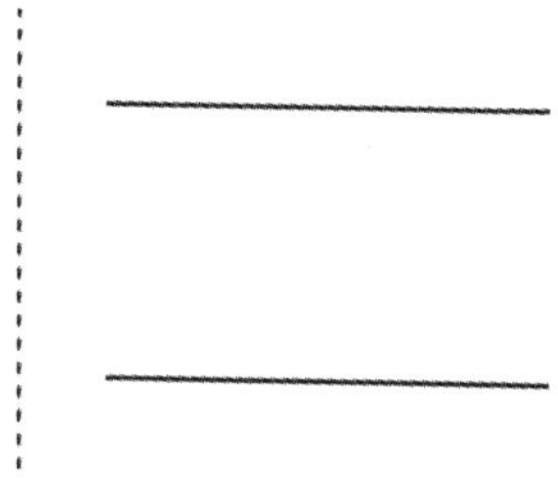

STEP 03 然后选择要延伸的对象，如下图所示。

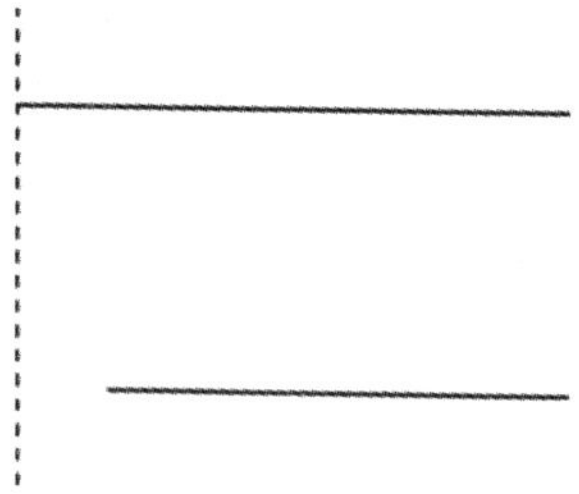

STEP 04 继续选择要延伸的对象，结果如下图所示。

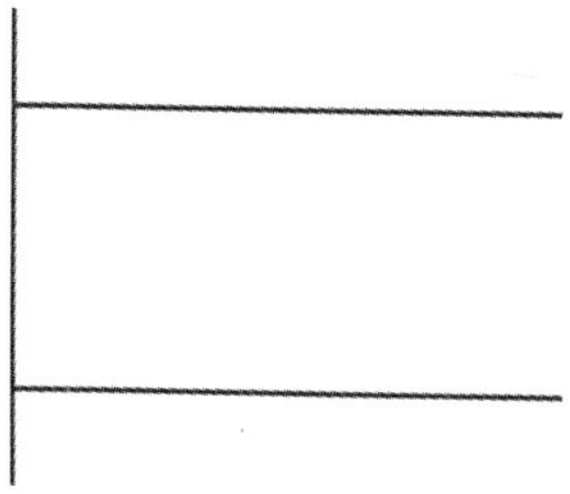

提示 tips 选择延伸边界后，当命令行提示选择延伸对象时按住Shift键，则延伸命令暂时变成修剪命令，松开Shift键后继续执行延伸命令。

3.4.3 拉伸对象命令

拉伸命令可以将图形的某一部分从中间进行延长或缩短，可选择进行拉伸的对象有圆弧、椭圆弧、直线、多段线、二维实体、射线、多线和样条曲线。其中，多段线的每一段都将被当做简单的直线或圆弧，分开处理。

提示 tips 拉伸对象的选择只能使用"交叉窗口"或"交叉多边形"方式进行。与窗口相交的对象将被拉伸，完全在窗口内的对象将被移动。

调用拉伸命令的方法有以下几种。
① 选择"修改>拉伸"菜单命令。
② 单击"默认"选项卡"修改"面板中的"拉伸"按钮 。
③ 在命令行输入"Stretch"或"S"命令。

案例 case 拉伸对象

STEP 01 打开随书光盘中的图形文件，如下图所示。

STEP 02 选择"修改>拉伸"菜单命令，然后在绘图窗口以交叉窗口（从右向左拖动鼠标）选择要拉伸的对象，如下图所示。

这一部分对象将被拉伸

矩形和圆将被移动

STEP 03 以右侧边的中点为拉伸的基点，如下图所示。

中点

STEP 04 然后向右拖动鼠标，在合适的位置单击作为拉伸的第二点，如下图所示。

STEP 05 拉伸完成后结果如右图所示。

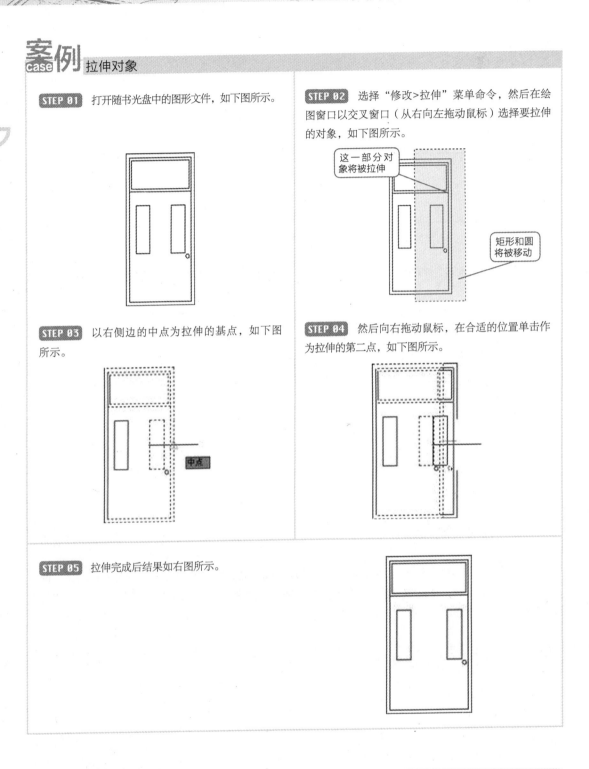

3.4.4 倒圆角对象命令

圆角是通过圆弧连接两个对象，通过设置圆弧的半径可以调整圆角的弧度。

调用圆角命令的方法有以下几种。

① 选择"修改>圆角"菜单命令。

② 单击"默认"选项卡"修改"面板中的"圆角"按钮 ◯ 。

③ 在命令行输入"Fillet"或"F"命令。

案例 倒圆角对象

| STEP 01 打开随书光盘中的图形文件，如下图所示。 | STEP 02 选择"修改>圆角"菜单命令，当命令行提示选择第一个对象时输入R，输入圆角半径5，接着选取圆角的第一个对象，如下图所示。 |

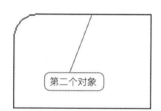

| STEP 03 选择圆角的第二个对象，结果如下图所示。 | STEP 04 继续使用圆角命令，对其他边进行圆角，结果如下图所示。 |

第二个对象

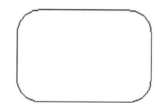

提示 利用圆角命令不仅可以给相交线段进行圆角，也可以给平行线设置圆角。在为平行线设置圆角时，圆角的直径与平行线间的距离相同，而与圆角所设置的半径无关。而当距离为0时对于不相交且相互不平行的直线，生成一个尖点。 如果圆角对象是多段线（矩形和正多边形也属于多段线），在设定好圆角半径后，当命令行提示选择第一个圆角对象时，输入P，然后直接选择多段线对象即可完成整个多段线的圆角。例如本例中第2步在设定半径值后，输入P，然后直接选择矩形即可得到最后的结果。

3.4.5　倒角对象命令

　　倒角可以将相邻的两条直线进行倒角，相邻的两条直线可以是相交的，也可以是不相交的，但一定要有延伸的交点。

　　调用倒角命令的方法有以下几种。

① 选择"修改>倒角"菜单命令。

② 单击"默认"选项卡"修改"面板中的"倒角"按钮 ◯ 。

③ 在命令行输入"Chamfer"或"Cha"命令。

案例 倒角对象

Chapter03\倒角对象.avi

STEP 01 打开随书光盘中的图形文件，如下图所示。

STEP 02 选择"修改>倒角"菜单命令，当命令行提示选择第一条直线时输入D，然后输入两个倒角距离都为5，接着选择倒角的第一条直线，如下图所示。

STEP 03 选择倒角的第二条直线，结果如下图所示。

第二个对象

STEP 04 继续使用倒角命令，为其他直线进行倒角，结果如下图所示。

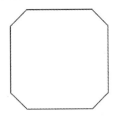

提示 tips

利用倒角命令可以设置成等距倒角、不等距倒角、零距离倒角等。当距离为0时只封闭两条不相交且相互不平行的直线，生成一个尖点。

如果倒角对象是多段线（矩形和正多边形也属于多段线），在设定好倒角距离后，当命令行提示选择第一个倒角对象时，输入P，然后直接选择多段线对象即可完成整个多段线的倒角。例如本例中第2步在设定倒角距离后，输入P，然后直接选择矩形即可得到最后的结果。

3.4.6 案例：绘制座椅类图形

本例将利用"矩形""分解""偏移""修剪""圆角""倒角"和"合并"等命令来绘制沙发床，结果如下图所示。

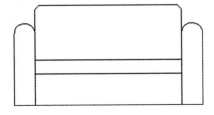

案例 绘制座椅类图形

Chapter03\绘制座椅类图形.avi

STEP 01 选择"绘图>矩形"菜单命令，在绘图窗口中绘制一个长1350、宽700的矩形，如下图所示。

STEP 02 单击"分解"按钮，如下图所示，然后将矩形作为分解对象。

STEP 03 选择"修改>偏移"菜单命令，将两侧的直线分别向内侧偏移150，如下图所示。

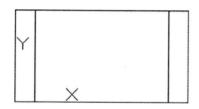

STEP 04 选择"修改>偏移"菜单命令，以矩形的底边为偏移对象，向上偏移220，如下图所示。

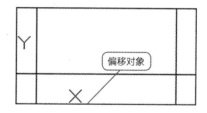

STEP 05 继续使用偏移命令，以上一步偏移后的直线为偏移对象，分别向上偏移100和280，如下图所示。

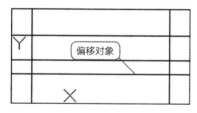

STEP 06 选择"修改>修剪"菜单命令，选择剪切边，如下图所示。

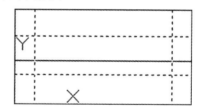

STEP 07 然后选择要修剪的对象，结果如下图所示。

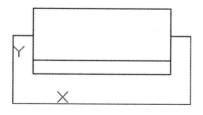

STEP 08 选择"修改>圆角"菜单命令，当命令提示选择第一个对象时输入T，然后输入N（圆角后不修剪），然后选择圆角的第一个对象，如下图所示。

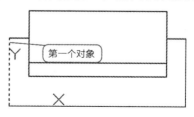

STEP 09 选择第二个圆角对象，结果如下图所示。

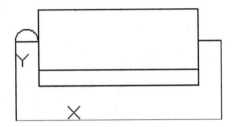

STEP 10 重复步骤8~9，给另一侧扶手倒圆角，结果如下图所示

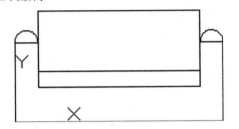

STEP 11 选择"修改>倒角"菜单命令，当命令行提示选择第一个对象时输入D，输入第一个、第二个倒角距离都为30，接着输入T（修剪），然后选择要倒角的第一个对象，如下图所示。

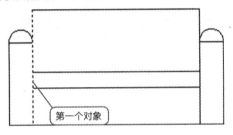

第一个对象

STEP 12 选择第二个要倒角的对象，结果如下图所示。

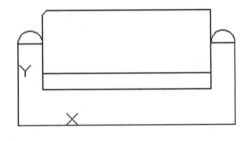

STEP 13 继续使用倒角命令，给沙发的另一侧扶手倒角，结果如下图所示。

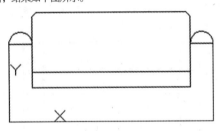

STEP 14 选择"修改>删除"菜单命令，然后选择两条直线，如下图所示。

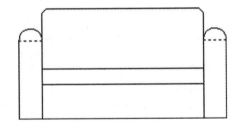

STEP 15 按Enter键，将两条直线删除，结果如右图所示。

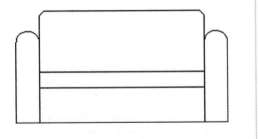

提示 tips 在圆角或倒角时，如果有多处需要圆角和倒角，当命令行提示选择对象时输入M，这样圆角和倒角就可以一直进行下去，直到最后按Esc键结束。

在绘图过程中，图形文字、标注、表格和图块都是工程图样中必不可少的一部分，它们可以对图形中不便于表达的内容加以辅助说明，使图形的含义更加清晰，从而使设计、修改和施工人员对图形的要求一目了然。

Chapter

04

给家具添加尺寸和文字标注

4.1 添加文字和说明

在制图中，图形文字是工程图样中不可缺少的一部分。有些图样仅凭图形不能表达清楚，需要借助文字进行说明。本节学习文字样式的设置、单行文字和多行文字的输入及编辑方法。

4.1.1 文字样式管理器简介

输入文字之前，一般需要设置好文字的样式，以便在输入文字时可直接调用文字格式，而不必每次输入文字时都要单独设置样式。设置文字样式主要是指设置文字的字体、样式、大小、宽、高和比例等属性。

文字样式管理器主要用于创建、修改或指定文字样式，选择"格式>文字样式"菜单命令，弹出"文字样式"对话框。

调用"文字样式"对话框的方法如下。

① 选择"格式>文字样式"菜单命令。

② 单击"默认"选项卡"注释"面板中的"文字样式"按钮 ▲。

③ 在命令行输入"Style"或"St"命令。

执行以上操作后，即会弹出"文字样式"对话框，如下图所示。

在"文字样式"对话框中包含"样式""字体""大小""效果""置为当前"和"新建"等几个区域，主要选项含义介绍如下。

样式列表：列出了当前可以使用的文字样式，默认文字样式为Standard（标准）。

字体选项区：用于设置文字样式使用的字体属性。其中"字体名"下拉列表用于选择字体（如对页左图所示），"字体样式"用于选择字体格式，包括斜体、粗体或常规字体，如对页右图所示。勾选"使用大字体"复选框后，该选项变为"大字体"，用于选择大字体文件。

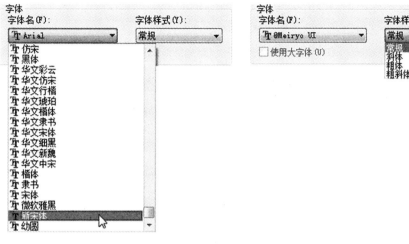

提示 字体名前有"@"符号的表示文字书写样式竖排，从右向左书写。

大小选项区：用于设置文字样式使用的字高属性。"高度"文本框用于设置文字的高度。当勾选"注释性"复选框后，"高度"部分将变为"图纸文字高度"，并且当前的样式将带有注释性，如下图所示。

提示 如果将文字的高度设置为0，在使用Text命令标注文字时，命令行将显示"指定高度："提示，要求指定文字的高度。如果在"高度"文本框中输入了文字高度，AutoCAD将按此高度标注文字，而不再提示指定高度。

效果选项区：用于显示当前设置的文字效果。

当勾选"颠倒"复选框时，在"文字样式"预览框中会看到颠倒的效果，如下左图所示。

当勾选"反向"复选框时，在"文字样式"预览框中会看到反向的效果，如下右图所示。

提示 文字"垂直"用于显示垂直对齐的字符。只有在选定字体支持双向时"垂直"才可用，另外还应勾选"使用大字体"复选框。TrueType 字体的垂直定位不可用。

宽度因子: 用于设置文字的字符宽度。

当"宽度因子"值为1时,将按系统定义的宽度比书写文字,如下左图所示。

当"宽度因子"小于1时,在预览框中会看到字符变窄的效果,如下右图所示。

当"宽度因子"大于1时,在预览框中会看到字符变宽的效果,如下图所示。

倾斜角度: 用于输入一个-85 ~ 85之间的值来设置文字的倾斜角度。

当角度为0时不倾斜,在预览框中会看到字符不倾斜的效果,如下左图所示。

当角度为正时向右倾斜,在预览框中会看到字符向右倾斜的效果,如下中图所示。

当角度为负时向左倾斜,在预览框中会看到字符向左倾斜的效果,如下右图所示。

"置为当前"按钮:单击该按钮,可以将选择的文字样式设置为当前的文字样式。

"新建"按钮:单击该按钮,AutoCAD将打开"新建文字样式"对话框,按步骤操作即可新建一个文字样式(可参照下一节内容来创建文字样式)。

4.1.2 新建文字样式

AutoCAD提供了多种创建文字的方法。对于简短的输入项使用单行文字,对带有内部格式的输入项使用多行文字,也可创建带有引线的多行文字。

可以通过"文字样式"管理器来创建文字样式,启动"文字样式"命令后,系统将弹出"文字样式"对话框,从中可以创建或调用已有的文字样式。

下面就以创建"家具设计文字"样式为例来讲解用"文字样式"管理器来创建新的文字样式的方法。

案例 case 创建文字样式

STEP 01 启动AutoCAD应用程序，新建一个图形文件，然后选择"格式>文字样式"菜单命令，弹出"文字样式"对话框，如下图所示。

STEP 02 单击"新建"按钮，在弹出的"新建文字样式"对话框中输入新的样式名"家具设计文字"，如下图所示。

提示 tips 样式名最多可输入255个字符，包括字母、数字以及特殊字符，如美元符号（$）、下划线（_）和连字符（-）等。

STEP 03 单击"确定"按钮，返回到"文字样式"对话框中，字体选择"仿宋"，宽度因子设置为0.8，其他设置不变，如右图所示。

STEP 04 然后单击"应用"按钮，再单击"置为当前"按钮，最后单击"关闭"按钮即可完成"家具设计文字"的创建。

提示 tips 如果需要选择"宋体""楷体"或"黑体"等中文字体，就必须取消勾选"使用大字体"复选框，否则将不能选择中文字体。

4.1.3 创建单行文字

单行文字主要用于不需要多种字体或多行的简短项。单行文字每次只能输入一行文字，按Enter键结束该行的输入。每行文字都是独立的对象，可以重新定位、调整格式或进行其他修改。

调用单行文字的方法有以下几种。

① 选择"绘图>文字>单行文字"菜单命令。

② 单击"默认"选项卡"注释"面板中的"单行文字"按钮 A。

③ 在命令行输入"Text"命令。

案例 绘制单行文字

STEP 01 选择"绘图>文字>单行文字"菜单命令，如下图所示。

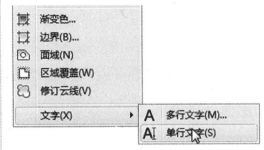

STEP 02 在绘图窗口中单击指定文字的起点、高度和旋转角度等，AutoCAD命令行提示及操作如下：

```
命令: _text
当前文字样式: "家具设计文字" 文字高
度: 2.5000 注释性: 否 对正: 左
指定文字的起点 或 [对正(J)/样式(S)]:
指定高度 <2.5000>: 50
指定文字的旋转角度 <0>:
```

如下图所示。

STEP 03 指定完成后，输入"AutoCAD 是美国Autodesk公司发行的"内容，如下图所示。

STEP 04 按Enter键换行，继续按Enter键结束命令，如下图所示。

AutoCAD 是美国Autodesk公司发行的

在文字显示方式方面，系统还设置了一些控制码，用于输入不能用键盘直接输入的特殊字符，如下表所示。

AutoCAD 2015常用控制码

控制码	功　能
%%O	打开或关闭文字上划线
%%U	打开或关闭文字下划线
%%D	"度"符号"°"
%%P	正负值符号"±"
%%C	直径符号"Φ"
%%%	百分号"%"

提示 一般情况下是不能通过键盘直接输入"×"（乘号）的，所以使用AutoCAD的"单行文字"功能时无法在命令提示行输入"×"。此时可以在输入"×"之前通过别的渠道复制一个"×"到剪贴板，比如将Word文档中的"×"复制到剪贴板，然后在AutoCAD的命令提示行中按组合键Ctrl+V，即可将剪贴板中的"×"复制到命令提示行中。单行文字中的字体也不能直接修改，需要通过修改单行文字使用的文字样式来改变字体。

4.1.4　创建多行文字

多行文字是相对于单行文字而言的，多行文字可以根据输入框的大小和文字数量自动换行，并且输入一段文字后，按Enter键可以切换到下一段。但无论输入几行或几段文字，系统都将它们视为一个整体。

调用多行文字的方法有以下几种。

① 选择"绘图>文字>多行文字"菜单命令。

② 单击"默认"选项卡"注释"面板中的"多行文字"按钮A。

③ 在命令行输入"Mtext"或"T"命令。

案例 case　绘制多行文字

STEP 01　选择"绘图>文字>多行文字"菜单命令，在绘图窗口中指定第一角点，如下图所示。

STEP 02　拖动鼠标到合适位置，单击指定对角点，如下图所示。

STEP 03　弹出"文字编辑器"选项卡和带有标尺的文字输入框，如下图所示。

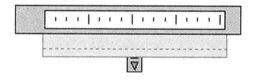

STEP 04　在文本框中输入文字，如下图所示。

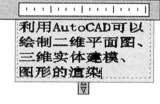

STEP 05　输入完成后，在绘图窗口的空白处单击退出文字编辑器，结果如右图所示。

利用AutoCAD可以
绘制二维平面图、
三维实体建模、
图形的渲染

提示 tips

在输入多行文字时，按Enter键的功能是切换到下一段落，只有按组合键Ctrl+Enter才可结束输入操作，当然直接在空白区域单击是最快捷的。

4.1.5 案例：给大样图添加注释

工程图绘制完成后一般都有技术要求等，下面就利用在墙体大样图中输入文字来讲解文字在实际图形绘制中的应用。

案例 给大样图添加文字说明

完成结果如下图所示。

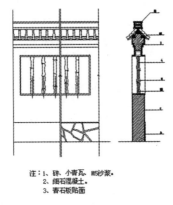

注：1、砖、小青瓦、M5沙浆。
2、细石混凝土。
3、青石板贴面

墙体大样图 1:20

具体操作步骤如下。

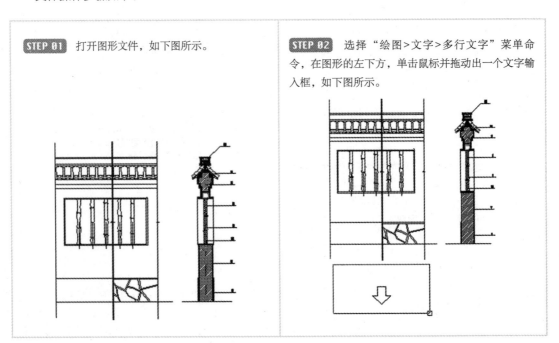

STEP 01 打开图形文件，如下图所示。

STEP 02 选择"绘图>文字>多行文字"菜单命令，在图形的左下方，单击鼠标并拖动出一个文字输入框，如下图所示。

STEP 03 在指定的位置将显示文字编辑器，拖动下方的箭头，可以增加列高，如下图所示。

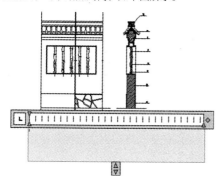

STEP 05 然后在文字输入框中输入文字说明，如下图所示。

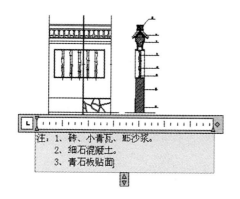

STEP 07 选择"绘图>文字>单行文字"菜单命令，然后在绘图窗口中单击指定文字的起点，如下图所示。

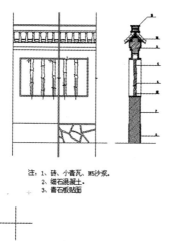

STEP 04 在"文字编辑器"选项卡"样式"面板中输入文字的高度为500，如下图所示。

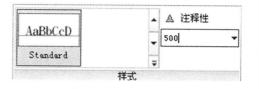

STEP 06 输入完成后，在绘图窗口的空白处单击退出文字编辑器，如下图所示。

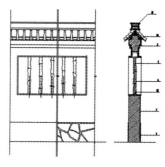

STEP 08 在命令行输入文字的高度700，并设置倾斜角度为0，然后输入"墙体大样图 1:20"内容，如下图所示。

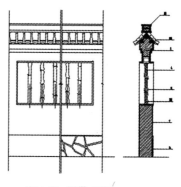

墙体大样图 1:20

4.2 尺寸标注样式

无论是建筑设计、室内装潢还是家具设计，一份完整的图纸都必须包含尺寸标注。在绘制专业的建筑施工图时，由于图形尺寸比较大，用户一般不能使用AutoCAD提供的默认标注样式来创建施工图的尺寸标注，而需要根据国家对建筑绘图的标准规范来设置合适的尺寸标注样式。

4.2.1 尺寸标注简介

AutoCAD提供对各种标注对象设置标注格式的方法。可以在各个方向上为各类对象创建标注，也可以创建符合行业或项目标准的标注样式，以快速标注图形。

标注可显示对象的测量值、对象之间的距离、角度、特征和距指定原点的距离等信息。AutoCAD提供了多种标注类型：线性、半径、直径、角度、坐标、基线或连续等。下左图列出了几种简单的示例。

完整的尺寸标注通常由尺寸线、尺寸界线、箭头、尺寸文本和引线等部分组成，如下右图所示。

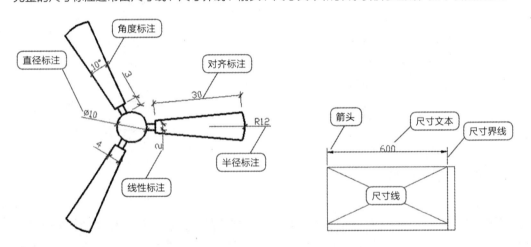

各部分说明如下。

尺寸线（line）： 尺寸线是表示尺寸标注方向和长度的线段。除角度型尺寸标注的尺寸线是弧线段外，其他类型尺寸标注的尺寸线均是直线段。

尺寸界线（extension line）： 尺寸界线是从被标注对象边界到尺寸线的直线，它界定了尺寸线的起始与终止范围。圆弧形的尺寸标注通常不使用尺寸界线，而是将尺寸线直接标注在弧上。

箭头（arrow-head）： 箭头是添加在尺寸线两端的连接符号。在我国的国家标准中，规定该连接符号可以用箭头、短斜线和圆点等。在AutoCAD中，连接符号有多种形式，其中箭头和短斜线最为常用。在机械设计图中一般用箭头，在建筑设计图中一般用短斜线。

尺寸文本（text）： 尺寸文本是一个字符串，用于表示被标注对象的长度或角度。尺寸文本中除了包含基本尺寸数字外，还可以含有前缀（prefix）、后缀（suffix）和公差（tolerance）等。

引线（Leader）： 引线是从注释到引用特征的线段。当被标注的对象太小或尺寸界线间的间隙太窄放不下尺寸文本时，通常采用引线标注。

提示
ups

一般情况下，标注的尺寸是和图形相关联的。也就是说，当图形因为修改而导致尺寸发生变化时，所标注的尺寸文字也自动随之变化，同时尺寸界线等也会变动到正确的位置。

4.2.2 调用标注样式管理器

在AutoCAD中，每一个尺寸标注的尺寸界线、尺寸线、箭头、中心标记或中心线及其之间的偏移、标注部件位置间的相互关系，以及标注文字的方向、标注文字的内容和外观、特性都由其标注样式控制。可以使用"标注样式管理器"对话框来控制标注的格式和外观，即决定尺寸标注的形式，包括尺寸线、尺寸界线、箭头和中心标记的形式、尺寸文本的位置、特性等。

调用"标注样式管理器"对话框的方法有以下几种。

① 选择"格式>标注样式"菜单命令。

② 选择"标注>标注样式"菜单命令。

③ 切换到"注释"选项卡，单击"标注"面板右下角的箭头按钮 ⌐。

④ 在命令行中输入"Dimstyle"或"D"命令。

选择上述任何一种方法都能打开"标注样式管理器"对话框，如下图所示。

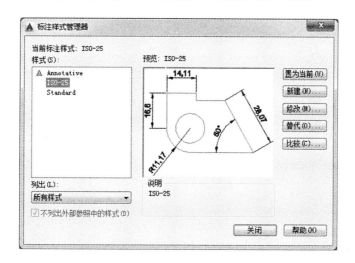

标注样式管理器主要选项含义如下。

置为当前： 将在"样式"下选定的标注样式设定为当前标注样式，并应用于所创建的标注。

新建： 显示"创建新标注样式"对话框，从中可以定义新的标注样式。

修改： 显示"修改标注样式"对话框，从中可以修改标注样式。

替代： 显示"替代当前样式"对话框，从中可以设定标注样式的临时替代值。替代将作为未保存的更改结果显示在"样式"列表中的标注样式下。

比较： 显示"比较标注样式"对话框，可以比较两个标注样式或列出一个标注样式的所有特性。

4.2.3 创建标注样式

默认情况下，在AutoCAD中创建尺寸标注时使用的尺寸标注样式是"ISO-25"，用户可以根据需要创建一种新的尺寸标注样式。比如，创建一个家具设计的标注样式文件，供公司全体设计人员使用，不但节省时间，还能统一设计标准。

 案例 创建家具设计标注样式

Chapter04\创建标注样式.avi

STEP 01 选择"格式>标注样式"菜单命令，弹出"标注样式管理器"对话框，如下图所示。

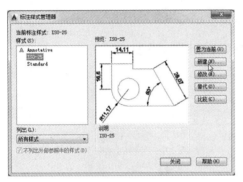

STEP 02 单击"新建"按钮，弹出"创建新标注样式"对话框，然后在"新样式名"文本框中输入"家具标注"，如下图所示。

STEP 03 在"创建新标注样式"对话框中单击"继续"按钮，弹出"新建标注样式：家具标注"对话框，如下图所示。

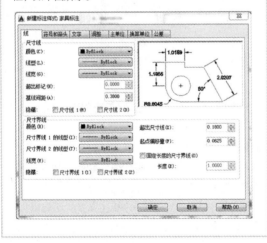

STEP 04 设置"尺寸界线"选项区域中的"超出尺寸线"数值为3、"起点偏移量"为0.825，如下图所示。

STEP 05 单击"符号和箭头"标签，切换到"符号和箭头"选项卡界面中，如下图所示。

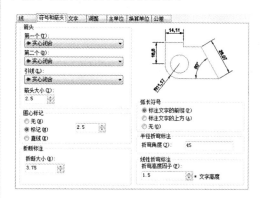

STEP 06 设置"箭头"为"建筑标记"，"箭头大小"为5，圆心标记、折断大小为5，折弯角度为90，如下图所示。

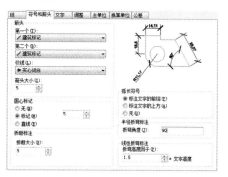

STEP 07 单击"文字"标签，切换到"文字"选项卡界面中，如下图所示。

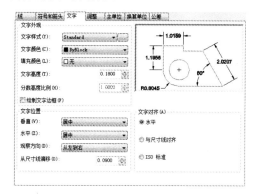

STEP 08 设置"文字样式"为"家具设计文字"、文字高度为5，如下图所示。

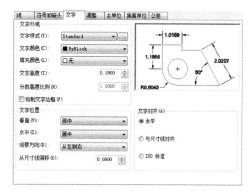

STEP 09 单击"调整"标签，切换到"调整"选项卡界面中，如下图所示。

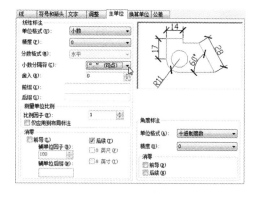

STEP 10 设置"线性标注"的精度为0，"小数分隔符"为"句点"，如下图所示。

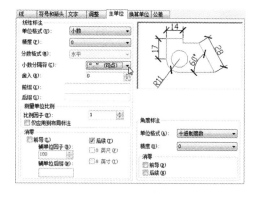

STEP 11 单击"确定"按钮，返回到"标注样式管理器"对话框，然后选择样式里的"家具标注"并单击"置为当前"按钮，将创建的样式设置为当前标注样式，然后单击"关闭"按钮，如下图所示。

STEP 12 选择"文件>保存"菜单命令，在弹出的"图形另存为"对话框中，选择"文件类型"为"AutoCAD图形样板（*.dwt）"，输入"文件名"为"家具标注"，单击"保存"按钮保存为图形样板，如下图所示。

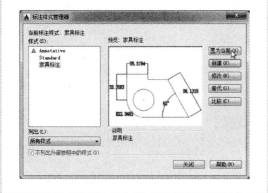

4.2.4 新建标注样式对话框简介

前面讲解了创建尺寸样式的方法，下面说明该对话框中的各主要选项含义。

1. "线"选项卡

用户可以根据实际需要来设置尺寸线的颜色、线型、尺寸界线的线宽、超出尺寸线的长度值等各种细节，如下图所示。

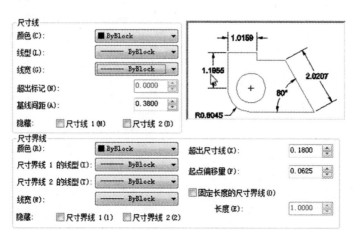

"尺寸线"选项区中可以设置尺寸线的颜色、线型、线宽、超出标记以及基线间距等属性。

"尺寸界线"选项区中可以设置尺寸界线的颜色、线宽、超出尺寸线的长度和起点偏移量，隐藏控制等属性。

2. "符号和箭头"选项卡

用户可以根据需要设置符号和箭头形状，默认为"实心闭合"。在建筑、室内、家具设计中，箭头统一设置为"建筑标记"。

箭头在"箭头"选项区域中，可以设置标注箭头的外观。通常情况下，尺寸线的两个箭头应一致。

3. "文字"选项卡

除了箭头可以设置外，文字也需要根据实际情况进行设置，如利用前面创建的家具设计文字进行导入，就会在注释文档时正确显示。

文字外观： 可以设置文字的样式、颜色、高度和分数高度比例，以及控制是否绘制文字边框等。

文字位置： 可以设置文字的垂直、水平位置以及距尺寸线的偏移量。

文字对齐： 可以设置标注文字的放置方向。

4. "调整"选项卡

在"调整"选项卡中使用默认设置即可，但是用户可以根据需要决定是否"使用全局比例"。此处不需要过多设置，不再详细说明。

5. "主单位"选项卡

主单位主要用来设置绘图的尺寸标注精度，在建筑、室内、家具绘图中有一定的规范。

线性标注： 可以设置线性标注的单位格式与精度。

测量单位比例： 该选项区域中的"比例因子"用来设置线性标注测量值的缩放比例，AutoCAD的实际标注值为测量值与该比例的乘积。

4.2.5 标注特征比例和测量单位比例的异同

"标注特征比例"和"测量单位比例"的区别是："标注特征比例"中的比例值只改变标注文字、箭头等显示的大小，而"测量单位比例"的比例因子将改变图形的尺寸值，显示为实际绘图尺寸值与比例因子的乘积。

案例 case 标注特征比例和测量单位比例的异同

STEP 01 打开随书光盘中的图形文件，如下图所示。

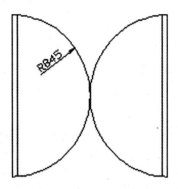

STEP 02 选择"格式>标注样式"菜单命令，弹出"标注样式管理器"对话框，如下图所示。

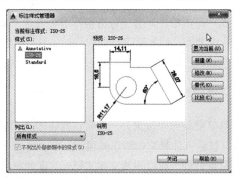

STEP 03 单击"修改"按钮，在弹出的"修改标注样式：ISO-25"对话框中选择"调整"选项卡，然后设置使用全局比例为"40"，如下图所示。

标注特征比例
☐ 注释性 (A)
○ 将标注缩放到布局
● 使用全局比例 (S)：　40

STEP 04 单击"确定"按钮返回到"标注样式管理器"对话框，单击"置为当前"按钮，在绘图窗口中可以看到标注变大了。

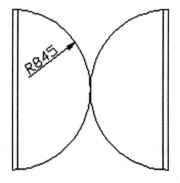

STEP 05 再次选择"格式>标注样式"菜单命令，弹出"标注样式管理器"对话框。

STEP 06 单击"修改"按钮，在弹出的"修改标注样式：IOS-25"对话框中选择"主单位"选项卡，然后设置比例因子为"10"，如下图所示。

测量单位比例
比例因子 (E)：　10
☐ 仅应用到布局标注

STEP 07 单击"确定"按钮返回到"标注样式管理器"对话框，单击"置为当前"按钮，然后在绘图窗口中可以看到标注尺寸变成了原来的10倍，如下图所示。

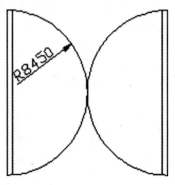

4.3 创建尺寸标注

图形绘制完成后一般还需要进行尺寸标注，尺寸标注的目的是为了便于检验图形是否正确，尺寸标注包括基本尺寸的标注、特殊符号的标注以及文字注释等。

4.3.1 创建线性标注

线性标注用于标注平面中两个点之间的距离，通过指定两个点或选择一个对象，然后指定尺寸线的放置位置即可创建线性标注。

调用线性标注的方法有以下几种。

① 选择"标注>线性"菜单命令。

② 单击"注释"选项卡"标注"面板中的"线性"按钮（如果不在当前，可以通过下拉列表选择）。

③ 在命令行中输入"Dimlinear"或"Dli"命令。

案例 给装饰画框添加线性标注

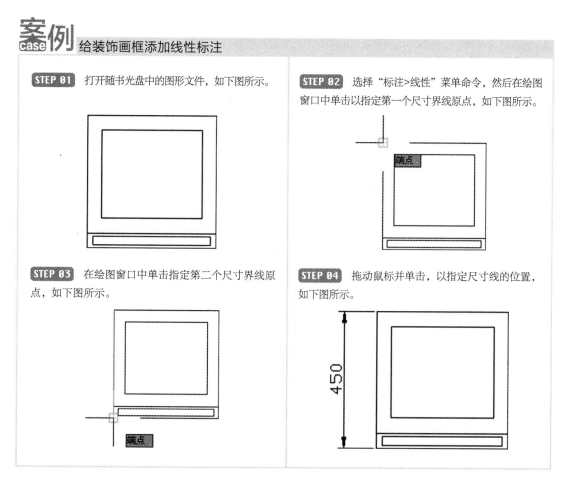

STEP 01 打开随书光盘中的图形文件，如下图所示。

STEP 02 选择"标注>线性"菜单命令，然后在绘图窗口中单击以指定第一个尺寸界线原点，如下图所示。

STEP 03 在绘图窗口中单击指定第二个尺寸界线原点，如下图所示。

STEP 04 拖动鼠标并单击，以指定尺寸线的位置，如下图所示。

4.3.2 创建半径、直径标注

半径和直径标注的对象是圆或圆弧，半径标注完成后尺寸值前面添加一个R符号，直径标注完成后尺寸值前面添加一个Φ符号。

1. 半径标注

选择半径标注命令后系统提示"选择圆弧或圆："，选取圆弧或圆后，在指定尺寸线位置提示出现后，在屏幕上拾取一点放置尺寸线即可完成半径标注。

调用半径标注的方法有以下几种。

① 选择"标注>半径"菜单命令。

② 单击"注释"选项卡"标注"面板中的"半径"按钮 。

③ 在命令行中输入"Dimradius"或"Dra"命令。

案例 给椅子添加半径标注

STEP 01 打开随书光盘中的图形文件，如下图所示。

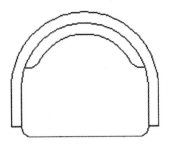

STEP 02 选择"标注>半径"菜单命令，然后在绘图窗口中选择要添加半径标注的圆弧，拖动鼠标并单击，以指定尺寸线的位置，如下图所示。

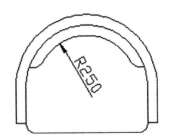

2. 直径标注

直径标注与半径标注类似，选择直径标注命令后系统提示"选择圆弧或圆："，选取圆弧或圆后，在指定尺寸线位置提示出现后，在屏幕上拾取一点放置尺寸线即可完成直径标注。

调用直径标注的方法有以下几种。

① 选择"标注>直径"菜单命令。

② 单击"注释"选项卡"标注"面板中的"直径"按钮 （如果不在当前，可通过下拉列表选择）。

③ 在命令行中输入"Dimdiameter"或"Ddi"命令。

案例 给凳子添加直径标注

STEP 01　打开随书光盘中的图形文件，如下图所示。

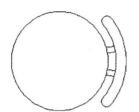

STEP 02　选择"标注>直径"菜单命令，然后在绘图窗口中选择要标注的圆，如下图所示。

4.3.3　创建角度标注

角度标注用于测量两条直线或三个点之间的角度。

调用角度标注的方法有以下几种。

① 选择"标注>角度"菜单命令。

② 单击"注释"选项卡"标注"面板中的"角度"按钮△（如果不在当前，可以通过下拉列表选择）。

③ 在命令行中输入"Dimangular"或"Dan"命令。

案例 给电视机添加角度标注

STEP 01　打开随书光盘中的图形文件，如下图所示。

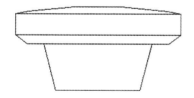

STEP 02　选择"标注>角度"菜单命令，然后在绘图窗口中选择要标注的直线，如下图所示。

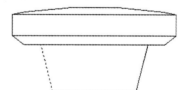

STEP 03　选择要标注的第二条直线，再单击指定标注弧线的位置，如下图所示。

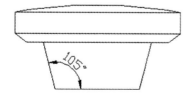

提示 tips　如果测量的是三个点之间的夹角（通常在测量外角时用），则需要注意选择三个点的先后顺序，先选择角的顶点，再选择两条边上的点。如果测量的是圆弧的圆心角，则直接选择圆弧，在合适的位置放置尺寸线即可。

4.3.4　创建弧长标注

默认情况下，弧长标注显示一个圆弧符号，且圆弧符号显示在标注文字的上方或前方。

调用弧长标注的方法有以下几种。

① 选择"标注>弧长"菜单命令。

② 单击"注释"选项卡"标注"面板中的"弧长"按钮 。

③ 在命令行中输入"Dimarc"或"Dar"命令。

案例 给淋浴处添加弧长标注

Chapter04\添加弧长标注.avi

STEP 01 打开随书光盘中的图形文件，如下图所示。

STEP 02 选择"标注>弧长"菜单命令，如下图所示。

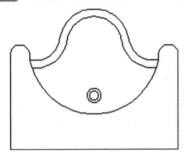

STEP 03 在绘图窗口选择要标注的圆弧，拖动鼠标以指定弧长标注的位置，如下图所示。

STEP 04 单击后程序自动标注出圆弧的弧长，如下图所示。

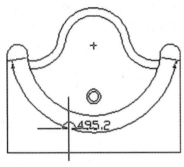

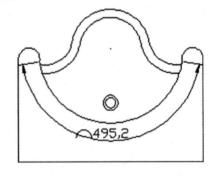

4.3.5　案例：给主卧室添加文字说明

下面通过给卧室平面图添加标注来练习一下前面所讲的内容。

案例 case 给主卧室添加标注文字

Chapter04\给卧室添加文字.avi

STEP 01 打开随书光盘中的图形文件，如下图所示。

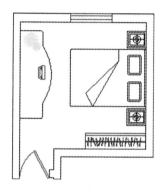

STEP 02 选择"格式>标注样式"菜单命令，弹出"标注样式管理器"对话框，如下图所示。

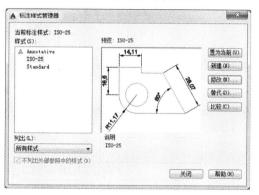

STEP 03 单击"新建"按钮，在弹出的"创建新标注样式"对话框中输入新的样式名"建筑工程图标注"，如下图所示。

STEP 04 单击"继续"按钮，在弹出对话框中的"符号和箭头"选项卡中，设置箭头样式为"建筑标记"，如下图所示。

STEP 05 在"调整"选项卡中设置使用全局比例为60，如下图所示。

STEP 06 单击"确定"按钮返回到"标注样式管理器"对话框。单击"置为当前"按钮，再单击"关闭"按钮，如下图所示。

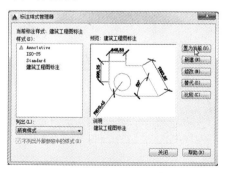

STEP 07 选择"标注>半径"菜单命令，然后在绘图窗口中选择要标注的圆，如下图所示。

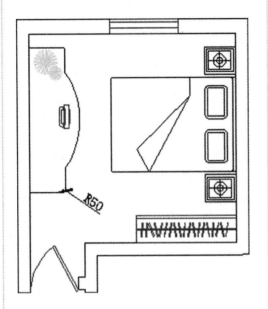

STEP 08 选择"标注>线性"菜单命令，然后在绘图窗口中以端点分别为第一个尺寸界线原点、第二个尺寸界线原点，如下图所示。

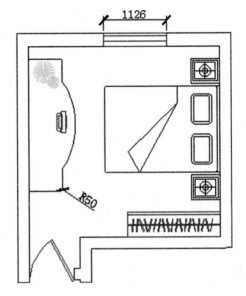

STEP 09 选择"标注>弧长"菜单命令，然后在绘图窗口选择要标注的圆弧，如下图所示。

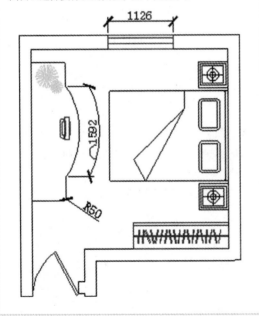

STEP 10 选择"标注>角度"菜单命令，然后在绘图窗口中选择要标注角度的两条直线，如下图所示。

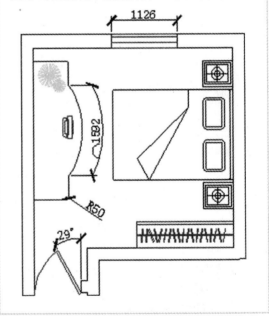

4.4 给图形添加表格

在AutoCAD中，可以使用创建表格命令来创建表格，还可以从Microsoft Excel中直接复制表格，并将其作为AutoCAD表格对象粘贴到图形中，也可以从外部直接导入表格对象。

4.4.1 创建表格

表格是在行和列中包含数据的对象。在创建表格对象时，首先要创建一个空表格，然后在表格单元中添加内容。

创建表格的方法有以下几种。

① 选择"绘图>表格"菜单命令。

② 单击"默认"选项卡"注释"面板中的"表格"按钮 ▦。

③ 在命令行输入"Table"命令。

案例 case 创建室内设计表格

 Chapter04\创建室内表格.avi

STEP 01 选择"绘图>表格"菜单命令，弹出"插入表格"对话框，如下图所示。

STEP 02 选择表格样式为"建筑工程表格"，设置列数、行数分别为6和5，列宽为15，行高为1，如下图所示。

列和行设置

列数(C):	列宽(D):
6	15

数据行数(R):	行高(G):
5	1 行

STEP 03 单击"确定"按钮，然后在绘图窗口中单击创建出一个5行6列的表格，如下图所示。

	A	B	C	D	E	F
1						
2						
3						
4						
5						
6						
7						

STEP 04 然后在单元表格中输入相应的文字，如下图所示。

建筑材料需求表				
材料	数量	单价	总价	备注
单扇门	10	260	2600	
双扇门	10	510	5100	
窗	30	200	6000	

提示 tips 创建表格时选择的行数和列数与表格设置有关。例如本例中，默认格式是有"标题"和"表头"的，所以虽然第2步中设置的行数为5，但是加上"标题"和"表头"后实际显示为7行。别外在AutoCAD中行高的单位默认为"行"，而不是习惯的毫米。

4.4.2　编辑表格和文字

　　文字输入完成后，由图可以看出"建筑材料需求表"的表格和文字不太协调，需要修改表格的高度和宽度。

 案例 编辑表格和文字

　　Chapter04\编辑表格和文字.avi

STEP 01　在绘图窗口中选中要更改的单元格，如下图所示。

	建筑材料需求表				
材料	数量	单价	总价	备注	
单扇门	10	260	2600		
双扇门	10	510	5100		
窗	30	200	6000		

STEP 02　拖动最右端的方形夹点到合适的位置即可，如下图所示。

建筑材料需求表				
材料	数量	单价	总价	备注
单扇门	10	260	2600	
双扇门	10	510	5100	
窗	30	200	6000	

STEP 03　重复步骤1~2，更改其他单元格，如下图所示。

建筑材料需求表				
材料	数量	单价	总价	备注
单扇门	10	260	2600	
双扇门	10	510	5100	
窗	30	200	6000	

STEP 04　位置调整好后，选中不需要的单元格，在"表格单元"选项卡中单击"删除行"按钮，删除后效果如下图所示。

建筑材料需求表				
材料	数量	单价	总价	备注
单扇门	10	260	2600	
双扇门	10	510	5100	
窗	30	200	6000	

STEP 05　行删除后，选中不需要的单元格，在"表格单元"选项卡中单击"删除列"按钮，删除后效果如下图所示。

建筑材料需求表				
材料	数量	单价	总价	备注
单扇门	10	260	2600	
双扇门	10	510	5100	
窗	30	200	6000	

STEP 06　双击第一行的单元格，选中"建筑材料需求表"文字，然后单击"文字编辑"选项卡"格式"面板中的"加粗"按钮，如下图所示。

建筑材料需求表				
材料	数量	单价	总价	备注
单扇门	10	260	2600	
双扇门	10	510	5100	
窗	30	200	6000	

STEP 07 双击第二行第一列的单元格，选中"材料"文字，然后选择"文字编辑"选项卡"段落"面板中的"对正"按钮 的"左中"选项，如下图所示。

建筑材料需求表				
材料	数量	单价	总价	备注
单扇门	10	260	2600	
双扇门	10	510	5100	
窗	30	200	6000	

STEP 08 重复步骤7，编辑其他的文字，如下图所示。

建筑材料需求表				
材料	数量	单价	总价	备注
单扇门	10	260	2600	
双扇门	10	510	5100	
窗	30	200	6000	

STEP 09 双击第三行第二列，选中"10"，然后单击"文字编辑"选项卡"段落"面板中"对正"按钮 的"正中"选项，如下图所示。

建筑材料需求表				
材料	数量	单价	总价	备注
单扇门	10	260	2600	
双扇门	10	510	5100	
窗	30	200	6000	

STEP 10 重复步骤9，编辑其他的数字，效果如下图所示。

建筑材料需求表				
材料	数量	单价	总价	备注
单扇门	10	260	2600	
双扇门	10	510	5100	
窗	30	200	6000	

前面几章讲解了利用AutoCAD进行家具设计时的一些基本功能，包括文件管理、图形的绘制与编辑等。本章将介绍想要精确绘制图形还需要掌握的一些方法，包括使用对象捕捉功能进行精确绘图，利用图层功能快速修改图形对象，以及给图形添加图案填充等。

Chapter 05

精确绘图设置与图层、图案填充功能

5.1 图层特性管理器

5.2 创建图块对象

5.3 图案填充

5.1 图层特性管理器

在绘制家具图形时，先要创建图层，然后对图层进行设置，例如设置图层的状态、图层的名称、图层的开关和图层的颜色等，如下图所示。

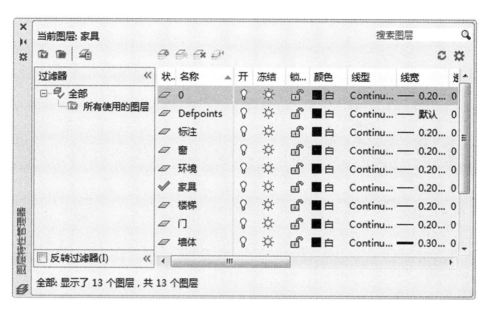

5.1.1 创建新图层

绘制家具图时，有时需要在一个工程文件中创建多个图层，在每个图层中可以控制不同属性的对象，这样在修改图形时，就可以节省许多时间。

建立新图层的方法有以下几种。

① 选择"格式>图层"菜单命令，在弹出的"图层特性管理器"选项板中单击"新建图层"按钮 。

② 单击"默认"选项卡"图层"面板中的"图层特性"按钮 ，在弹出的"图层特性管理器"选项板中单击"新建图层"按钮 。

③ 在命令行中输入"Layer"或"La"命令，在弹出的"图层特性管理器"选项板中单击"新建图层"按钮 。

案例 case 建立新图层

Chapter05\建立新图层.avi

STEP 01 新建图形文件，单击"默认"选项卡"图层"面板中的"图层特性"按钮，如下图所示。

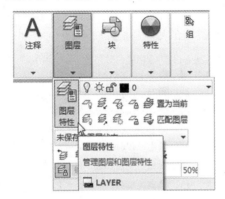

STEP 02 弹出"图层特性管理器"选项板，如下图所示。

STEP 03 在选项板中单击"新建图层"按钮，如下图所示。

STEP 04 修改新建图层的名称为"窗户"，如下图所示。

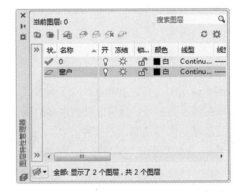

提示 TIPS

除了以上创建方法外，用户直接在已经存在的图层上按Enter键即可创建新图层，并且该图层继承选中图层的一切特性（除图层名称外），如右图所示。

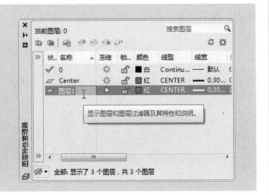

5.1.2 设置图层参数

根据绘图的需求，经常需要对某一个图形对象的颜色、线型以及线宽进行设置，这时只需修改该图形所在图层的颜色、线型和线宽即可。

1. 设置图层颜色

用户可以根据需要来设置图层的颜色，以方便查看或修改，方法如下。

  设置图层颜色

Chapter05\设置图层颜色.avi

STEP 01 启动AutoCAD 2015应用程序，打开随书光盘中的图形文件，如下图所示。

STEP 03 在弹出的"选择颜色"对话框中选择"索引颜色"选项卡下的红色，如下图所示。

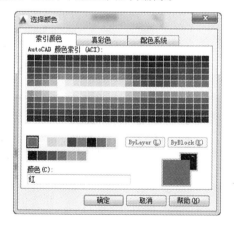

STEP 02 选择"格式>图层"菜单命令，在弹出的"图层特性管理器"选项板中单击"桌子"图层的颜色按钮，如下图所示。

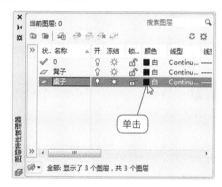

STEP 04 单击"确定"按钮，返回到"图层特性管理器"选项板中单击"关闭"按钮，然后在绘图窗口中就可看到更改后的桌子图形的颜色，如下图所示。

101

2. 设置图层线宽

用户还可以根据需要更改不同图层的线宽，比如设置图框的线宽为0.30mm。

案例 case 设置房屋边界宽度

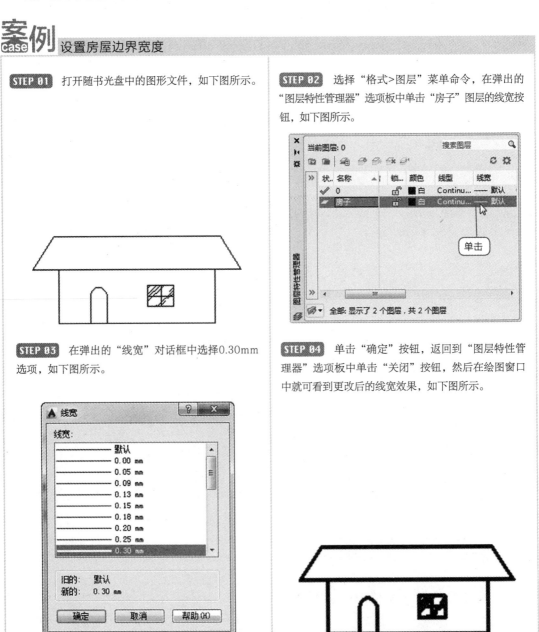

STEP 01 打开随书光盘中的图形文件，如下图所示。

STEP 02 选择"格式>图层"菜单命令，在弹出的"图层特性管理器"选项板中单击"房子"图层的线宽按钮，如下图所示。

STEP 03 在弹出的"线宽"对话框中选择0.30mm选项，如下图所示。

STEP 04 单击"确定"按钮，返回到"图层特性管理器"选项板中单击"关闭"按钮，然后在绘图窗口中就可看到更改后的线宽效果，如下图所示。

3. 设置图层线型

不同的线型代表的意义不同，通过不同的线型可以更方便区别对象。

案例 case 设置图层线型

Chapter05\设置图层线型.avi

STEP 01　打开随书光盘中的图形文件，如下图所示，这里准备更改墙线的线型。

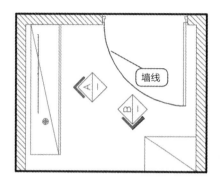

STEP 03　在弹出的"选择线型"对话框中单击"加载"按钮，如下图所示。

STEP 02　选择"格式>图层"菜单命令，在弹出的"图层特性管理器"选项板中单击"墙线"图层对应的线型按钮，如下图所示。

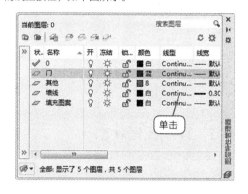

STEP 04　在弹出的"加载或重载线型"对话框中选择要加载的线型"ACAD_IS003W100"选项，如下图所示。

STEP 05　单击"确定"按钮返回到"选择线型"对话框，选择步骤4加载的线型，如右图所示。

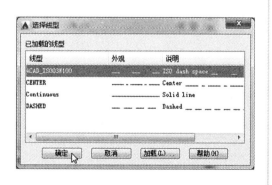

STEP 06 单击"确定"按钮返回到"图层特性管理器"选项板，单击"关闭"按钮，此时在绘图窗口中可看到更改后的墙线线型，如右图所示。

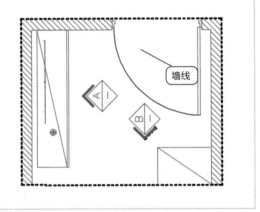

墙线

5.1.3 控制图层状态

在AutoCAD 2015中可以通过将图层关闭或冻结来实现对图形的隐藏，这在创建复杂模型时尤为重要。

图层的状态控制主要包括打开/关闭图层、冻结/解冻图层、锁定/解锁和打印/不打印图层等。

1. 打开/关闭图层

当图层处于关闭状态时图层中的内容将被隐藏且无法编辑和打印。在"图层特性管理器"选项板中打开的图层以明亮的灯泡图标 ♀ 显示，隐藏的图层将以灰色的灯泡图标 ♀ 显示，打开/关闭图层的具体操作步骤如下。

案例 打开/关闭图层

Chapter05\打开关闭图层.avi

STEP 01 打开随书光盘中的图形文件，如右图所示。

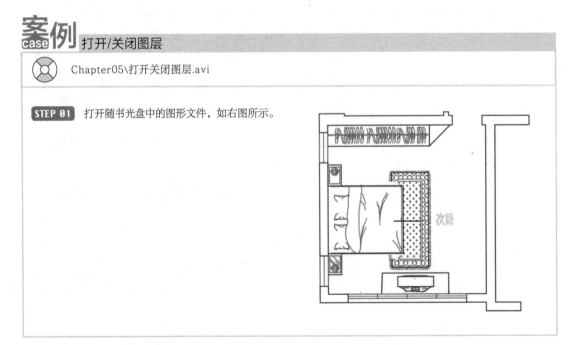

次卧

STEP 02 选择"格式>图层"菜单命令，在弹出的"图层特性管理器"选项板中单击"NX-000内引线"后面的灯泡图标 ♀，如下图所示。

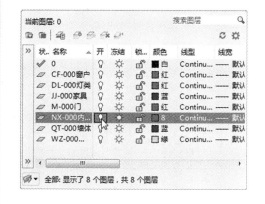

STEP 03 此时灯泡图标由亮变暗 ♀，如下图所示。

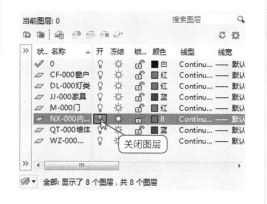

STEP 04 关闭"图层特性管理器"选项板回到绘图窗口中，可以看到"NX-000内引线"图层上的所有图形对象已经被隐藏了，结果如右图所示。

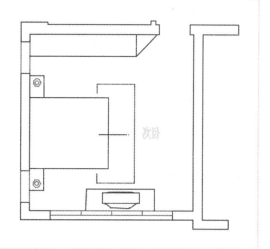

2．锁定/解锁图层

当图层锁定后图层上的内容依然可见，但是不能被编辑。锁定的图层将以封闭的锁图标 🔒 显示，解锁的图层将以打开的锁图标 🔓 显示，锁定/解锁图层的具体操作步骤如下。

案例 case 锁定/解锁图层

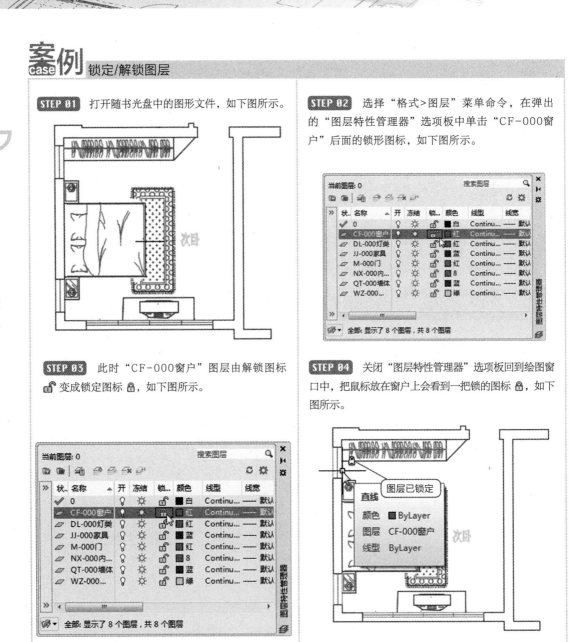

STEP 01 打开随书光盘中的图形文件，如下图所示。

STEP 02 选择"格式>图层"菜单命令，在弹出的"图层特性管理器"选项板中单击"CF-000窗户"后面的锁形图标，如下图所示。

STEP 03 此时"CF-000窗户"图层由解锁图标 变成锁定图标 ，如下图所示。

STEP 04 关闭"图层特性管理器"选项板回到绘图窗口中，把鼠标放在窗户上会看到一把锁的图标 ，如下图所示。

3．冻结/解冻图层

冻结/解冻图层与打开/关闭图层类似，当图层冻结时将以灰色的雪花图标 显示，图层解冻时将以明亮的太阳图标 显示，冻结/解冻图层的具体操作步骤如下。

案例 冻结/解冻图层

Chapter05\冻结/解冻图层.avi

STEP 01 打开随书光盘中的图形文件，如下图所示。

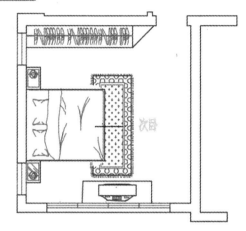

STEP 02 选择"格式>图层"菜单命令，在弹出的"图层特性管理器"选项板中单击"QT-000墙体"后面的太阳图标 ☼，如下图所示。

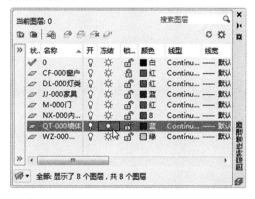

STEP 03 此时墙体图层由太阳图标 ☼ 变成雪花图标 ❆，如下图所示。

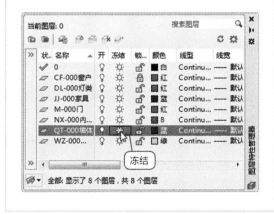

STEP 04 关闭"图层特性管理器"选项板回到绘图窗口中，可以看到冻结的墙体已经被隐藏了，如下图所示。

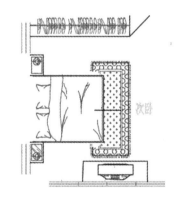

提示 tips 当前图层可以被关闭，但是不能被冻结。处于冻结状态的图层上的对象将不能显示、打印、消隐、渲染或重生成。

4. 打印/不打印图层

当图层设置为打印/不打印时只对图形中可见图层有效，而对于冻结或关闭的图层无效，因为不论设置是否为打印，冻结或关闭图层上的对象都不会被打印。

打印/不打印图层的具体操作步骤如下。

案例 case 打印/不打印图层

STEP 01 打开随书光盘中的图形文件，如下图所示。

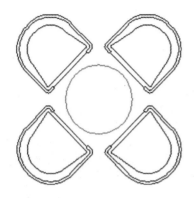

STEP 02 选择"格式>图层"菜单命令，在弹出的"图层特性管理器"选项板中单击"桌子"后面的打印图标 🖶 。

STEP 03 此时"桌子"图层由打印图标 🖶 变成不打印图标 🖶 ，如下图所示。

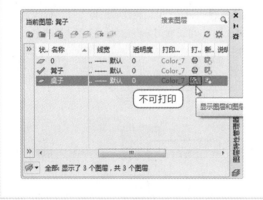

STEP 04 关闭"图层特性管理器"选项板，然后选择"文件>打印预览"菜单命令，结果如下图所示。

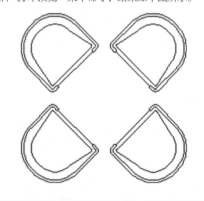

提示 tips

DEFPOINTS图层上的对象是不能被打印的。

5.2 创建图块对象

在建筑绘图中，有大量反复使用的图形对象，如门、窗户、桌子等，若用户每次都将其绘制出来，则需要耗费大量的时间。此时用户可将这些相同的图形对象定义为块，然后根据需要将图块按照指定的缩放比例和旋转角度插入到当前图形中即可。

5.2.1　创建内部图块

所谓内部图块就是只能在当前特定的图形中使用，用BLOCK命令创建的图块就属于这一类图块。这类图块离开了创建时的图形文件后将不能使用。

创建内部图块的方法有以下几种。

① 选择"绘图>块>创建"菜单命令。

② 单击"默认"选项卡"块"面板中的"创建"按钮 ⏏。

③ 在命令行输入"Block"或"B"命令。

案例　创建室内设计的门图块

STEP 01 打开随书光盘中的图形文件，如下图所示。

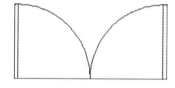

STEP 02 选择"绘图>块>创建"菜单命令，弹出"块定义"对话框，如下图所示。

STEP 03 输入块的名称"门"，然后单击"选择对象"按钮，并在绘图窗口中选择创建块对象，如下图所示。

STEP 04 按Enter键确定，返回到"块定义"对话框中单击"拾取点"按钮，以端点为拾取点，如下图所示。

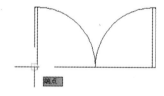

STEP 05 返回到"块定义"对话框中单击"确定"按钮，这时把鼠标放在块的图形上会提示"块参照"，如下图所示。

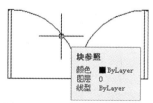

提示 tips　只有在第2步"对象"选项区域中选中"转换为块"选项后，第5步将鼠标置在图形上时才会提示"块参照"。如果第2步中选择的是保留，则图形仍然存在，但不是图块。如果选中的是"删除"，则创建完成后原对象将不存在。

5.2.2 创建床头灯全局块

全局块是相对于内部块而言的，全局块是将选定的对象保存到指定的图形文件或将块转换为指定的图形文件，它不仅能在当前创建的文件中使用，而且还可以在其他图形文件中使用。

创建全局块的方法有以下几种。

① 单击"插入"选项卡"块定义"面板中的"写块"按钮 。

② 在命令行输入"Wblock"或"W"命令。

案例 创建床头灯图块

Chapter05\床头灯.avi

STEP 01 打开随书光盘中的图形文件，如下图所示。

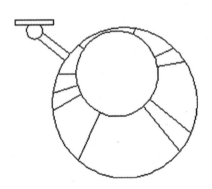

STEP 02 单击"插入"选项卡"块定义"面板中的"写块"按钮，弹出"写块"对话框，如下图所示。

STEP 03 单击"选择对象"按钮 ，然后在绘图窗口中选择对象，如下图所示。

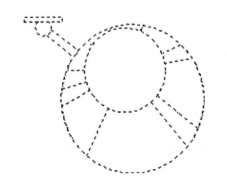

STEP 04 按Enter键确定，返回到"写块"对话框中再单击"拾取点"按钮 ，然后在绘图窗口选择端点为基点，如下图所示。

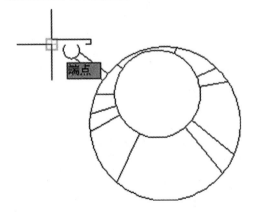

STEP 05 最后在"文件名和路径"文本框中设置图形文件的保存路径，如下图所示。

目标

文件名和路径(F)：

D:\My Docu\Desktop\AutoCAD 室内装潢\新块.dwg

插入单位(U)：毫米

提示 不论"内部块"还是"全局块"，创建完成后都可以通过"插入>块"或Insert（I）命令将它们插入到图形中。所不同的是"内部块"只能在当前创建它的图形中使用，而"全局块"则可以在所有图形中使用。

5.2.3 创建带属性的标高图块

属性是将数据附着到块上的标签或标记，以增强图块的通用性。创建带属性的块的步骤是，先定义一个属性，然后把这个属性绑定到对象上和对象一起创建成图块。创建完成后属性也就相应地成为了所创建块的一部分。

调用"定义属性"命令的方法有以下几种。

① 选择"绘图>块>定义属性"菜单命令。

② 单击"默认"选项卡"块"面板中的"属性定义"按钮 。

③ 在命令行输入"Attdef"或"Att"命令。

案例 给室内设计图添加标高图块

STEP 01 打开随书光盘中的图形文件，如下图所示。

STEP 02 选择"绘图>块>定义属性"菜单命令，在弹出的"属性定义"对话框中的"属性"区域中输入相应的内容，如下图所示。

属性定义

模式
- □ 不可见(I)
- □ 固定(C)
- □ 验证(V)
- □ 按设(P)
- ☑ 锁定位置(K)
- □ 多行(U)

插入点
- ☑ 在屏幕上指定(O)
- X: 0
- Y: 0
- Z: 0

属性
- 标记(T)：标高
- 提示(M)：请输入标高值
- 默认(L)：0.00

文字设置
- 对正(J)：左对齐
- 文字样式(S)：Standard
- □ 注释性(N)
- 文字高度(E)：20
- 旋转(R)：0
- 边界宽度(W)：0

□ 在上一个属性定义下对齐(A)

确定　取消　帮助(H)

111

STEP 03 然后将创建的属性放置到合适的位置，如下图所示。

STEP 04 单击"插入"选项卡"块定义"面板中的"写块"按钮 🖃，弹出"写块"对话框，将图形和文字设置为全局块，如下图所示。

STEP 05 单击"确定"按钮，弹出"编辑属性"对话框，可以在输入框中重新输入默认标高值。

STEP 06 单击"确定"按钮，效果如下图所示。

5.2.4 插入图块

块创建完成后，选择"插入>块"菜单命令将创建的块插入到图形中，可以减少重复绘图的时间。调用插入块命令的方法有以下几种。

① 选择"插入>块"菜单命令。

② 单击"默认"选项卡"块"面板中的"插入"按钮 🖃。

③ 在命令行输入"Insert"或"I"命令。

利用以上任一方法，均可打开"插入"对话框，如下图所示。

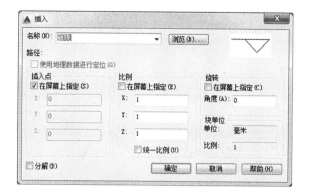

案例 插入标高图块

Chapter05\插入图块.avi

STEP 01 打开随书光盘中的图形文件，如下图所示。

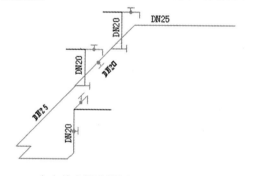

室内给水管道轴测图

STEP 02 选择"插入>块"菜单命令，在弹出的"插入"对话框中找到上一节创建的全局块，然后单击"确定"按钮，如下图所示。

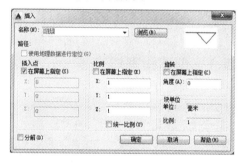

STEP 03 然后在绘图窗口中把图块放置到合适的位置，如下图所示。

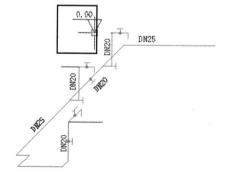

室内给水管道轴测图

STEP 04 单击鼠标后，命令行提示输入标高，输入标高值：BH+0.670，如下图所示。

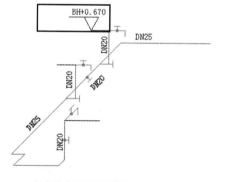

室内给水管道轴测图

STEP 05 重复步骤2~4，继续插入其他标高，如右图所示。

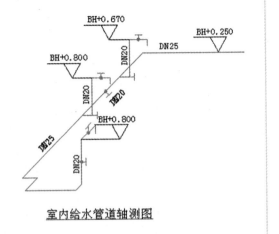

室内给水管道轴测图

> **提示 tips** 插入的图块可以根据需要修改旋转角度。当不勾选"统一比例"复选框时，如果X的比例为负值，则图形沿Y轴进行镜像，如果Y的比例为负值，则图形沿X轴镜像。

5.3 图案填充

在绘制建筑设计图时，经常要用到填充图案以标识某个区域或建筑部件的意义、结构及用途。AutoCAD 2015中提供了多种标准图案填充样式，此外，也可以根据需要自定义填充图案。不仅如此，还可以通过填充工具来控制图案的疏密及倾角角度。

5.3.1 创建图案填充

调用图案填充命令的方法有以下几种。

① 选择"绘图>图案填充"菜单命令。

② 单击"默认"选项卡"绘图"面板中的"图案填充"按钮 ▦·。

③ 在命令行输入"Hatch"或"H"命令。

调用"图案填充"命令，将弹出"图案填充创建"选项卡，如下图所示。

"图案填充创建"选项卡中各参数的含义如下表所示。

图案填充创建选项卡各参数说明

选 项	说 明
"边界"面板	设置拾取点和填充区域的边界
"图案"面板	指定图案填充的各种填充形状
"特性"面板	指定图案的填充类型、背景色、透明度和选定填充图案的角度和比例
"原点"面板	控制填充图案生成的起始位置
"选项"面板	控制几个常用的图案填充或填充选项，并可以通过单击"特性匹配"选项使用选定图案填充对象的特性对指定的边界进行填充
"关闭"面板	单击关闭按钮，将关闭"图案填充创建"选项卡

　　也可以在"图案填充创建"选项卡中单击"选项"面板中的对话框启动器，弹出"图案填充和渐变色"对话框，如下左图所示。

　　单击"图案"选项右侧的按钮，弹出"填充图案选项板"对话框，可以在对话框中选择类型和图案，如下右图所示。

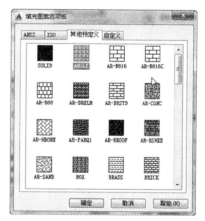

案例 case 创建图案填充

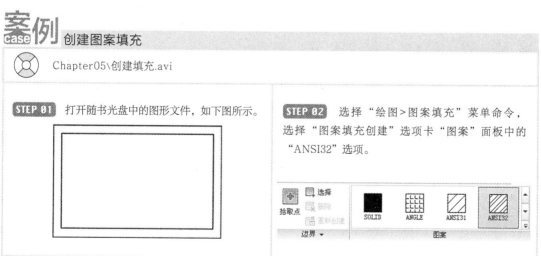

　　Chapter05\创建填充.avi

STEP 01　打开随书光盘中的图形文件，如下图所示。

STEP 02　选择"绘图>图案填充"菜单命令，选择"图案填充创建"选项卡"图案"面板中的"ANSI32"选项。

STEP 03 单击"拾取点"按钮，然后在绘图窗口中指定内部点，如下图所示。

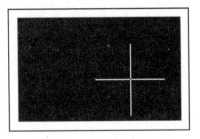

STEP 04 在"特性"面板中设置图案填充的比例为200，结果如下图所示。

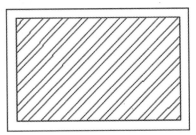

5.3.2　图案填充的重要参数

在"填充图案选项板"对话框中包含四个选项卡：ANSI、ISO、其他预定义和自定义。每个选项卡中列出了以字母顺序排列，用图像表示的填充图案和实体填充颜色，用户可以在此查看系统预定义的全部图案，并定制图案的预览图像。

在"角度"下拉列表框中用户可以指定所选图案相对于当前用户坐标系X轴的旋转角度，下左图所示为两个不同角度的填充效果。

在"比例"下拉列表框中，用户可以设置剖面线图案的缩放比例系数，以使图案的外观变得更稀疏一些或者更紧密一些，从而在整个图形中显得比较协调。下右图所示是同一种填充图案使用不同比例的填充效果。

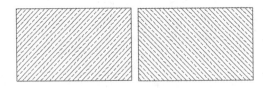
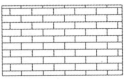
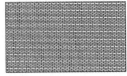

"间距"编辑框用于在编辑用户自定义图案时指定图案中线的间距。只有在"类型"下拉列表框中选择了"用户定义"时，才可以使用"间距"编辑框。

"ISO 笔宽"下拉列表框用于设置ISO预定义图案的笔宽。只有在"类型"下拉列表框中选择了"预定义"，并且选择了一个可用的ISO图案时，才可以使用此选项。

提示 tips

执行"图案填充"命令后，有可能出现要填充的区域没有被填入图案，或者全部被填入白色或黑色的情况。

出现这些情况都是因为"图案填充"对话框中的"比例"设置不当。要填充的区域没有被填入图案是因为比例过大，要填充的图案被无限扩大之后，显示在需填充的局部小区域中的图案正好是一片空白，或者只能看到图案中少数的局部花纹。

反之，如果比例过小，要填充的图案被无限缩小之后，看起来就像一团色块，如果背景色是白色，则显示为黑色色块；如果背景色是黑色，则显示为白色色块。这就是前面提到的出现全部被填入白色或黑色的情况。在"图案填充"对话框的"比例"下拉列表框中调整适当的比例系数即可解决这个问题。

5.3.3 填充孤岛

图案填充区域内的封闭区域被称做孤岛，用户可以使用以下三种填充样式填充孤岛：普通、外部和忽略。

"普通"填充样式是默认的填充样式，这种样式将从外部边界向内填充。如果填充过程中遇到内部边界，填充将关闭，直到遇到另一个边界为止。

"外部"填充样式也是从外部边界向内填充，并在下一个边界处停止。

"忽略"填充样式将忽略内部边界，填充整个闭合区域。

在"默认"选项卡"绘图"面板中单击"图案填充"按钮，然后在"图案填充和渐变色"对话框中选择孤岛的填充方式，如右图所示。

下图所示为分别使用"普通""外部"和"忽略"三种填充样式得到的填充效果。

5.3.4 编辑填充图案

"图案填充编辑"面板基本上和"图案填充"面板一致。

调用图案填充编辑命令的方法有以下几种。

① 选择"修改>对象>图案填充"菜单命令。

② 在命令行输入"Hatchedit"或"He"命令。

③ 直接单击填充图案。

提示 tips　方法1和2的调用结果出现的都是对话框，第3种调用方法出现的是选项卡，是2011之后新增功能。

案例 case 编辑填充图案

 Chapter05\编辑填充图案.avi

STEP 01 打开随书光盘中的图形文件，如下图所示。

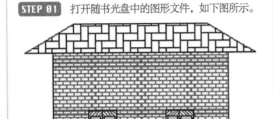

STEP 02 选中要更改角度的填充图案，如下图所示。

STEP 03 在"图案填充编辑器"选项卡"特性"面板中设置图案填充角度为0，如下图所示。

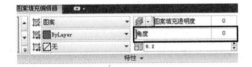

STEP 04 按Enter键确定，结果如下图所示。

STEP 05 选中要更改填充比例的填充图案，如下图所示。

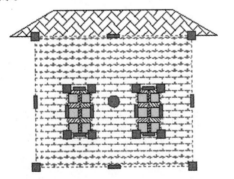

STEP 06 在"图案填充编辑器"选项卡"特性"面板中设置图案填充比例为0.2，如下图所示。

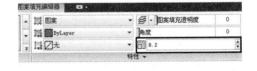

STEP 07 按Enter键确定，结果如下图所示。

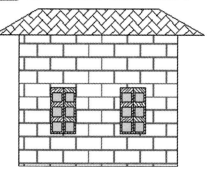

STEP 09 选择"图案填充编辑器"选项卡"图案"面板中的"DOTS"选项，如下图所示。

STEP 08 选中要更改图案填充的填充图案，如下图所示。

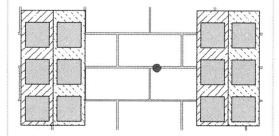

STEP 10 继续选中要更改图案填充的填充图案，同样选择"DOTS"填充图案，结果如下图所示。

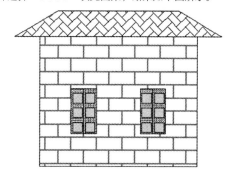

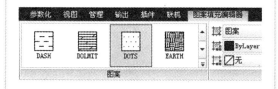

119

前面几章讲解了利用AutoCAD进行家具设计时的一些基本功能，包括文件的绘制、编辑等，但设计的最终目的是出图，交给施工者查看并按图施工。本章就来讲解这方面的知识。

Chapter

06

视图与打印功能

6.1 视口

在AutoCAD的模型空间中，可将绘图区域分割成一个或多个矩形区域，称为模型空间视口。

6.1.1 用视口查看图形文件

视口是显示用户模型不同视图的区域。在大型或复杂的图形中，显示不同的视图可以缩短在单一视图中缩放或平移的时间。用户在一个视图中可能漏掉的错误可能会在另一个视图中看到，多用在三维图形中。

调用多视口查看图形的方法有以下几种。

① 选择"视图>视口>……（选择视口个数）"菜单命令。

② 在"视图"选项卡"模型视口"面板的"视口配置"下拉列表中选择视口个数。

当显示多个视口时，以蓝色矩形框亮显的视口称为当前视口，如下图所示。

利用视口时还需要注意以下几个特性。

● 控制视图的命令（如平移和缩放）仅适用于当前视口。

● 创建或修改对象的命令在当前视口中启动，但结果将应用到模型，并且显示在其他视口中。

● 可以在一个视口中启动命令并在不同视口中完成它。

● 通过在任意视口中单击，可以将其置为当前。

提示 tips　不应将模型空间视口与布局视口相混淆，布局视口仅在图纸空间中可用并且用于在图纸上排列图形的视图。

为了便于在不同视图中编辑对象，可将绘图区分割成几个视口，可以同时在每个视口中显示不同的视图。

 多视口查看图形

 Chapter06\多视口查看图形.avi

STEP 01 启动AutoCAD应用程序,打开图形文件,如下图所示。

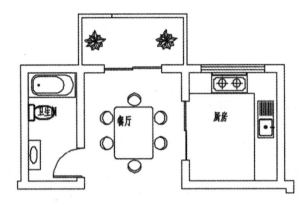

STEP 02 选择"视图>视口>四个视口"菜单命令,在绘图窗口中会看到四个并排的视口,如下图所示。

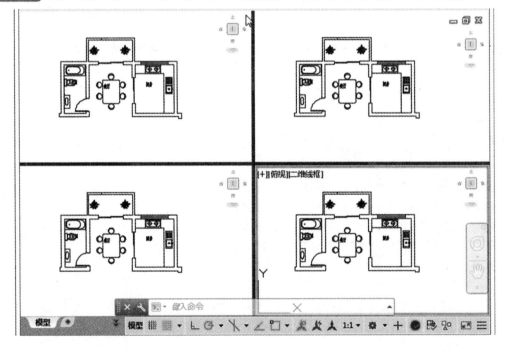

6.1.2 修改模型空间视口

用户可以在视口配置中修改模型空间视口的大小、形状和数量，如下图所示。

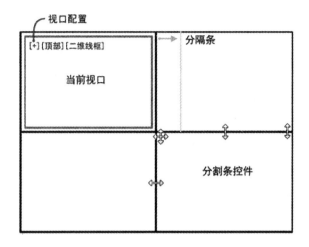

用户还可以通过以下方法修改。

● 通过单击视口左上角的 [+] 或 [-] 控件，可从多个视口配置中选择，如下左图所示。

● 拖动视口的边界以调整其大小。

● 按住Ctrl键的同时拖动视口边界，以显示绿色分割条并创建新视口。或者，可以拖动最外层的分割条控件，如下右图所示。

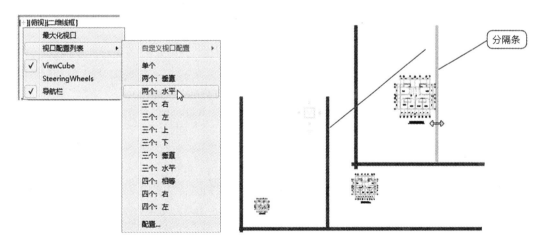

● 将一个视口边界拖到另一个边界上，以删除视口。

6.2 图纸打印方法及技巧

对于设计图纸而言，最终是要打印输出，本节将先介绍在AutoCAD中打印图纸的方法和技巧。

6.2.1 布局空间与模型空间

很多家具设计、室内装潢公司或设计团队在施工图绘制过程中大都是在模型空间内绘图，完成绘图后在模型空间内打印，但就图面管理及打印方便性而言，AutoCAD的布局空间的使用还是有很多优势的。

模型空间是AutoCAD图形处理的主要环境，带有三维的可用坐标系，能创建和编辑二维、三维对象，与绘图输出不直接相关，如下图所示。

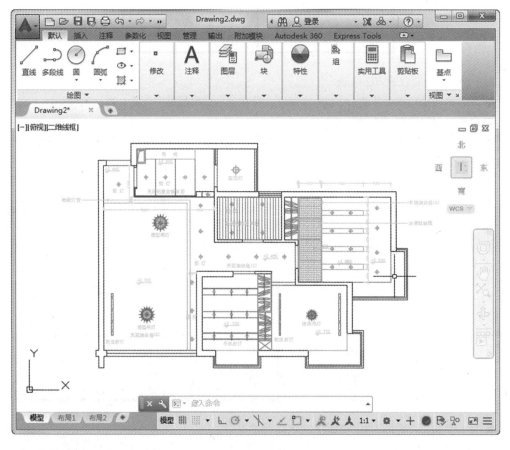

布局空间是AutoCAD图形处理的辅助环境，带有二维的可用坐标系，能创建和编辑二维对象，虽然也能创建三维对象，但由于三维显示功能（VPoint/3Dorbit…）不能执行而没有意义，如下图所示。

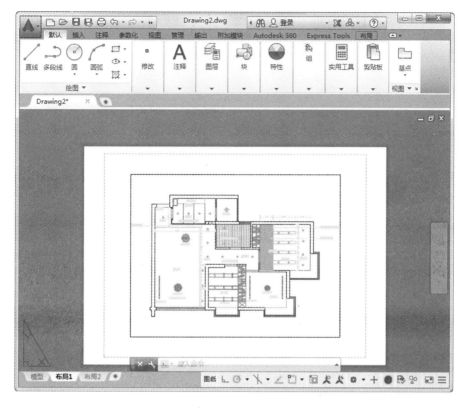

　　布局空间与打印输出密切相关。例如想要一次性绘图输出所有的布局，可以在布局选项卡上单击右键，在弹出的快捷菜单中选择"选择所有布局"命令，之后启动Plot命令，设定输出设备，之后再实施输出即可。

　　由此可见，从根本上来说，两者的区别是能否进行三维对象创建和处理，以及是否直接与绘图输出相关。简单地说就是模型空间属于设计环境，布局空间属于成图环境。

6.2.2　页面设置

　　打印有模型空间打印和布局空间打印两种方式。模型空间打印指的是在模型窗口进行相关设置并进行打印；布局空间打印则是指在布局窗口中进行相关设置并进行打印。

　　本节以室内平面布置图为例，介绍页面设置。页面设置是包括打印设备、纸张、打印区域、打印样式、打印方向等影响最终打印外观和格式的所有设置的集合。可以将页面设置命名保存，也可以将同一个页面设置应用到多个布局图中。

案例 页面设置的创建和设置

STEP 01 单击"输出"选项卡"打印"面板中的"页面设置管理器"按钮，或在命令行输入Page setup，打开"页面设置管理器"对话框，如下图所示。

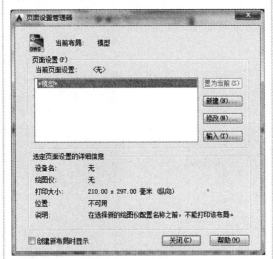

STEP 03 在系统弹出的"页面设置"对话框的"打印机/绘图仪"选项组中选择用于打印当前图纸的打印机，从"图纸尺寸"选项组中选择"ISO A3"图纸，如下图所示。

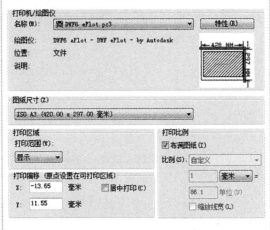

STEP 02 单击"新建"按钮，打开"新建页面设置"对话框，在对话框中输入新页面设置名称，如"A3图纸"，然后单击"确定"按钮，即可创建新的页面设置"A3图纸"，如下图所示。

STEP 04 设置"打印比例"为"自定义1：80"，在"图形方向"选项组中设置图形打印方向为横向，设置打印范围为窗口，然后从绘图窗口中分别拾取图签图幅的两个对角点以确定一个矩形范围，该范围即为打印范围，如下图所示。

STEP 05 设置完成后单击"预览"按钮，检查打印效果。

STEP 06 单击"确定"按钮返回"页面设置管理器"对话框。在页面设置列表中可以看到刚才新建的页面设置"A3图纸"，选择该页面设置，单击"置为当前"按钮，最后单击"关闭"按钮关闭该对话框，如下图所示。

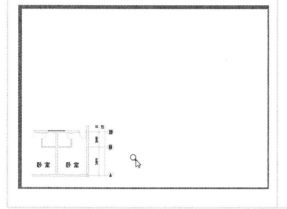

6.2.3 打印图形

在打印图形之前，很多时候需要设置合适的打印样式。

1. 创建打印

页面设置完成后，用户可以使用"打印"功能进行文件的打印，下面简要说明一下打印的步骤。

案例 打印图形文件

STEP 01 打开图形文件，单击"文件>打印"菜单命令，弹出"打印-模型"对话框，如下图所示。

STEP 02 从"页面设置"选项组"名称"列表中选择前面创建的"A3图纸"，如下图所示。

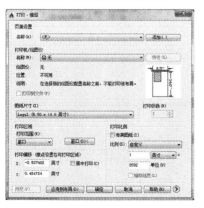

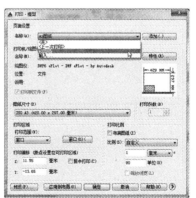

STEP 03 如果打印范围有变，则重新单击"打印范围"列表中右侧的"窗口"按钮，重新框选打印范围。

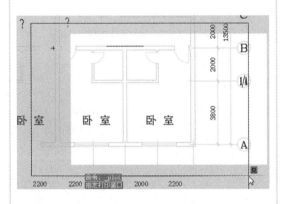

STEP 05 单击"×"按钮返回到对话框中，选中"居中打印"复选框，重新单击"预览"按钮，如下图所示。

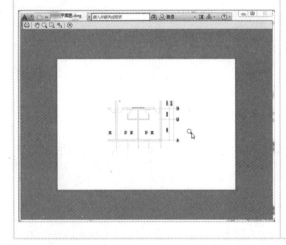

STEP 04 单击"预览"按钮，弹出"打印比例确认"对话框，单击"确定"按钮，显示打印效果图，如下图所示。

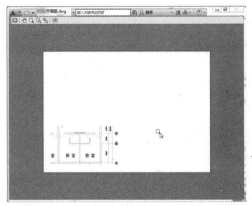

STEP 06 单击"打印"按钮开始打印，结果如下图所示。

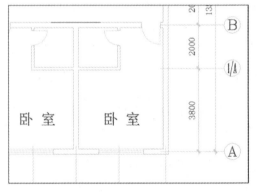

2．设置打印图纸的大小

有时打印图纸和我们需求的不同，这时就需要针对不同的需求来设置大小。

STEP 01 按快捷键Ctrl+P打开"打印-模型"对话框，单击打印机名称列表右侧的"特性"按钮，如下图所示。

STEP 02 弹出"绘图仪配置编辑器"对话框，选择"修改标准图纸尺寸（可打印区域）"，单击"修改"按钮，如下图所示。

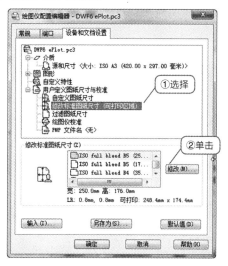

STEP 03 在弹出的自定义图纸尺寸对话框中缩小上、下、左、右页边距，使可打印范围略大于图框即可，如下图所示，单击两次"下一步"按钮。

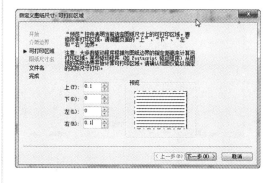

STEP 04 单击"完成"按钮，返回"绘图仪配置编辑器"对话框，单击"确定"按钮关闭对话框，系统会弹出一个如下图所示的对话框，一般选择创建临时的PC3文件，然后单击"确定"按钮。

6.2.4 打印不同比例的图形

通过创建视口，可以将多个图形以不同的打印比例布置在同一张布局空间的图纸中。创建视口的命令有VPORTS和SOLVIEW。下面介绍调用VPORTS命令创建视口的方法，以将立面图和节点图用不同比例打印在同一张图纸上。

案例 在布局空间中显示不同比例的图形

STEP 01 创建一个新图层VPORTS，并设置为当前图层，然后切换到布局窗口，然后将该布局中的图形删除，如下图所示。

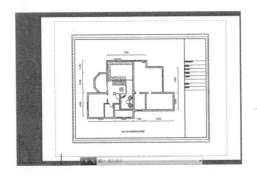

STEP 02 创建第一个视口。单击"视图>视口>新建视口"菜单命令，或者在命令行中输入VPORTS命令并按Enter键，打开"视口"对话框，如下图所示。

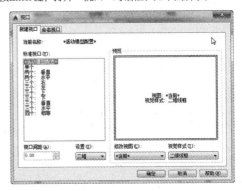

STEP 03 从"标准视口"列表框中选择"单个"，再单击"确定"按钮，然后在布局内拖曳鼠标创建一个视口，如下图所示。

STEP 04 拖出一个矩形框之后，视口中会显示出这个模型窗口中的所有图形，如下图所示。

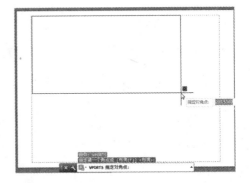

STEP 05 先单击矩形框将其选中，再单击矩形框的夹点，移动夹点调整好矩形框的位置和大小，如下图所示。

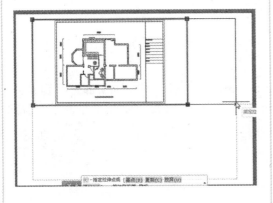

STEP 06 在创建的视口中双击鼠标，即可在布局窗口中进入模型空间编辑图形，处于模型空间的视口边框以粗线显示，如下图所示。

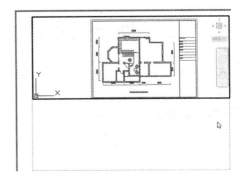

STEP 07 在状态栏右下角设置当前注释比例为1：100，如下图所示。

STEP 08 然后按住鼠标中键将会议室C立面移动到视口中间，如下图所示。

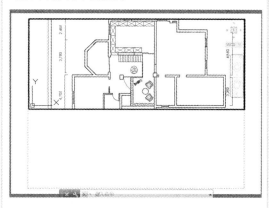

STEP 09 在视口外双击鼠标，或者在命令行输入PSPACE并按Enter键，返回到布局空间，如下图所示。

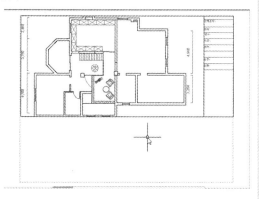

STEP 10 给图形添加比例值文字，如下图所示。

STEP 11 创建第二、三个视口（两个视口为垂直并列），该视口用于显示其他部分，如右图所示。

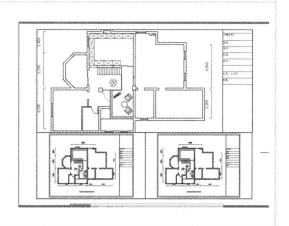

STEP 12 左下角视图输出比例为1:40，右下角视图输出比例为1:50，因此将该视口比例设置为1:40、1:50，然后移动视图显示相应的部分即可，如右图所示。

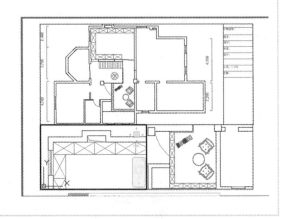

提示 tips 　在绘制定距等分点时，等分是从距离选择位置近的一端开始的。若对象总长不能被指定的间距整除，则最后一段小于指定的间距。

　　视口的比例应根据图纸的尺寸进行适当设置，如果当前显示的比例值没有需要的大小，可以自定义比例值。

案例 case 自定义图形比例

STEP 01 单击"比例值"状态栏按钮，在弹出的快捷菜单中选择"自定义"选项，如下图所示。

STEP 02 弹出"编辑图形比例"对话框，如下图所示。

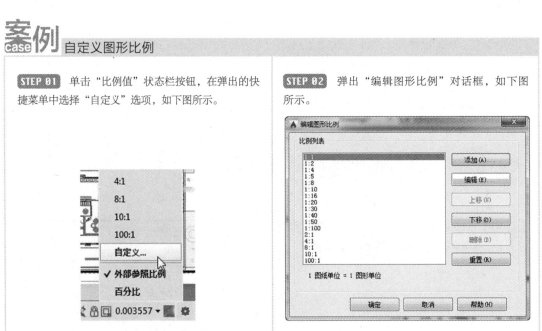

STEP 03 单击"添加"按钮弹出"添加比例"对话框，在名称文本框中输入"1:500"，在"比例特性"里面输入"1图纸单位=500图形单位"，如下图所示。

STEP 05 单击"下移"按钮将该比例值放到1:100比例尺下面，如下图所示。

STEP 04 单击"确定"按钮返回到"编辑图形比例"对话框中，显示添加成功，如下图所示。

STEP 06 单击"确定"按钮，再次查看比例快捷菜单，可以看到添加成功，如下图所示。

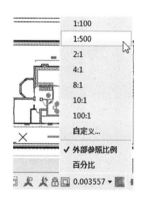

除了上面说明的以外，AutoCAD现在提供了一个自动匹配功能，即视口中的"可注释性"对象（比如文字、尺寸标注等）可随视口比例的变化而变化。

假如图形尺寸标注比例为1:100，当视口比例设置为1:50时，尺寸标注比例也自动调整为1:50。要实现这个功能，只要单击状态栏右下角的 按钮使其亮显即可。启用该功能后，就可以随意设置视口比例，而无须手动修改图形标注比例（前提是图形标注为"可注释性"）。

6.3　输出图形

用户不但可以将图形打印出来和工程师交流，还可以输出为各种格式的图形来进行交换。AutoCAD可以将绘制好的图形输出为DWFx、DWF、PDF、EPS和IGS等格式。

6.3.1 输出为DWFx格式

当用户需要和其他软件进行格式交换时，可以输出为DWF、DWFx，便于其他三维设计软件调用。
输出方法有以下几种。

① 选择"文件>输出"菜单命令。

② 单击"输出"选项卡"输出为DWF/PDF"面板中的输出相关按钮。

③ 在命令行输入"export"命令。

使用以上命令后，弹出"输出数据"对话框，如下图所示。

案例 case 输出图形为PDF

Chapter06\输出图形为PDF.avi

STEP 01 打开图形文件，如下图所示。

STEP 02 单击"输出"选项卡"输出为DWF/PDF"面板中的"DWFx"按钮，如下图所示。

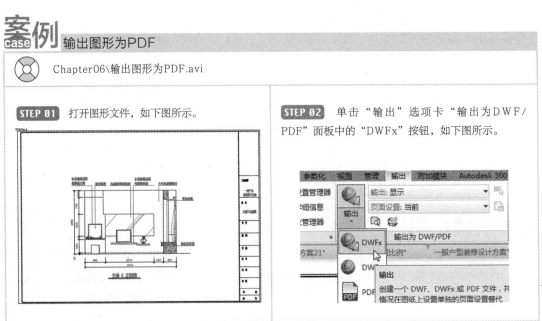

STEP 03 弹出"另存为DWFx"对话框，用户选择保存位置，然后输入文件名，如下图所示。

STEP 04 在"输出控制"选项组的"输出"下拉列表项中选择"窗口"，如下图所示。

STEP 05 切换到绘图窗口选择输出的部分，如下图所示。

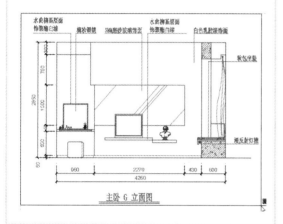

STEP 06 然后单击"保存"按钮，系统开始发布作业，完成后显示错误或警告窗口，如下图所示。

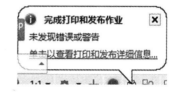

STEP 07 输出完成后，找到保存的位置并打开，如右图所示。

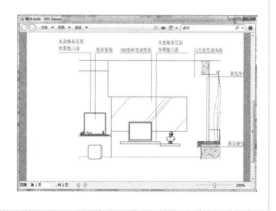

135

6.3.2 将工程图纸输出为图片格式

AutoCAD可以将绘制好的图形输出为通用的图像文件，方法很简单，选择"文件>输出"菜单命令，在"输出"对话框中选择".bmp"格式即可，但这样输出的图像精度不高，且屏幕中没有显示的部分无法输出。

下面介绍一种高精度图像文件的输出方法，对于要将尺寸较大的CAD文件输出为较大尺寸的图片非常有用。

案例 case 输出高精度图片

 Chapter06\输出高精度图片

STEP 01 打开图形文件，如下图所示。

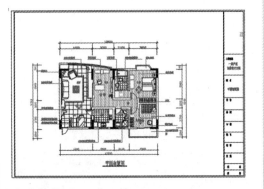

STEP 02 选择"文件>绘图仪管理器"菜单命令，在弹出的窗口中双击"添加绘图仪向导"快捷方式图标，如下图所示。

STEP 03 弹出如下图所示的添加绘图仪对话框，在对话框中直接单击"下一步"按钮，如下图所示。

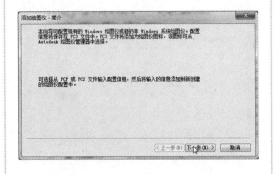

STEP 04 在系统弹出的如下图所示的对话框中选择"我的电脑"，接着单击"下一步"按钮，如下图所示。

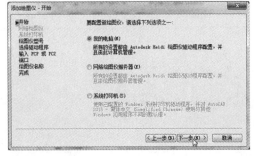

STEP 05 在弹出的对话框中选择打印机的生产商为"光栅文件格式",再选择型号为"TIFF Version 6（不压缩）",这样可以输出精度较高的图片,然后单击"下一步"按钮,如下图所示。

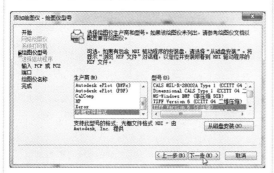

STEP 06 进入到"输入PCP或PC2"界面中,单击"下一步"按钮,如下图所示。

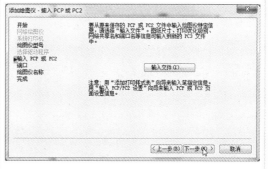

STEP 07 在新弹出的对话框中选择"打印到文件"单选按钮,注意这一步比较重要,继续单击"下一步"按钮,如下图所示。

STEP 08 在新弹出的对话框中输入绘图仪名称,然后继续单击"下一步"按钮,如下图所示。

STEP 09 在新弹出的对话框中单击"完成"按钮,如下图所示。

STEP 10 到此就已经添加了一个打印机,如下图所示。

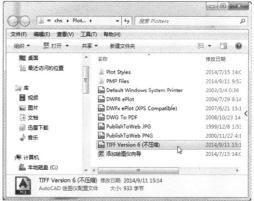

STEP 11 选择"文件>打印"菜单命令，首先在弹出的"打印-模型"对话框中选择新添加的打印机"TIFF Version 6（不压缩）.pc3"，如下图所示。

STEP 12 系统弹出"打印-未找到图纸尺寸"提示框，需要重新在对话框中选择一个尺寸，此处选择"使用自定义图纸尺寸（2480.31×3507.87像素）"，如下图所示。

STEP 13 在设置输入图片的尺寸时要注意一点，"TIFF Version 6（不压缩）"这个打印机默认的最大尺寸是1600×1280，当这个尺寸不能满足用户的需求时，就需要自定义纸张尺寸，单击"打印机"右侧的"特性"按钮，如下图所示。

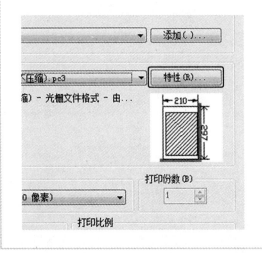

STEP 14 在弹出的"绘图仪配置编辑器"对话框中选择"自定义图纸尺寸"，然后单击"添加"按钮，如下图所示。

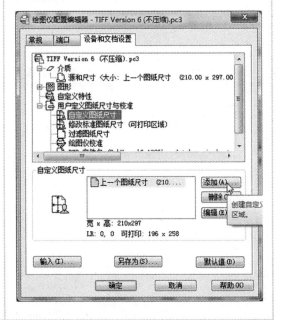

STEP 15 在系统弹出的对话框中选择"创建新图纸",然后单击"下一步"按钮,如下图所示。

STEP 16 在弹出的对话框中输入图纸的宽度和高度(如4200×2970),单位为像素,单击"下一步"按钮,如下图所示。

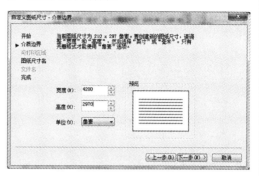

STEP 17 在系统弹出的对话框中为图纸尺寸命名,一般使用默认的名称即可,然后单击"下一步"按钮,如下图所示。

STEP 18 在系统弹出的对话框中单击"完成"按钮,完成新图纸的尺寸设置,如下图所示。

STEP 19 最后在"绘图仪配置编辑器"对话框中单击"确定"按钮,完成设置,如下图所示。

STEP 20 选择"打印-模型"对话框中的"图纸尺寸"为"用户1(4200.00×2970.00像素)",如下图所示。

STEP 21 其他参数设置与前面所讲的相同，因为是打印到文件，也就是输出为图片，所以不用设置比例，直接勾选"布满图纸"复选框，如下图所示。

STEP 22 打印参数设置好之后，单击"确定"按钮，然后在弹出的"浏览打印文件"对话框中输入文件名称，再单击"保存"按钮，即可将文件保存为TIFF格式的图片，如下图所示。

STEP 23 然后查看导出的图形，如下图所示。

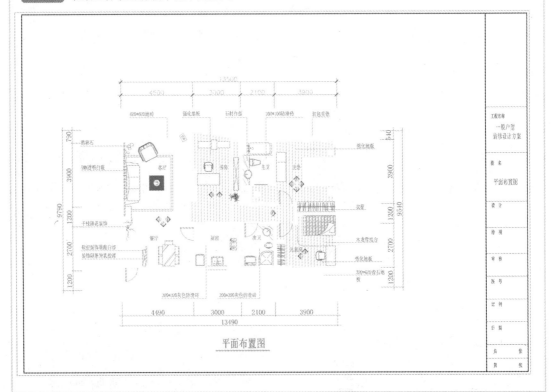

平面布置图

提示 tips 如果想要将图片输出为JPEG格式，可以选择型号为"独立JPEG编组JFIF（JPEG压缩）"；如果想要得到矢量图形，则可以选择Adobe的PostScript Level 2这个绘图仪型号。

家具是指室内生活所应用的器具，它是建筑物室内产生具体使用价值的必要设施。

家具设计则是在用途、经济、工艺材料、生产制造等条件的制约下做成图样方案的总称。

Chapter 07

家具设计基础

7.1 家具的分类

随着社会的进步和人类的发展，现代家具设计几乎涵盖了所有的环境产品、城市设施、家庭空间、公共空间和工业产品，家具的丰富多样性产生了较多的家具类别。

7.1.1 按风格分类

家具按风格分可以分为现代家具、欧式家具、美式家具和中式古典家具等，各种家具的特点及图例如下表所示。

按风格分类

名　称	特　点	图　例
现代家具	主要分为板式家具和实木家具 1. 简洁明快、实用大方 2. 依靠新材料、新技术，追求无常规的空间解构，大胆鲜明、对比强烈的色彩布置 3. 注重品位、强调舒适和温馨	
欧式家具	1. 雕刻复杂 2. 偏好鲜艳色系 3. 讲究装饰	
美式家具	1. 用材多为桃花木、樱桃木、枫木及松木 2. 风格粗犷大气 3. 强调优雅的雕刻和舒适的设计 4. 强调简洁、明晰的线条和优雅、得体、有度的装饰	
中式古典家具	1. 格调高雅，造型简朴优美，色彩浓重成熟 2. 装饰细节上崇尚自然情趣，花鸟、虫鱼等精雕细琢，瑰丽奇巧	

7.1.2 按材料分类

家具按材料可分为木家具、竹家具、藤家具、金属家具和塑料家具等。各种家具的定义及图例如下表所示。

按材料分类

名 称	定 义	图 例
木家具	主要部件由木材或木质人造板材料制成的家具	
竹家具	主要部件由竹材制成的家具	
藤家具	用藤包或藤制成的家具	
金属家具	主要部件由金属材料制成的家具	
塑料家具	主要部件由塑料制成的家具	
玻璃家具	主要部件由玻璃制成的家具	
软体家具	主要部件采用弹性材料和软质材料制成的家具	

7.1.3 按功能分类

按家具的功能可以分为坐具类家具、柜类家具、桌类家具、床类家具和箱、架类家具。每种类别中又可以具体分为多种，本书后面所介绍的内容即按照此种分类。

坐具类家具的分类和定义，以及各地常用名称如下表所示。

坐具类家具的分类和定义

名　称	定　义	各地常用名称	图　例
沙发	使用软质材料、木质材料或金属材料制成，具有弹性，有靠背的坐具	—	
实木沙发	采用木材制成，有靠背和扶手，形似沙发的坐具	实木沙发椅	
靠背椅	有靠背的坐具	餐椅	
扶手椅	有扶手，内宽不小于460mm的椅子	罗圈椅	
转椅	可转动变换方向，座面可调节高度的椅子	办公椅	
折椅	可折叠的椅子	折叠椅	
凳	无靠背的坐具	长方凳、方凳、圆凳	

柜类家具的分类和定义，以及各地常用名称如下表所示。

柜类家具的分类和定义

名　称	定　义	各地常用名称	图　例
大衣柜	柜内挂衣空间深度不小于530mm，挂衣棍上沿至底板内表面距离不小于1400mm，用于挂大衣及存放衣物的柜子	大衣橱、立橱、大立柜	

名　称	定　义	各地常用名称	图　例
小衣柜	柜内挂衣空间深度不小于530mm，挂衣棍上沿至底板内表面距离不小于900mm，用于挂短衣及存放衣物的柜子	小衣橱、五斗橱	
床边柜	置于床头，用于存放零物的柜子	床头柜（橱）、夜物箱	
书柜	放置书籍、刊物等的柜子	书橱	
文件柜	放置文件、资料的柜子	卷柜、宗卷柜	
食品柜	放置食品、餐具等的柜子	碗橱、碗柜、菜橱、餐具柜	
厨房家具	用于膳食制作，具有存放及储藏功能的橱柜	橱柜	
电视柜	放置影视器材及存放物品的多功能柜子	影视柜、电器柜	
陈设柜	摆设工艺品及物品的柜子	玻璃柜（橱）、装饰柜、银器柜	
实验柜	用于实验室、实验分析的柜子	实验台	

桌类家具的分类和定义，以及各地常用名称如下表所示。

桌类家具的分类和定义

名　称	定　义	各地常用名称	图　例
餐桌	用于就餐的桌子	方桌、圆桌、折叠桌	
写字桌	用于书写、办公的桌子	写字台、大班台、办公台（桌）	
梳妆桌	供梳妆用的桌子	梳妆台	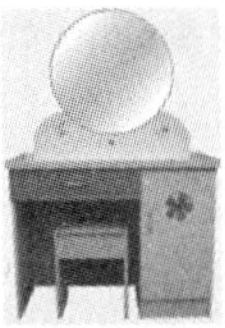
会议桌	供会议使用的桌子	—	
茶几	与沙发或扶手椅配套使用的小桌	茶台、小长台	
折桌	可折叠的桌子	折叠桌	

床类家具的分类和定义，以及各地常用名称如下表所示。

床类家具的分类和定义

名　称	定　义	各地常用名称	图　例
双人床	床面宽度不小于1200mm的床	—	

名　称	定　义	各地常用名称	图　例
单人床	床面宽度不小于720mm的床	-	
双层床	分上下两层的床	-	
童　床	供婴儿、儿童使用的小床	-	
折叠床	可折叠的床	钢丝折床	

箱、架类家具的分类和定义，以及各地常用名称如下表所示。

箱、架类家具的分类和定义

名　称	定　义	各地常用名称	图　例
衣箱	存放衣物的箱子	箱子	
书架	放置书籍、文件资料用的架子	期刊架	
花架	放置花卉盒的架子	-	
屏风	用于室内分隔、遮挡视线或起装饰作用的可移动的一组片状用具	-	

7.2 家具设计原则

家具的类型千差万别，但家具的设计原则却基本一致，主要有满足需求原则、人体工学原则、舒适方便原则、耐用与维护原则和资源持续利用原则。

7.2.1 满足需求原则

满足需求是家具设计的最基本原则，设计的根本目的就是及时地满足人们不断产生的与新的生活方式相适应的、具有新时代特征的需求。不同时代、不同国家、不同地区、不同民族或不同性别的人对家具的审美和需求都不相同，如左图是明清时代人们常用的椅子，讲究的是雍容大气；右图则为现代人常用的椅子，体现的是简单实用。

7.2.2 人体工学原则

人体工学是随着工业化进步而产生的一门科学，它与工业设计平行发展，并被广泛地应用到生产器具的设计、室内设计以及家具设计中。

家具设计中人体工学的目的是设计出使用者操作方便、不易疲劳、不产生实物而且频率高的家具。因此设计的主要工作是客观地掌握人体尺寸、四肢的活动范围，使人体在休息或进行某种工作时能够达到目的，并由此产生正常的生理和心理变化。

中国人人体各部位尺寸如下图和下表所示。

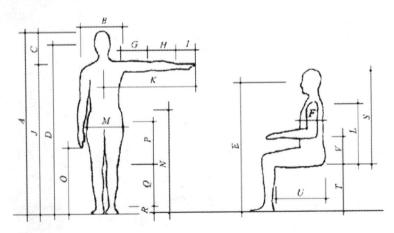

中国成人各部位平均尺寸（单位：mm）

编 号	部 位	男	女
A	人体高度	1690	1580
B	肩宽	420	387
C	肩膀至头顶高度	293	285
D	正立时眼的高度	1573	1474
E	正坐时眼的高度	1203	1140
F	胸厚	200	200
G	上臂长度	308	291
H	前臂长度	238	220
I	手长	196	184
J	脚底到肩膀的高度	1397	1295
K	上肢展开长度	867	795
L	坐姿宽度	600	561
M	臀部宽度	307	307
N	肚脐高度	992	948
O	指尖到地面高度	633	612
P	大腿长度	415	395
Q	小腿长度	397	373
R	脚的厚度	68	67
S	座面到头顶的高度	893	846
T	腓骨的高度	414	390
U	大腿水平长度	450	435
V	坐姿肘高	243	240

7.2.3 舒适方便原则

舒适是指把身上的紧张状态减至最低程度，一张椅子的舒适度以它与人体接触面积的大小来决定。座面的软硬应根据不同的功能使用来选择。

工作用椅不宜过软，以半软稍硬为好，座面不宜过弯，成微曲面或平面最适宜。休息用椅则要有利于肌肉松弛和便于起坐，应该让靠背比座面软一些，设计时应该以弹性体下沉后，最后稳定下来的姿势为尺度计算的依据。桌子的高度、卧具的高度应该与坐具取得协调一致的坐高尺度，以人体最舒适为原则。

在满足功能使用舒适的前提下，还要使用方便，例如设计陈列、存放物品的橱柜，在满足储藏物品的基本需求外，还要考虑存取物品的方便性。

7.2.4　耐用与维护原则

　　家具是日常生活用具，与人的生活形影不离，坚固耐用、易于维护是家具设计必须考虑的问题。家具的坚固耐用主要取决于材料的品质和结构的坚固度。

　　家具的维护包括清洁、修理和表面重新处理等。为了减少家具清洁的工作量，家具的体型要简洁大方，尽量利用光洁的平面。不要做复杂的线脚，线脚多，不仅加工费时费力，线脚处凹凸不平还易积灰尘。为了减少家具的维护，家具的设计和加工应具有防裂、防污染和耐热、耐刮、耐冲击等综合特性。

7.2.5　资源持续利用原则

　　家具设计必须考虑资源的持续利用。

　　首先，在设计时减少产品的体积和用料，简化和消除不必要的功能，尽量减少产品制造和使用的能源消耗。具体来说就是要尽量以速生木材和人造板为原料，对珍贵木材，应以薄木贴面的形式提高其利用率。

　　其次，考虑产品的再利用，将产品设计成容易维护、可重复使用或部分可更替的家具。如右图所示的板式家具，由几块人造板组成，不仅便于维护，而且部分结构更换方便。

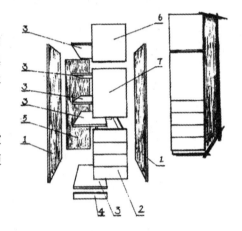

7.3　家具设计的步骤和内容

　　家具设计的具体步骤和内容并不是简单的制图，而是包括了制图前后密切联系的一系列过程。这一过程大致可以总结为设计准备阶段、设计构思阶段、初步设计阶段、设计评估阶段、设计完成阶段和设计后续阶段。

7.3.1　设计准备阶段

　　设计准备阶段主要包括设计策划、设计调查及资料搜集、调查资料的整理与分析。

1．设计策划

　　设计策划就是对设计产品进行定位、确定设计目标。以企业设计工程师为例，一般可分为订货加工与设计开发，如下图所示。

订货加工	订货加工通常只包括结构设计和生产设计，也就是通常所说的二次设计，它是根据企业实际情况在不影响产品功能、外在效果及其他有关要求的条件下，对原有设计方案进行分解，为产品的高质、高效生产提供技术服务与指导
设计开发	（1）老产品改造：指在原有产品基础之上使产品更加完善，其改造依据来自自己发现或客户反馈，通常是有针对性地做局部更改或材料重新选择，或者做装配结构难易的调整等，目标相对明确，比较容易把握
	（2）工程项目设计：指承接工程项目时与室内环境进行的配套设计。此时需要直接考虑工程项目与室内环境和功能相统一，客户往往会提出明确的要求或意向，比较容易找到设计依据，无须做定向策划工作
	（3）市场产品开发：这种设计开发关键在于把握市场，因为客户的需求往往是隐含的，而家具设计则要寻求一定共性的需求，因此市场分析和预测就成了需要解决的问题

2. 设计调查及资料搜集

设计策划一经确定，就应首先从设计调查、资料搜集工作着手，具体可以从下图所示几个方面进行。

设计调查与资料搜集	（1）围绕设计项目，到相关场合进行调查研究，了解家具的使用要求和使用的环境特点，以及家具材料的工艺、生产工艺条件等，记录可供利用的资料和分清资料可供利用的时限
	（2）广泛搜集各种相关参考资料，包括各地家具设计经验，国内外家具动态、图集、期刊、工艺技术资料以及市场动态等
	（3）采用重点解剖典型实例的方式，着重于实物资料的掌握和设计深度的理解。可以借助实地参观或实物测绘等手段，从多种家具产品中，分析它们的实际效果，取得各种解决问题的途径

3. 调查资料的整理与分析

通过必要的研究后，将各种有关的资料进行整理和分析，分别汇编成册，以便用于指导设计。

7.3.2 设计构思阶段

设计构思阶段是反复多次的艰苦的思维劳动，它大致可分为明确设计意图、形成构思方案和绘制草图3个过程。

1．明确设计意图

在进行设计之前，必须首先了解相关要求，列出所要解决的设计内容，通过明确设计内容，使许多隐性的要求明朗化，以逐步形成一个隐约的设计轮廓。

现以一张新潮的休闲椅为例，将全部设计内容分析如下图所示。

新潮休闲椅的设计分析	（1）整体特征：简洁明快，为追求时尚，具有个性化的单人休闲用椅，要求高品位，保值，适合室内放置
	（2）材料：红花梨木等名贵木材，有红木效果
	（3）表面装饰：透明涂饰，突出自然纹理
	（4）结构：榫结构，非拆装式
	（5）构件：标准化、批量化
	（6）运输：互相叠放

2．形成构思方案

构思方案是按设计意图，通过综合性的思考后得出的各种设想。构思方案的形成是复杂的、精细而又富有灵感的劳动。它是从产品的使用要求着手，全面考虑功能、材料、结构、造型及成本等综合性的构思。

3．绘制草图

草图可以将设计人员头脑中的构思记录为可见的有形图样，它可以使人们观察到具体设想，一件家具的设计往往就是由几张甚至几十张草图开始的。

草图可以分为理念草图、式样草图、结构草图等。理念草图仅仅是一个大体形态；式样草图是从理念草图而来，不但有大体形态，还有概略的细部处理或色彩表达；结构草图则是内部结构的构思。

草图一般用立体草图（如下左图所示）或主视图草图（如下右图所示）来表示。

7.3.3 初步设计阶段

初步设计是在对草图进行筛选的基础上画的方案图与效果图。

方案图一般按比例画出三视图并标注出主要尺寸，如下图所示。

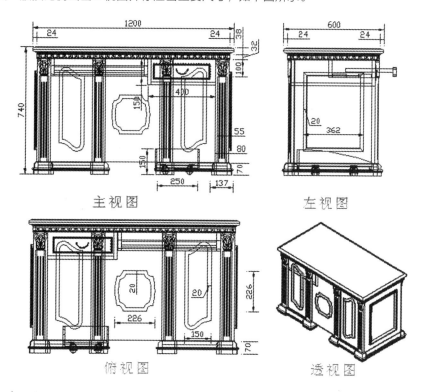

主视图　　　　　　　　左视图

俯视图　　　　　　　　透视图

效果图是在方案图的基础上以各种不同的表现技法，表现出产品在空间或环境中的效果。在CAD中效果图常用分解图的形式来表示，即以拆开的透视效果表现产品的内部结构，如下图所示。

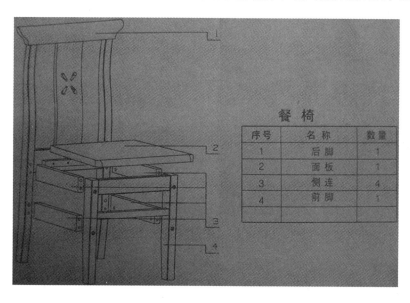

餐 椅

序号	名 称	数量
1	后 脚	1
2	面 板	1
3	侧 连	4
4	前 脚	1

7.3.4 设计评估阶段

无论草图、方案图还是效果图，仅仅都是一种设计方案的设想，都必须通过不同的途径或方式，经过多次反复研究与讨论做出评估后，确定出最佳的方案。

7.3.5 设计完成阶段

经过评估确定出最佳方案后，就进入了设计完成阶段。设计完成阶段要全面考虑家具的结构细节，具体确定各个零部件的尺寸和形状以及它们的结合方式，包括家具生产和编制材料与成本预算等内容，直至完成全部设计文件。

生产图包括结构装配图、部件图、零件图、大样图等。除了生产图之外，其他资料还有零部件明细表、外加工件与配件明细表、材料计算明细表、包装设计及零部件包装清单、产品装配说明书、产品设计说明书、裁板（排料）图等，如下图所示。

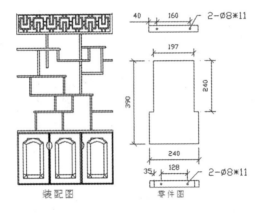

装配图 零件图

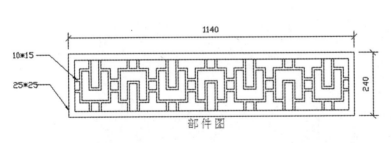

部件图

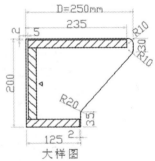

大样图

7.3.6 设计后续阶段

施工图和设计文件完成后，产品开发设计还应完成如下后续工作。

| 设计后续工作 | （1）样品制作：根据施工图加工出来的第一件合格产品就是样品 |
| | （2）生产准备：生产准备工作包括原材料与辅助材料的订购，设备的增补与调试，专用模具、刀具的设计与加工，质量检控点的设置及专用检测量具与器材的准备等 |

7.4 家具的常用材料

材料是构成家具的物质基础，在家具的发展史上，从家具的材料上可以反映出当时的生产力发展水平，材料的加工工艺性直接影响到家具的生产。家具中常用到的材料有木材、金属、塑料、竹藤、皮革和海绵等。

7.4.1 木材

木材是制作家具最常用也是历史最悠久的一种材料，木材在加工过程中，要考虑到其受水分影响而产生的缩胀、各向异裂变形及多孔性等。

1. 家具用木材名词解释

木材在家具制造中又分很多种类和名称，例如原木、锯材、板材等，具体的名称及解释见下表。

家具用木材名词解释

名 称	解 释	图 例
原条	指树木伐倒后，只经修枝而不按一定规格进行选材的伐倒木	
原木	指树木伐倒后经修枝并截成一定长度的木材	
锯材	原木经锯结之后的木材	
板材	宽度为厚度的3倍或3倍以上的锯材，按厚度可分以下几种 薄板：厚度为18mm以下的 中板：厚度为19mm~35mm的 厚板：厚度为36mm~65mm的 特厚板：厚度在65mm以上的	

名　称	解　释	图　例
毛边板	除上下全长着锯外，两个窄面不着锯或着锯部分不足材长一半的锯材	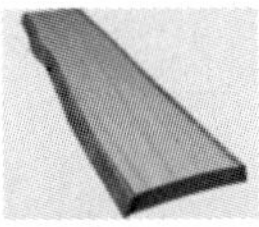
净边板	除上下全长着锯外，两个窄面全长着锯的锯材	
方材	宽度不足厚度3倍的锯材，按方材宽厚乘积大小，可分为以下几种 小方：宽厚乘积小于54cm² 中方：宽厚乘积在55cm²~100cm²之间 大方：宽厚乘积在101cm²~225cm²之间 特大方：宽厚乘积大于226cm²	

2．木材的等级

根据我国木材标准规定，木材分等是根据木材缺陷的类型和严重程度及其允许限度来确定的。在材质分级时，先按木材标准的规定检量存在的各种木材缺陷，找出其中影响材质分等最严重的一个缺陷，将该缺陷与标准中评定材质的分等限度表对照。如果它与某一级限度相等或不超过时，就确定为该等级。如果超过该等级限度时，再与下一个等级限度对照，直至符合某已登记限度为止。

以杉木原条的等级分类为例来说明木材的等级，杉木原条分两个等级，具体如下表所示。

木材的等级

缺陷名称	检量方法	缺陷限度	
		一等	二等
漏节	在全材范围内的个数不得超过	不许有	2个
边材腐朽	厚度不得超过检验尺径的	不许有	15%
心材腐朽	面积不得超过检验尺径断面面积的	不许有	16%
虫眼	在检验尺长范围内的虫眼个数不得超过	不许有	不限
外夹皮	深度不得超过（半径尺寸的）	15%	40%

3．家具用木材的技术要求

家具用木材的技术要求一般应满足以下几点，如下图所示。

家具用材的技术要求	（1）重量适中，材质结构细致，材色悦目，纹理美观
	（2）抗弯曲性能良好
	（3）缩胀性小
	（4）切削性能良好，易加工
	（5）着色性能、胶接性能、油漆性能良好

7.4.2 金属材料

金属材料用于制作家具,最初只是用做装饰或加固,到19世纪就有用铜铁制作整个家具的了,其中,钢铁、铝和铝合金用得最多。

1. 不锈钢

不锈钢是以铬为主要合金元素的合金钢,铬含量越高,其抗腐蚀性越好。由于铬的化学性质比较活泼,在环境条件影响下,不锈钢中的铬首先与环境中的氧化合生成一层与钢基体牢固结合的致密氧化膜,这层氧化膜能够阻止钢材内部继续锈蚀,使不锈钢得到保护。

不锈钢通常制成板材、管材及其他型材直接用于家具制造。

(1)钢板

按厚度分为薄板和厚板,用于家具制造的钢板一般为厚度在0.2mm~4mm之间,宽度在500mm~1400mm的热轧(或冷轧)薄钢板。用钢板制成的椅子如下左图所示。

(2)钢管

钢管分焊接钢管和无缝钢管两大类。焊接钢管生产效率高、成本低,目前我国家具用钢管主要是用厚度为1.2mm~1.5mm的钢带,经高频焊接制成,按其断面形状可分为圆管、方管和异形管。用钢管制成的椅子如下右图所示。

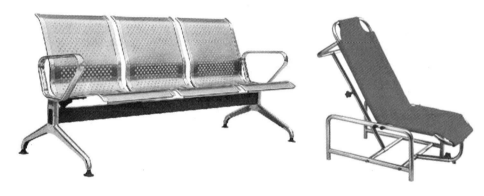

(3)型钢

根据断面,分为简单断面型钢和复杂断面型钢(异形钢),用于家具的大多数是简单断面型钢,主要有以下几种,如下图所示。

型钢分类	(1)圆钢:圆形断面钢材,热轧圆钢的直径为5mm~250mm,其中5mm~9mm的为线材;冷拉圆钢直径为3mm~10mm
	(2)扁钢:宽12mm~300mm,厚4mm~60mm,截面为长方形并捎带钝边的钢材
	(3)角钢:分等边和不等边两种,规格用边长和厚度的尺寸表示

2. 铝合金

以铝为基础,加入一种或几种其他元素构成的合金,即为铝合金。铝合金虽然强度不如不锈钢,但是在相同尺寸下其重量仅为不锈钢的1/3，而且相对不锈钢，铝合金的加工性能和延展性更好。根据生产工艺，铝合金可分为变形铝合金和铸造铝合金，用于家具的主要是变形铝合金中的防锈铝合金。

防锈铝合金是由铝锰或镁铝系组成的变形铝合金，其特点是耐腐蚀性、抛光性好，能长时间保持光亮的表面，具有良好的防锈性和比纯铝高的强度，因此可用来制造家具的结构件和装饰件。通常经压力加工成管、板、型材等半成品供应，它的代号以"LF"加阿拉伯数字构成，如LF1、LF2等。

铝合金大量用于柜台、货架、凳椅、装饰条、拉手等，铝合金家具如下图所示。

7.4.3 塑料

塑料是人工合成的材料，相对其他材料来说，它是一种新兴的并在不断改进的材料。塑料可用各种各样的化学成分及方法制成，比传统的家具材料要复杂得多。

1. 塑料家具的优缺点

塑料家具的优缺点如下图所示。

塑料家具的优点	（1）耐腐蚀性好，绝缘性好
	（2）色彩鲜艳、造型优美，轻便小巧，便于运输、清洗、储存
	（3）价格便宜，易加工生产
塑料家具的缺点	（1）回收利用率低，废弃塑料难处理
	（2）强度低，易损坏

2. 常用塑料的种类和性能

塑料的品种很多，用于家具产品的塑料只是其中的一部分，具体有如下几种。

（1）聚氯乙烯（PVC）

产量最高、具有较好强度的热塑性塑料，有硬质和软质两种不同产品，塑料家具以硬质为主。

（2）改性有机玻璃

透光性好，尺寸稳定，易成型，质脆，表面硬度差，易擦毛。

（3）ABS树脂

不透明，具有坚韧、质硬、刚性好的特点。表面光滑，尺寸稳定，易于成型加工。此外，能配成各种颜色，还可镀铬。

（4）聚乙烯

分高压、中压、低压三种，有良好的化学稳定性和摩擦性能，吸水性小，易成型，但承受载荷能力小。低压品种质地坚硬，可做结构材料。

（5）聚丙烯

热塑性塑料，主要特点是密度低并有特殊刚性，力学性能优于聚乙烯，耐热性好，易成型，但收缩率较大，厚制品易凹陷，耐磨性也不高。

（6）玻璃钢

一种用玻璃纤维增强的塑料，增强效果因塑料本身的性能、玻璃纤维的长度及其含量的不同而有差异，它的某些物理和力学性能可以达到钢材的水平，强度高。

塑料家具制品如右图所示。

7.4.4 竹藤

竹子是制作家具的传统材料之一。竹子具有坚硬的质地，其抗拉性和抗压性均优于木材，并且通过高温和外力作用，能够做成各种弧线，可丰富家具的基本造型。

竹材表面可进行油漆、刮青、喷涂等处理，但由于竹子易被虫蛀、易腐朽、易吸水、易开裂等缺陷，适合湿度较大而偏暖的地区使用。

藤包含水分时极为柔软，干燥后又特别坚韧，所以可编织座面、靠背和床面等。

竹藤家具如下图所示。

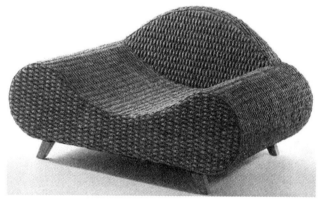

7.4.5 皮革

皮革主要用于沙发等软体家具的包覆材料，具有保暖、吸音、防磕碰的功能和高贵豪华的艺术效果。皮革按材料分，可分为动物皮革（真皮）和复合皮革；按厚度分，可分为一型（厚度0.9mm~1.5mm）和二型（厚度＞1.5mm）。

1. 动物皮革

动物皮革通常用来制作高级软体家具的面料，主要品种有牛皮、羊皮、猪皮和马皮等。因皮革的透气性、弹性、耐磨性、耐脏性、牢固性、触摸感及质感都比较好，故备受人们青睐。

软体家具所用动物皮革的质量要求如下图所示。

软体家具动物皮革的质量要求	（1）皮革的身骨：若用手握住皮革，感到紧实有骨感，而用手摸时又感到柔软如同丝绒感，则称为身骨丰满而富有弹性的皮革，是好皮革。若手感枯燥，则称为身骨干瘪的皮革，是较差的皮革
	（2）软硬度：软体家具所用的皮革要求质地柔软，表面光滑细腻，且各部位柔软度基本一致
	（3）表面细致光滑程度：这是指皮革加工后表面细节光亮的程度，表面细而又不失天然皮的形象，光亮度高而又不失真，称为好皮革

2. 复合皮革

复合皮革是用纺织品及其他材料经过涂覆或粘接合成的皮革，应用较普遍的有人造革、合成革、橡胶复合革、改性聚酯复合革、泡沫塑料复合革等。

复合皮革具有易清洗、耐磨性强、装饰效果好等许多优点，但缺点是透气性差、不吸汗、易老化、舒适性差、使用年限短，只能用做中低档产品及普通室内装饰的材料。

7.5 家具的接合方式

家具是由若干零部件按照一定的接合方式装配而成的。采用的接合方式是否正确对家具的美观、强度和加工工艺都有着直接影响。现代家具常用的接合方法有榫接合、胶接合、钉接合和连接件接合等。

7.5.1 榫接合

榫接合是指榫头插入榫眼或榫槽的接合，榫头由榫端、榫颊、榫肩和榫侧组成。为了得到更可靠的接合，榫头与方材应由纵向纤维构成。榫接合各部位的名称如下图所示。

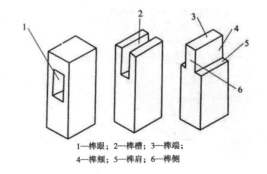

1—榫眼；2—榫槽；3—榫端；
4—榫颊；5—榫肩；6—榫侧

1. 榫的分类

按照不同的分类方法，榫可以分为不同的类型，榫接合的分类及其应用如下表所示。

榫的分类

分类方法	榫的名称及解释	家具中的应用	图 例
按榫头的形状分	可分为直角榫、燕尾榫、圆榫、椭圆榫，榫头的基本形状为直角榫、燕尾榫和圆榫，其他类型的榫头都是在这3种榫头的基础上演变出来的。用圆榫接合时，为了提高强度和防止扭动，需要两个或两个以上的圆榫		
按榫头的数目分	可分为单榫、双榫、多榫。增加榫头数目就能增加胶接面积，提高接合强度	单榫和双榫常用于桌椅的脚架接合，多榫常用于抽屉、木箱的接合	
按接合后榫头的侧边能否看到分	可分为开口榫、半开口榫、闭口榫。直角开口榫加工简单，但强度一般，且榫端与一个侧面外漏，不美观；闭口榫接合强度较高，结构隐蔽；半开口榫介于开口榫和闭口榫之间，既可防止榫头侧向滑动，又能增加接触面积，部分结构暴露，兼有前两者的特点		
根据榫接合后榫端是否外露分	可分为明榫（贯通榫）、暗榫（不贯通榫）。明榫外露，不美观，但接合强度高；暗榫接合端部外露，不影响外观，但接合强度不如明榫	一般家具为保证美观，多采用暗榫。对于接合强度要求高的沙发框架、床架、工作台等多采用明榫	

圆榫比直角榫的接合强度低30%左右，为提高圆榫接合强度，可在圆榫表面压制各种沟纹，如螺旋纹、网纹、直线纹、直沟槽、螺旋沟槽等，如下图所示。

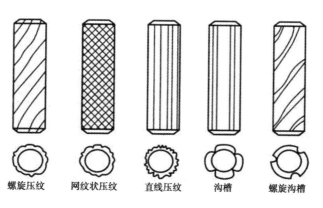

螺旋压纹　　网纹状压纹　　直线压纹　　沟槽　　螺旋沟槽

由于榫面有压纹，所以当圆榫涂胶后插入榫眼，胶水中的水分被圆榫表面吸收，其压纹会发胀，使圆榫表面和榫眼表面紧密接合，胶液在沟纹中也难以被挤压出来，所以能提高接合强度。螺旋状压纹的圆榫，其螺纹好似木螺丝一样，需要回转才能拔出，具有较高的抗拉强度，因此使用也比较多。

2．榫接合的技术要求

家具受损大多数都出现在榫接合部位，榫的接合要保证足够的强度，就必须符合一定的尺寸和技术要求。

（1）直角闭口榫接合

在直角闭口榫的接合中，榫头是关键，主要从榫头的厚度、宽度、长度以及榫头与榫肩的夹角等几方面进行考虑。

直角闭口榫接合

部 位	技术要求	图 例
榫头的厚度	如右图所示为一直角闭口榫接合的示意图，当榫头厚度（a）比榫眼的宽度（a'）小0.1mm~0.2mm时，榫接合的抗拉强度最大。当榫头的厚度大于榫眼的宽度时，接合时胶水被挤出，接合处不能生成胶缝，则强度反而会下降，且在装配时容易产生劈裂。 假设方材的厚度为B，则单榫厚度约为B/2；双榫的厚度是两榫头厚度之和，约为B/2；多榫的厚度是榫头数厚度之和，约为B/2。榫头厚度和榫眼宽度配合尺寸间隙为0.1mm~0.2mm。榫肩的宽度应大于5mm，榫头宽度方向需要截榫肩，确保其宽度大于10mm。 常用的榫头厚度有：6mm、8mm、9.5mm、12mm、13mm、15mm等几种规格	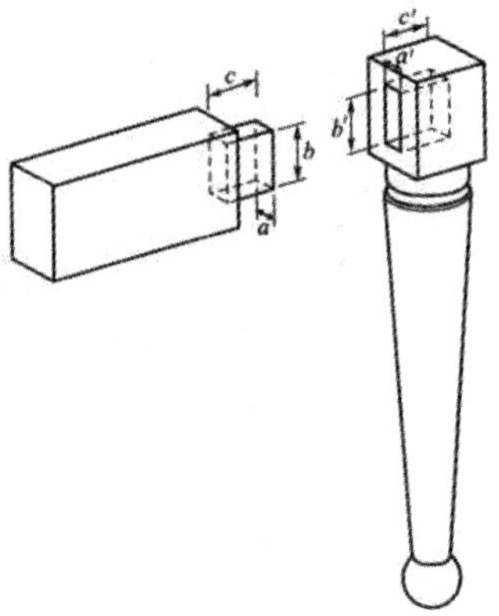
榫头的宽度	榫头宽度以小于30mm为宜，榫头宽度大于40mm时，应开双榫。榫头宽度与榫眼长度的配合尺寸为过盈配合，如右图所示，榫头宽度（b）应比榫眼长度（b'）大0.5mm~1mm，硬材取0.5mm，软材取1mm	
榫头的长度	若采用明榫，榫头的长度应比榫眼深度达0.5mm~1mm，以便接合时对榫端进行修正加工，确保接合零件表面的平整度。 若采用暗榫，如右图所示，榫头的长度（c）比榫眼深度（c'）小2mm~3mm，这样可以避免由于榫头端部加工不精确或涂胶过多而顶住榫眼底部，形成榫肩与被接合零件表面之间的缝隙，同时又可以存储少量胶水，增强胶合强度。一般家具榫头的最大长度小于35mm。半闭口榫的外露侧面的长度一般为榫头总长度的1/3~2/5，但应大于5mm	
榫头与榫肩的夹角	榫头与榫肩的夹角略小于90°，以89°为宜，绝不可大于90°，否则会导致榫肩接合处产生缝隙并减低接合强度并且影响美观	
榫端应倒角	为了装配方便，不损坏榫头和榫眼，榫端四周应倒角	
对木纹方向的要求	榫头的长度方向应顺纤维方向，横纤维方向的榫头易折断。榫眼应开在纵向木纹上，且长度方向与木材纤维方向一致；若将榫眼开在靠近木材端面处，接合时则易裂缝，接合强度小	

（2）圆榫接合

圆榫除了对圆榫的直径、长度有要求外，对配合孔的深度、材质也有一定的要求，如下图所示。

圆榫接合的技术要求	（1）材质要求：制造圆榫应选密度较大、无结疤、无腐朽、纹理较直、具有中等硬度和较好韧性的木材，一般常用榉木、柞木、水曲柳、桦木等
	（2）含水率：圆榫的含水率应比家具材料低2%~3%，在施胶后，圆榫可吸收胶水中的水分而使含水率提高，圆榫应保持干燥，不用时要用塑料袋密封保存
	（3）圆榫的直径、长度：直径为方材厚度的1/4~1/2，常用的直径有6mm、8mm、10mm和12mm。圆榫的长度一般为直径的5~6倍，常用的为30mm~45mm
	（4）圆榫配合孔深：垂直于板面的孔，其深度为3/4板厚或小于15mm；垂直于板端的孔深大于15mm
	（5）圆榫与榫眼的径向配合：有过盈和间隙配合两种，公差值一般为±0.1~0.2mm
	基材为刨花板时，过盈量过大会引起刨花板内部的破坏，定位圆榫需用间隙配合，定位的一端不涂胶水

7.5.2 胶接合

胶接合是指单纯依靠接触面之间的胶合力将零件接合起来，主要用于板式部件的构成、实木零件的拼接、家具表面覆面装饰和封边工艺等。这种接合的优点是可以小材大用、劣材优用、节约木材，还可提高家具质量。

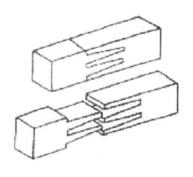

实木接长由于是断面接触的接合，胶接面积小，因而接合力不强，实际生产中一般采用斜接、指形接等，以增加胶接面积。右图是指形榫接合，专用于木材的纵向接长，其接合强度为整体木材的70%~80%，效果非常好。

7.5.3 钉接合

钉接合一般是将两个零部件直接用钉接合在一起，包括钢钉与竹木钉的结合。钉接合工艺简单，生产效率高，但接合强度小，钉帽露在外边不美观。在家具制造中，通常将钉接合和胶接合配合使用，属于不可拆接合。

钉接合多用在接合表面不显露或对外观要求不高的地方，如沙发弹簧的固定、衣箱底板的固定、抽屉滑道的固定以及椅、凳、台的背面胶钉复条等。对于覆面板用实木封边，需用无头圆钉予以胶钉，以免影响美观。装饰性的漆泡钉常用于软家具面的包钉。竹钉、木钉主要用于实木拼板的加固接合。

在家具制作过程中，用得最多的钉是圆钉，圆钉接合的技术要点有以下几点，如下图所示。

圆钉接合的技术要求	（1）钉长要求：当采用不透钉接合时，为避免破裂材底面，钉尖至材底距离应大于直径的2.5倍。若采用透钉接合时，接合强度比不透钉接合大，为了便于钉尖能被打弯，避免钉尖外凸，钉子超出材底的长度应不小于直径的4倍
	（2）加钉方向：加钉方向有垂直材面进钉和交错倾斜材面进钉两种，其中交错倾斜材面进钉接合强度较高，钉倾斜角常为5°～15°
	（3）圆钉沉头法：为使钉头不外露，可将钉头砸扁冲入被固定件内，扁头长轴要与纹理同向

家具制造中最常用的圆钉是圆钢钉（铁钉、钢钉）和扁头圆钢钉（扁头圆钉、地板钉、木模钉），如下图所示。

圆钢钉　　　　　　　扁头圆钢钉

7.5.4　木螺钉接合

木螺钉接合是利用木螺钉穿透一个被接合零件的螺孔拧入另一被接合的零件中，从而将两者牢固地连接起来。木螺钉接合方便，接合强度较榫接合低，但比圆钉接合高，常在接合面加胶以提高接合强度。

木螺钉需在横纹方向拧入，纵向拧入接合强度低。一般被固紧件需预钻孔，与木螺钉之间采用静配合，如果被固紧件太厚（如超过20mm），常采用螺钉沉头法以避免螺钉太长。

木螺钉比较广泛地应用在家具中的桌台面、柜顶板、椅座板、脚架、抽屉支撑的固定和各种连接件以及拉手、门锁等配件的安装中。

7.5.5　连接件接合

连接件接合，就是利用特制的各种专用的连接件，将家具的零部件连接起来并装配成部件或产品的接合方法。这种接合可以反复拆装而不影响家具的接合强度，它是拆装家具必不可少的接合方式。

连接件接合特别适用于家具部件之间的连接，如衣柜的面板与旁板、旁板与底板等板式家具的接合；椅、凳、台、几框架的脚架接合及其与面板的接合，均可选择合适的连接件进行接合。

连接件的种类很多，常见的有直角式、螺旋式、偏心式、挂钩式和插接式等。

1. 直角式连接件

直角式连接件可分为直角式、角尺式和角铁式三种。直角式连接件的特点是呈直角状安装在柜体内部，不影响外观，安装方便，价格低廉。

（1）直角式连接件

由倒刺螺母、直角倒刺件和螺栓三部分组成。使用时，先在板件上钻孔，然后分别把倒刺螺母和直角倒刺件嵌入板件孔内，接合时再将螺栓通过直角倒刺件中的圆孔与倒刺螺母拧紧。直角式连接件的接合如下图所示。

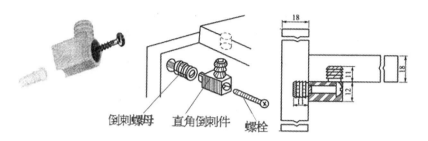

倒刺螺母　　直角倒刺件　　螺栓

（2）角尺式连接件

角尺式连接件由倒刺螺母、直角件和螺栓三部分组成，角尺式连接件接合如下左图所示。

（3）角铁式连接件

由小段角铁（也可以是铜、铝及其合金件）与木螺钉组合而成，装配时采用销定位，用木螺钉连接。角铁式连接件接合如下右图所示。

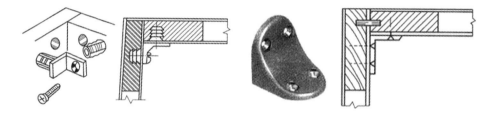

2. 螺旋式连接件

螺旋式连接件是指采用倒刺螺母、螺钉螺母、圆柱螺母、五眼板或三眼板螺母等分别与螺栓组合而成，主要用于两垂直板件的连接。

（1）倒刺螺母连接件

倒刺螺母连接件，即螺母外周具有倒刺的连接件，仅由倒刺螺母与螺栓组合而成。使用时，预先将螺母嵌入被连接件中，然后用螺栓与另一板件连接在一起。倒刺螺母连接件的接合如下左图所示。

（2）螺钉螺母连接件

螺钉螺母是指具有内螺纹的一种特别螺钉，与螺栓配合既可以起连接作用，又可以起定位作用。主要应用在衣柜、文件柜等柜类家具的顶（面）、底板与旁板之间的连接。螺钉螺母连接件的接合如下右图所示。

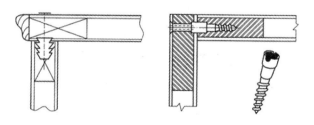

（3）圆柱螺母连接件

圆柱形螺母连接件由圆柱形螺母、螺栓、定位连杆组成。使用时，先在板内侧连接处钻好安装圆柱螺母的圆孔，孔径应比圆柱螺母外径大0.5mm，再在板的端面钻出螺栓孔，使之与圆柱形螺母的螺母孔相通。安装时，将圆柱螺母放入板的侧孔内，并使其螺母朝上，与螺栓相对，然后将具有内外螺纹的定位连杆穿入圆柱形螺母的孔中，最后将螺栓穿过板端上的螺栓孔，对准套在圆柱螺母上的定位连杆孔拧紧即可。圆柱螺母连接件的接合如下图所示。

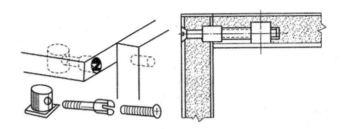

3. 偏心式连接件

偏心式连接件一般由三部分组成，即偏心件、倒刺螺母或膨胀螺母和连接杆。偏心式连接件的接合原理是利用偏心件、倒刺螺母或膨胀螺母，通过连接杆把两部件连接在一起。

偏心式连接件有三种形式，分为带凸轮和膨胀销的压入式、螺栓偏心连接式和双定位压腔式。其中，螺栓偏心式连接应用最广泛，它由倒刺螺母、连杆螺栓和内部带偏心滑槽的轮盘（即偏心件）三部分组成，俗称三合一或三件套。使用时，在板件上嵌入倒刺螺母，并把带有脖颈的连杆螺栓旋入其中，然后把连接杆通过螺栓孔预埋入另一板件上的偏心件锁紧即可。螺栓偏心连接式的接合图如右图所示。

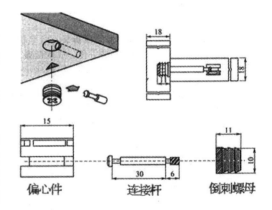

偏心件　　　连接杆　　　倒刺螺母

4. 挂式连接件

挂式连接件是利用固定于某一部件上的片式连接件的夹持口，将另一部件上的片式或杆式零件夹住，且所受力越大，夹持越紧，主要用于两垂直板件或方材间的连接，比如床的靠背脚部与床框的接合。挂式连接件的接合如下图所示。

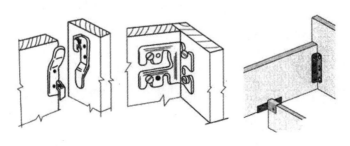

5. 对连接件的基本要求

对家具连接件的要求主要有以下几点，如下图所示。

对连接件的要求	
	（1）结构牢固可靠
	（2）拆装方便，且能多次拆装而无损家具外观
	（3）松动后可直接调紧维修
	（4）制造方便，成本低廉，装配效率要高

7.6 家具设计师的职业标准

家具设计师是为满足使用者对家具的实用与审美需求，根据使用空间和环境的性质，结合材料工艺及美学原理，从事各类家具设计的专业人员。

7.6.1 家具设计师等级划分及技能要求

家具设计师分为三个等级，各等级的知识水平、技能要求如下图所示。

一级：家具设计师	能按照使用者的需求，根据使用空间和环境的性质，结合材料工艺及美学原理，独立完成成套家具产品的构思、设计、定样工作；能熟练运用计算机技术进行家具工艺结构制作图、家具设计效果图的绘制；能进行家具产品成本概预算；熟悉家具生产工艺流程，能协调解决制作过程中的技术问题；能指导并帮助二级和三级家具设计师开展工作；具有营销知识，能开发家具新产品
二级：助理家具设计师	能识读所有家具图纸，能按照设计要求较熟练地绘制家具制作图，能熟练运用专业计算机软件绘制家具制作图；能在一级家具设计师指导下完成组合家具产品的构思、设计、定样工作；能进行家具产品成本估算；能协助开发新家具产品
三级：家具设计员	能识读家具图纸，能按照设计要求绘制家具制作图，能运用专业计算机软件绘制家具制作图；了解常用家具材料性能和制作技术，能在高一级设计师的指导下完成单件家具产品的构思、设计、定样工作

7.6.2 家具设计师的职业功能和工作内容

家具设计师的等级不同，工作内容也不相同，家具设计师的具体职业功能和工作内容如下表所示。

家具设计师的等级

职业功能	工作内容		
	一级	二级	三级
一、设计表达	1. 绘制家具制作图 2. 绘制家具轴测图 3. 绘制家具透视图 4. 绘制家具大样图 5. 绘制家具装配图 6. 绘制家具效果图	1. 绘制家具制作图 2. 绘制家具轴测图 3. 绘制家具透视图 4. 绘制家具大样图	1. 识读家具制作图 2. 绘制家具制作图 3. 介绍家具制作图
二、计算机辅助设计	1. 掌握并能熟练操作AutoCAD软件绘制二维家具制作图和三维家具图 2. 掌握并能熟练操作Photoshop软件渲染家具透视图 3. 掌握并能熟练操作3ds Max软件制作家具三维效果图和室内环境图 4. 掌握并能操作Lightscape软件的常用命令，并能应用于渲染室内环境的灯光效果	1. 掌握并能熟练操作AutoCAD软件绘制二维家具制作图和三维家具图 2. 掌握并能操作Photoshop软件渲染家具透视图	了解并能操作AutoCAD软件绘制二维家具制作图
三、家具的构造与材料	1. 熟悉家具工艺基础知识 2. 了解专业家具木工机械知识 3. 掌握家具结构基础技术，能进行本行业家具结构设计 4. 了解计算机辅助制造（CAM）方面的知识	1. 熟悉家具材料的性能、产地及成本 2. 掌握家具的表面涂饰工艺 3. 了解常用家具木工机械知识	1. 了解木制家具工艺步骤 2. 了解常用家具材料性能
四、家具设计	1. 掌握家具设计的程序和方法 2. 掌握人体工程学原理和设计心理学知识 3. 能完成成套家具产品的构思、设计、定样 4. 了解有关室内设计知识，能根据不同家具使用者的需求和不同环境条件进行家具产品的开发设计	1. 掌握形态构成的美学原理和构成方法 2. 能完成组合家具产品的构思、设计、定样 3. 了解现代设计基础理论知识 4. 了解相关行业的法律法规知识	1. 掌握家具设计必需的基础造型能力 2. 了解家具设计的基础知识 3. 能完成单件家具造型设计
五、家具产品研发	1. 能独立开发新产品 2. 介绍、发布新产品 3. 提出家具定价方案	1. 协助开发新产品 2. 市场调研 3. 家具成本估算	

7.7 知识点延伸——家具造型与色彩

任何一件家具给人的第一印象首先是色彩，其次是形态，最后才是质感。色彩是家具造型的基本要素之一，在家具造型设计中常运用色彩取得令人赏心悦目的效果。

1. 色彩的感受

人对色彩的情绪感受，即色彩的心理效应，主要反映在兴奋与沉静、活泼与忧郁、华丽与朴素等方面。人对色彩的功能性感受主要表现为冷暖感、轻重感、大小感、远近感等方面，如下图所示。

色彩的感受

情绪感受	兴奋与沉静	红、橙、黄都给人以兴奋感，叫兴奋色；蓝、绿的纯色给人以沉静感，叫沉静色。纯度高的色彩给人以紧张感，有兴奋作用；纯度低的颜色以及灰色给人舒适感，有沉静作用	纯度：也叫色度、彩度或饱和度，是指颜色的鲜艳程度，即某一颜色中所含彩色成分的多少。鲜艳的颜色纯度高，发暗的颜色纯度低；不加黑、白、灰的颜色纯度高，反之纯度低。
	活泼与忧郁	红、橙、黄这些暖色的纯色和明色，给人以活泼感；蓝、绿、深灰、暗黑色这些冷色的暗浊色，给人忧郁感	
	华丽与朴素	纯度高的色彩给人感觉华丽，例如白色和金属色；纯度低的颜色给人感觉朴素，例如黑色。明度高的使人感觉华丽，明度低的给人感觉朴素	明度：是指颜色的深浅程度或明暗程度。即指不同颜色相比的明暗程度，又指各种颜色本身的明暗程度，如红、橙、黄、绿、蓝、紫中，黄色明度最高，红、绿次之，蓝、紫更低。在同一种颜料中，加入白色则颜色变浅，明度变高；加入黑色则颜色变深，明度变低
功能性感受	冷暖感	红、橙、黄有温暖感，叫暖色；蓝、绿有寒冷感，称为冷色	
	轻重感	明度高的色彩使人感到轻，明度低的色彩使人感到重。明度相同时，纯度高的色彩比纯度低的色彩感觉轻	
	柔软与坚硬	中等明度和中间纯度的色柔和，如淡绿、淡蓝、浅黄、粉红、灰色有柔软感；纯度高和明度低的色感到坚硬，如黑色、白色均为坚硬色	
	体量感	暖色和明度高的色彩有扩张感，称为膨胀色，冷色和明度低的色彩有缩小感，称为收缩色	
	距离感	暖色和明度高的色彩能显示出比实际距离更近的感觉，称为前进色；冷色和明度低的色彩能显示出更远的距离，称为后退色	

2. 色彩的联想与象征

人们在看色彩时常常想起与该色相联系的其他事物，这种色的联系是通过过去的经验、记忆或知识而取得的。由于人的生活环境、性别、年龄、文化、宗教信仰不同，色彩联想的差别较大。一般幼年时代的人联想较多的是与身边的动植物、食物、风景和服饰等有关的具体的东西，而一到成年，与社会生活相联系的抽象观念就多起来，如下表所示。

色彩的联想与象征

联想类别	颜色	联想到的
色彩引起的具体联想	红色	太阳、红旗、血、口红等
	黄色	香蕉、向日葵、菜花、柠檬等
	蓝色	天空、大海、湖水等
	橙色	橘子、柿子、橙子、秋叶等
	绿色	树叶、草园、森林等
	紫色	葡萄、茄子、紫藤等
	白色	雪、白兔、白砂糖、白纸等
	黑色	夜晚、头发、煤、墨汁等
色彩引起的抽象联想	红色	热情、危险、革命、兴奋、活泼
	黄色	明快、希望、光明、愉快、和煦等
	蓝色	无限、理智、平静、冷淡、沉着、凉爽、深邃等
	橙色	焦躁、甘美、华美、温情、热闹、高兴等
	绿色	年轻、新鲜、和平、理想、希望等
	紫色	优雅、高贵、哀伤、古朴、神秘等
	白色	神圣、纯洁、神秘、洁白、开明等
	黑色	死亡、悲哀、不安、严肃、坚实、刚健等
	灰色	暧昧、沉静、抑郁、哀愁

家具制图是家具设计人员必须掌握的基础能力之一，它是设计人员与制造人员沟通的语言。根据QB-T 1338-1991家具制图国家标准规定，家具及其零部件的图形按正投影绘制，并采用第一视角投影法。

Chapter 08 家具制图基础

8.1 家具制图的比例
8.2 图线
8.3 材料剖切面的表达
8.4 家具的视图
8.5 家具视图中的简化画法
8.6 榫接合和连接件接合的画法
8.7 尺寸标注和装配图中零部件的序号编排
8.8 创建CAD家具制图样板文件
8.9 知识点延伸——多重引线的设置及应用

8.1 家具制图的比例

比例是图样中零部件和装配体要素与实物相应要素的线性尺寸之比，每张图样上基本视图的比例必须在标题栏中注明，家具图样的常用比例如下表所示。

家具制图的比例

缩小的比例		与实物相同	放大比例
常　用	必要时选用		
1:2　1:5　1:10	1:3　1:4　1:6 1:8　1:15　1:20	1:1	2:1　4:1　5:1

提示 tips

1. 绘制各个视图应采用相同的比例，当某个视图需要采用不同比例时，必须另行注明，如下左图中的 B-B 就采用了另行标注。

2. 局部详图必须单独标注比例，比例写在局部详图标志圆的右边，水平细实线上方，如右上图所示。

3. 视图相同仅尺寸不同的零部件不标注比例，如右下图所示。

4. 当两条平行线之间的距离小于0.7mm时，可不按比例而略夸大画出。

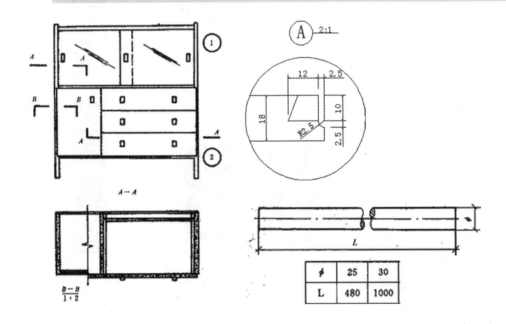

8.2 图线

AutoCAD中图形都是由不同形状、不同粗细和不同颜色的图线组成的，其中形状由具体家具决定，颜色也因人而异，但是线条的粗细却有规定。各种图线的名称、形状和AutoCAD中常用宽度如下表所示。

图线

图线名称	图线形状	AutoCAD中常用宽度	AutoCAD中绘制方法
实线	————————————	0.25mm（AutoCAD默认线宽）	用直线命令绘制
粗实线	▬▬▬▬▬▬▬▬▬	0.3~0.5mm	用直线命令绘制
细实线	————————————	0.15mm或更细	用直线命令绘制
虚线	– – – – – – – –	0.15mm或更细	常用ACAD_ISO2W100、HIDEN等表示
粗虚线	▬ ▬ ▬ ▬ ▬ ▬	0.3~0.5mm	常用ACAD_ISO2W100、HIDEN等表示
点划线	—·—·—·—·—·—	0.15mm或更细	常用ACAD_ISO4W100、CENTER等表示
双点划线	—··—··—··—··	0.15mm或更细	常用ACAD_ISO5W100、PHANTOM等表示
折线	⌐⌐⌐⌐	0.15mm或更细	用多段线或直线绘制
波浪线	～～～～～	0.15mm或更细	用样条曲线绘制

　　不同的线条表示不同的含义，比如，实线常用来表示的可见轮廓，而虚线则常用来表示不可见的轮廓。图线的一般应用如下表所示。

图线的应用

名　称	一般应用
实　线	1. 视图中可见的轮廓线（如图A所示）； 2. 局部详图索引标志（如图A所示）
粗实线	1. 剖切符号（如图A所示）； 2. 局部详图标志（如图A所示）； 3. 局部详图中连接件简化画法（如图A所示）
细实线	1. 尺寸线及尺寸界线（如图A所示）； 2. 引出线（如图A所示）； 3. 剖面线（如图A所示）； 4. 各种人造板、成型空心板的内轮廓线（如图A所示）； 5. 小圆中心线、简化画法表示连接件位置线（如图A所示）； 6. 圆滑过渡的交线（如图A所示）； 7. 重合剖面轮廓线（如图B所示）； 8. 表格的分格线
虚　线	不可见轮廓线，包括玻璃等透明材料后面的轮廓线（如图C所示）
粗虚线	局部详图中连接件外螺纹的简化画法（如图A所示）
点划线	1. 对称图形的中心线（如图A所示）； 2. 回转体轴线（如图A或B所示）； 3. 半剖视分界线（如图A所示）； 4. 可动零、部件的外轨迹线（如图C所示）
双点划线	1. 假想的轮廓线（如图A所示）； 2. 表示可动部分在极限位置或中间位置时的轮廓线（如图C所示）

名　称	一般应用
双折线	1. 假想的断开线（如图A所示）； 2. 阶梯剖视的分界线（如图A所示）
波浪线	1. 假想的断开线（如图B所示）； 2. 回转体断开线（如图B所示）； 3. 局部剖视的分界线（如图A所示）

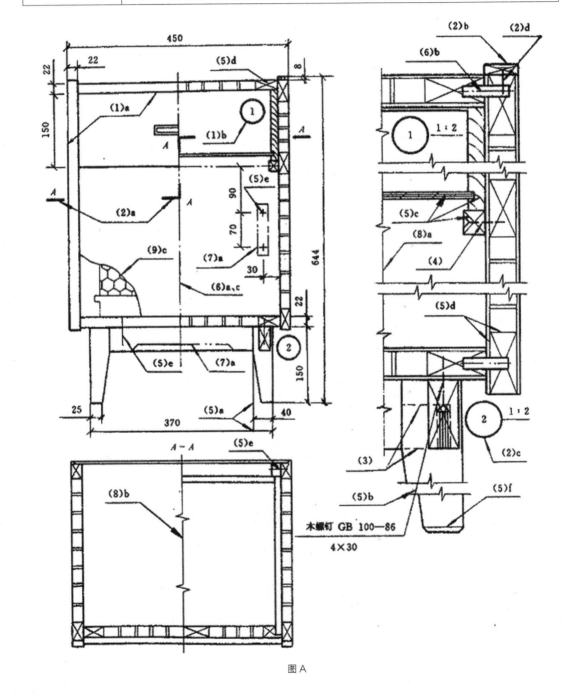

图 A

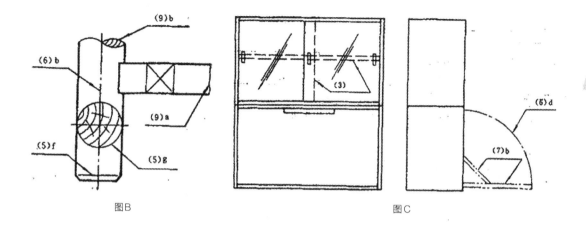

图B 图C

8.3 材料剖切面的表达

当家具的零、部件画成剖视图时，假想被剖切的部分，一般应画出剖面符号，以表示被剖切部分和零部件材料的类别，剖面符号均用细实线表示，各种材料的剖面符号如下表所示。

材料剖切面的表达

材　料			剖面符号	AutoCAD中填充图案代码
木材	横剖（断面）	方材		木断面纹
		板材		木纹面3
	纵剖			木纹面1、木纹面5、木纹面6
胶合板（不分层数）				胶合板
覆面刨花板				木纹面2
细木工板	横剖			JIS_WOOD，角度为45°
	纵剖			JIS_WOOD，角度为45°
纤维板				AR-SAND
薄木（薄皮）				木纹面4

175

材　料	剖面符号	AutoCAD中填充图案代码
空芯板	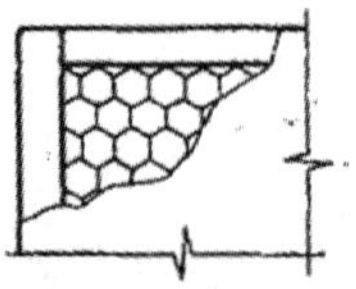	HONEY
金属	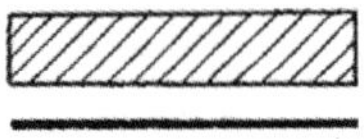	ANSI31
玻璃		GOST_GLASS
塑料有机玻璃橡胶	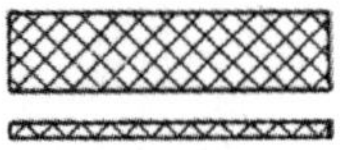	ANSI37
软质填充料		SACNCR，0°和90°两次填充
砖石料	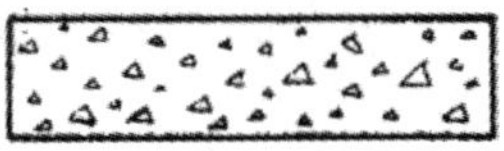	AR-CONC

提示

1. AutoCAD中的剖面符号有限，很多木材的剖面符号都需要自己制作，比如上表中的木断面纹、胶合板，木纹面1~6都是自定义的剖面符号。这些符号详见本书的光盘文件，只需将光盘文件的相应内容复制到AutoCAD安装目录下的"Support"文件夹下，就可以在AutoCAD的填充图案中调用了。

2. 在基本视图中木材纵剖面时若影响图面清晰，允许省略剖面符号。

3. 胶合板层数用文字注明，在视图中很薄时可以不画剖面符号。

4. 基本视图中，覆面刨花板、细木工板、空芯板等的覆面部分，与轮廓线合并，不需要单独表示。

8.4　家具的视图

家具设计要用详尽的三视图表达家具的外观形状及结构要求，在三视图中无法表达清楚的地方，还需要用剖视图、局部视图和向视图等来表示，适当配以文字描述家具材料、技术要求等。

8.4.1　基本视图

家具或其零、部件向投影面投影所得的图形为基本视图，基本投影面为正六面体的六个面，所以基本视图也有六个，分别为主视图、左视图、俯视图、右视图和后视图，其中主视图、左视图和俯视图最常用，也就是常说的三视图。基本视图的形成如下图所示。

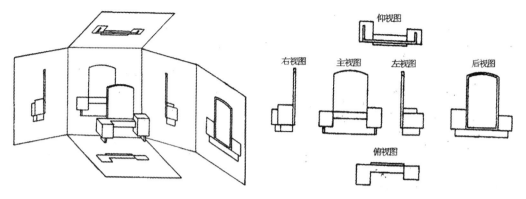

提示 tips　各基本视图按规定位置布置，不必标注视图名称。在家具视图中，也有习惯把主视图、左视图、右视图、后视图叫做立面图，把俯视图和仰视图叫做平面图。

　　三视图之间的关系是：主视图、俯视图长对正，主视图、左视图高平齐，左视图、俯视图宽相等，如右图所示。

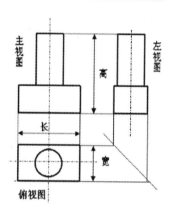

8.4.2　斜视图和局部视图

　　家具的基本视图都是正面投影，而且视图都是家具的全貌，除了正面全貌投影外，还有从倾斜方向投影得到的视图和局部投影视图。

1. 斜视图

　　家具某部分向不平行于基本投影面投影所得到的视图称为斜视图，同时必须用箭头指名投影方向，并标注上字母，在投影的结果视图（即斜视图）上方必须标出视图名称（如A向），如下图所示。

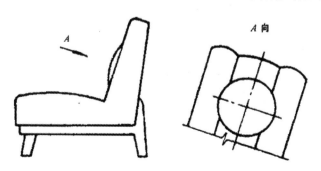

177

斜视图一般按投影方向配置，如有必要，在不引起误解的情况下允许将图形旋转呈水平位置，但图名要加上旋转两字，如下图所示。

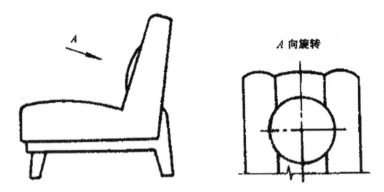

2. 局部视图

家具某部分向基本投影面投影所得到的视图称为局部视图。局部视图一般用双折线或波浪线断开，图形上方应标出名称（如A向），在相应的视图附近用箭头指名投影方向，如下图所示。

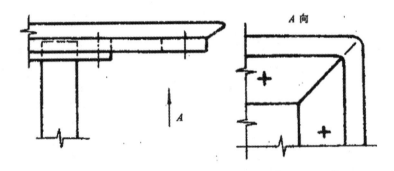

8.4.3 剖视图

假想用剖切面剖开家具或零部件，将处在观察者和剖切面之间的部分移去，而将其余部分向投影面投影所得到的图形，如下图所示。

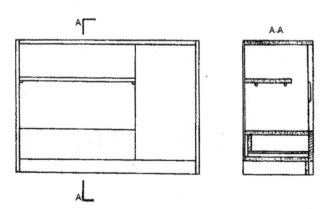

1. 剖切面

　　一般用平面剖切家具或其零部件，必要时也可用柱面作为剖切面，采用柱面剖切时，剖视图应按展开画法绘制，如右图所示。

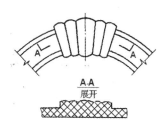

　　剖切面有单一剖切面、阶梯剖切面和相交剖切面。单一剖切面就是用一个剖切面剖开家具或其零部件，如上左图所示；阶梯剖切面是指用几个平行的剖切面剖开家具或其零部件，如下左图所示；相交剖切面是指用两个相交的剖切平面剖开家具或其零部件，如下右图所示。

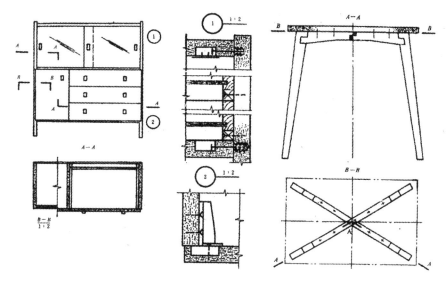

2. 全剖视图

　　用剖切面完全地剖开家具或其零部件所得到的剖视图称为全剖视图，上左图的A-A剖就是全剖视图。

3. 半剖视图

　　当家具或其零部件具有对称平面时，在垂直对称平面的投影面上的投影，可以以对称中心线为界，一半画成剖视，另一半画成主视图，如右图所示。

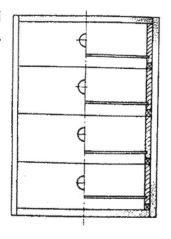

提示　当家具或其零部件接近对称，不会引起误解时，也可以画成半剖视图。

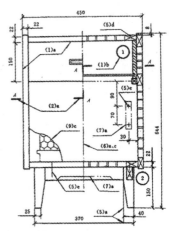

4. 局部剖视图

用剖切面局部剖开家具或其零部件所得到的剖视图，如右图。局部剖视图用波浪线与视图隔开。

5. 剖切位置与剖视图的标注

在剖视图上方应标出图名，如"A-A"，在相应的视图上用剖切符号表示剖切位置，并注上同样的字母。

当剖切平面的位置处于对称平面或清楚明确，不致引起误解时，允许省略剖切符号，如右图所示。当单一剖切平面的剖切位置明显时，局部剖切视图的标注可以省略，如右图所示。

8.4.4 剖面图

假想用剖切面将家具的某部分切断、仅画出断面的图形称为剖面图。剖面分为移出剖面（如下左图所示）和重合剖面（如下右图所示）。

剖切面必须垂直于主要轴线或主要轮廓线，以反映断面真实形状，如下图所示。

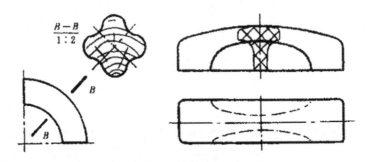

提示 tips 剖面图和剖视图的区别在于，剖面图只需要画剖面的部分，而剖视图除了画剖面的部分还要画剖面后面没有被剖视的部分，两者区别如下图所示。

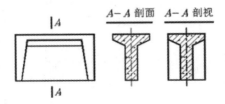

基本视图中做出的移出剖面，轮廓线用实线画，局部详图移出的剖面轮廓线用粗实线画，重合剖面的轮廓线用细实线画，当视图的轮廓线与重合剖面的图形重叠时，视图的轮廓线仍需完整画出，不可间断，如右图所示。

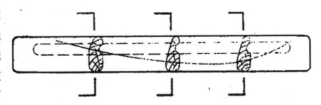

移出剖面尽量画在剖切符号后剖切平面迹线的延长线上（剖切平面迹线是剖切平面与投影面的交线，用点划线表示），如下左图所示，必要时也可以将移出剖面画在其他适当地方，但必须标注字母，如下右图所示。

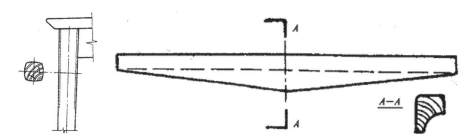

提示 tips
剖面的标注方法：

1. 当剖面形状对称，且画在剖面迹线或其延长线上时，可以用点划线代替剖切符号，如上左图和本小节开始的第二个图都属于这种情况。

2. 剖面如对称，投影方向可不标注，本小节开始两个图和下面这个图都是这种情况。

3. 重合剖面不必标注字母，本小节第二个和第四个都属于这种情况。

4. 移出剖面可以画成与原始图不同的比例，但必须标注比例，如本小节第一个图。

当剖面形状对称时，可以将剖面画在视图的中断处，如下图所示。

8.4.5 局部详图

将家具或其零部件的部分结构，用大于基本视图或原图形所采用的比例画出的图形称为局部详图。

提示 tips
局部详图可以画成主视图、剖视图、剖面图，它与被放大部分的表达方式无关，如下图所示。

在视图中被放大部位的附近，应用实线画出圆圈作为局部详图的索引标志，圈中写上阿拉伯数字或英文字母。同时，在相应的局部详图附近用粗实线画圆圈，圈中写上同样的阿拉伯数字或英文字母作为详图标志，如下图所示。

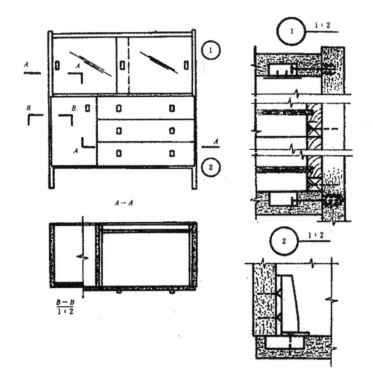

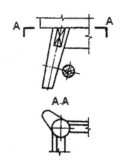

8.5 家具视图中的简化画法

家具视图中对一些复杂的结构，在不影响视图效果的情况下，允许用一些简化的画法或结构代替。

当倾斜角度不大，在不影响看图的前提下，允许采用不按投影的近似画法，如右图中，用圆代替了A–A剖视图中的椭圆。

在基本视图上，直径很小的圆可以画一细实线的"＋"，再用不带箭头的引线注出圆孔的个数和直径即可。如为连接件连接，则引出线末端带箭头，再用文字注明数量、名称、规格即可，如下左图所示。AutoCAD中引线可以用"多重引线"进行标注，具体参见本章8.8节。

某些结构属常规工艺条件要求，在图形中一般可省略不画。例如实木板抽屉的榫结构、嵌板结构、榫槽结构中的榫与槽空隙、榫接合中榫眼深度略深等工艺要求，如下右图所示。

在同一视图上，相同结构排列的图形，可只画1~2个，其他的以点划线表示其位置即可，数量还可以用文字说明，如下左图所示。

对于对称图形，在不致引起误解时，允许只画一半或四分之一，并在对称中心线的两端各画出两条与其垂直的平行细实线即可，如下右图所示。

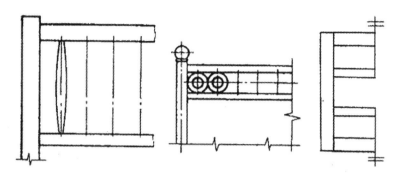

提示 tips

1. 当主视图画成全剖视图时，部分处在最前面有特殊造型要求的结构允许按外形画出；

2. 基本视图为剖视图时，允许省略一些次要的，或影响剖视图清晰的投影，但局部详图必须全部画出。

8.6 榫接合和连接件接合的画法

榫接合和连接件接合是家具接合中非常常见的连接形式，在绘图过程中出现的频率也非常高，本节就针对榫接合和连接件接合中的一些规定画法进行介绍。

8.6.1 榫接合的画法

在表示榫头横断面的图形上，无论剖视或外形视图，榫头横断面均需涂层淡墨色，以显色榫头断面形状类型和大小，如下左图所示。同一榫头有长有短时，只涂长的端部，如下右图所示。

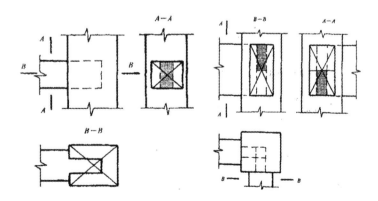

提示 tips

榫头端面除了涂色表示外，还可以用细实线表示，细实线不少于三条，且应平行于长边的长线，在AutoCAD中，用填充命令填充相应的图案即可，如下左图所示。为保持图形清晰，在用涂色或细实线表示榫头端面，木材剖面符号最好用相交细实线，不要用纹理表示。

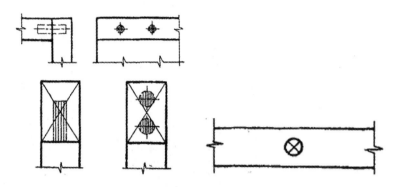

可拆连接用定位木销（圆榫常用这种结构），可按上右图画法表示，以与榫接合区别。其中两相互垂直的细实线，与零件主要轮廓线层45°倾斜。

8.6.2 连接件接合的画法

连接件在基本视图上，一般用细实线表示其位置，用带箭头的引线注明名称、规格或代号即可，如下图所示。

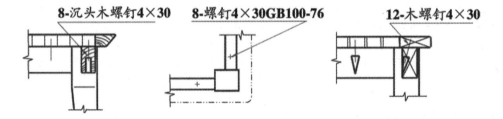

提示 TIPS

图中"8-沉头木螺钉4×30"，意思为8个规格为4×30（直径×长度）的沉头木螺钉。

在局部详图或比例较大的图形中，用木螺钉、圆钉、螺栓连接时，各种连接件的画法如下表所示。

连接件接合的画法

连接件名称	图 例			备 注
螺栓连接				螺栓连接常用镀锌的半圆头螺栓和方形扁螺母加垫圈。剖视图中，钉头、螺母、垫圈均用粗实线表示，钉身用粗虚线表示，钉头短线画在表面轮廓线外面，且贴近轮廓线，长度接近实际长度。可见钉头画成粗实线圆和一倾斜的直线，并用细实线画出中心线。不可见钉头画成粗实线正方形（或正六边形），并用细实线画出中心线

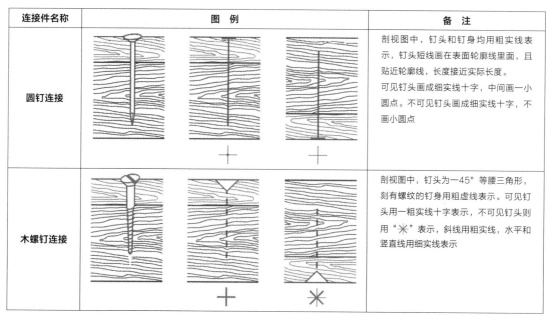

连接件名称	图　例	备　注
圆钉连接		剖视图中，钉头和钉身均用粗实线表示，钉头短线画在表面轮廓线里面，且贴近轮廓线，长度接近实际长度。 可见钉头画成细实线十字，中间画一小圆点。不可见钉头画成细实线十字，不画小圆点
木螺钉连接		剖视图中，钉头为一45°等腰三角形，刻有螺纹的钉身用粗虚线表示。可见钉头用一粗实线十字表示，不可见钉头则用"※"表示，斜线用粗实线，水平和竖直线用细实线表示

部分可拆连接件在局部详图或比例较大的图形中可按下表所示的简化画法图。

可拆连接件的简化画法

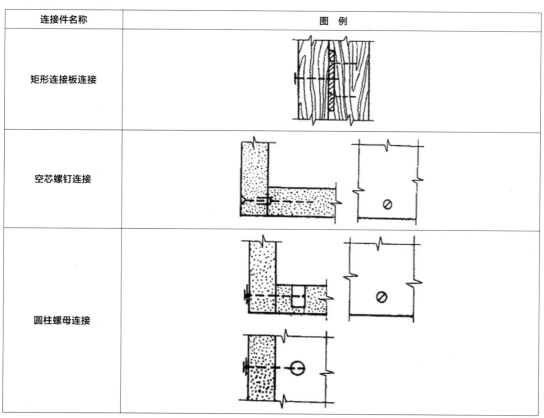

连接件名称	图　例
矩形连接板连接	
空芯螺钉连接	
圆柱螺母连接	

（续　表）

连接件名称	图　例
对接式连接件连接	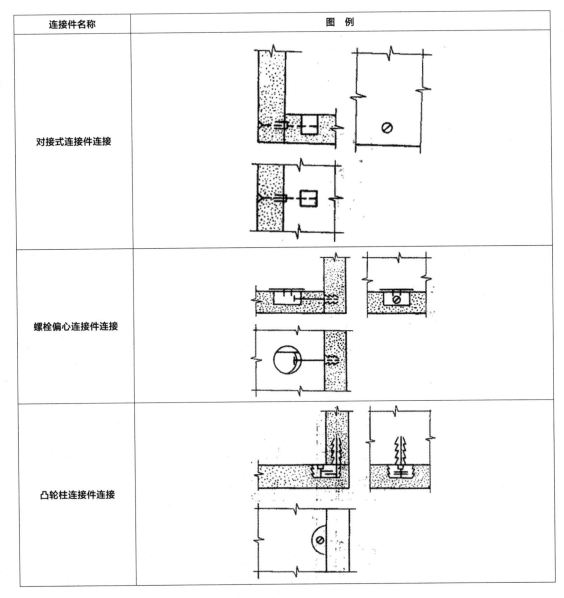
螺栓偏心连接件连接	
凸轮柱连接件连接	

　　除了上面介绍的几种连接件连接画法外，还有一种杯状暗铰链，它的画法可按其外形简化画出，具体画法如下表所示。

186

杯状暗铰链的简化画法

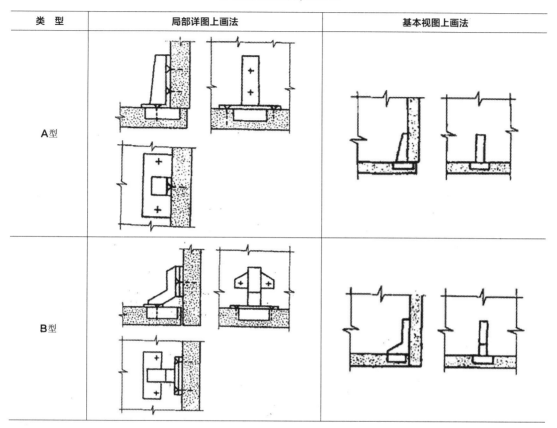

类　型	局部详图上画法	基本视图上画法
A型		
B型		

8.7　尺寸标注和装配图中零部件的序号编排

　　尺寸标注和零部件的序号编排是家具图中不可或缺的重要组成部分，其中，尺寸标注在所有图形中都要用到，而零部件的序号编排主要用在装配图中。

8.7.1　尺寸标注

　　在AutoCAD中，对绘制的图形进行尺寸标注时，应遵循以下规则。

● 物体的真实大小应以图纸上所标注的尺寸数值为依据，与图形的大小及绘图的准确度无关。

● 图纸中的尺寸以毫米为单位时，不需要标注计量单位的代号或名称。如采用其他单位则必须注明相应计量单位的代号或名称，如度、厘米及米等。

● 图纸中所标注的尺寸为该图纸所表示的物体的最后完工尺寸，否则应另加说明。

　　一个完整的尺寸标注应由尺寸界线、尺寸线、箭头和尺寸文字4部分组成，而对于圆或弧还有圆心标记（标注时，可以选择显示或不显示圆心标记），如下图所示。

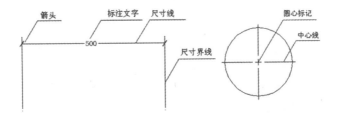

1. 尺寸标注以毫米为单位，但图纸上不需要注出"毫米"或"mm"名称。

2. 在AutoCAD中，家具标注的箭头符号一般采用"建筑标记"或"倾斜"，当标注空间特别小的时候，也可以用"点"。AutoCAD中箭头符号的设置在"标注样式管理器"中进行选择和修改。在命令行输入"d"按空格键即可弹出"标注样式管理器"，如下左图所示，在左侧选择框中选择需要标注样式，然后单击"修改"按钮，在弹出的"修改标注样式"对话框中选择"符号和箭头"选项卡，在该选项卡下就可以对箭头进行选择和修改了，如下右图所示。

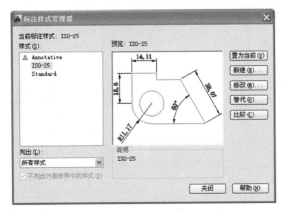

圆和大于半圆的圆弧均用直径标注，在投影不是圆的视图上要添加上"Φ"符号，如左图所示。半圆弧或小于半圆弧的圆弧均用半径标注，如右图所示。

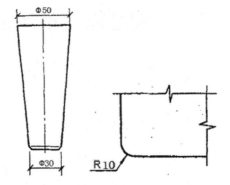

1. 球体在标注时，直径标注文字前要添加"SΦ"符号，半径标注文字前要添加"SR"符号，如下左图所示。

2. 当半径很大，可将尺寸线画成折线，在AutoCAD的命令行输入"djo"调用折弯标注命令，根据命令行提示进行操作即可，如下右图所示。

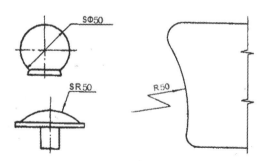

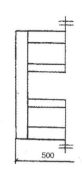

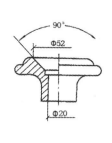

对称图形（包括半剖视图），图形只画一半时，尺寸仍然标注总长，尺寸线一端不画起止符号，长度应略超出对称中心线，如右图所示。

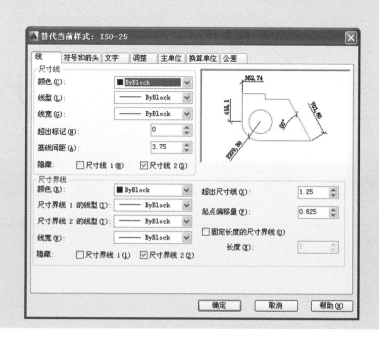

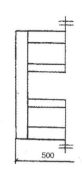

提示 tips

在AutoCAD中对这种对称图形的标注方法常用的有两种，一种是按总长标出尺寸，然后在命令行输入"x"调用"分解"命令，将标注好的尺寸分解，最后再删除一边的尺寸线和箭头即可。另一种方法是在标注样式对话框中新建一种标注样式（或者单击"替代"按钮，用替代方式），在线性选项卡下将"尺寸线1（或2）"和"尺寸界线1（或2）"隐藏，然后再用这种新建（或替代的样式）的标注样式进行标注，即可得到上图的效果。

第一种方法简单，但是，分解后尺寸标注不再是一个整体，对于图形的修改会比较麻烦，第二种方法修改起来虽然相对繁琐，但是尺寸标注仍上一个整体，所以建议使用第二种方法。

同一视图，有多种规格尺寸时，可用相应的字母表示尺寸代号，然后用表格列出不同尺寸，如下左图所示。当尺寸仅供参考时，应以括号形式标注，如下右图所示。

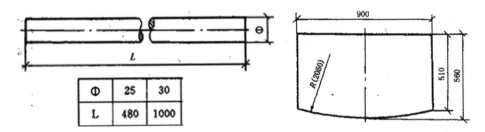

表示多层结构材料及规格时，可以用一次引出线分割标注，分割线为水平线，文字说明的次序，应与层次一致，一般由上到下，由左到右，如下图所示。分割线可以用多重引线标注。

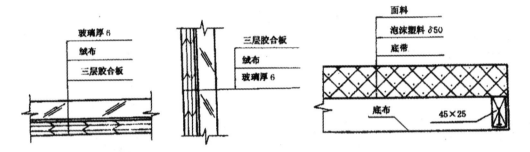

提示 tips　断面尺寸可以用一次引出方法标注，如上图中的45×25。

倒角标注也可以用一次引出标注，如下左图所示。当任何图形与尺寸线数字重叠时，都应断开，以免尺寸数字模糊，如下右图所示。

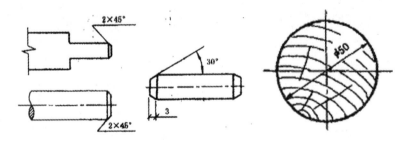

8.7.2　各种孔的标注方法

在家具图中，常见的孔有光孔和沉头孔，孔常用的标注方法有旁注法和普通标注法两种，孔的具体标注方法见下表。

各种孔的标注方法

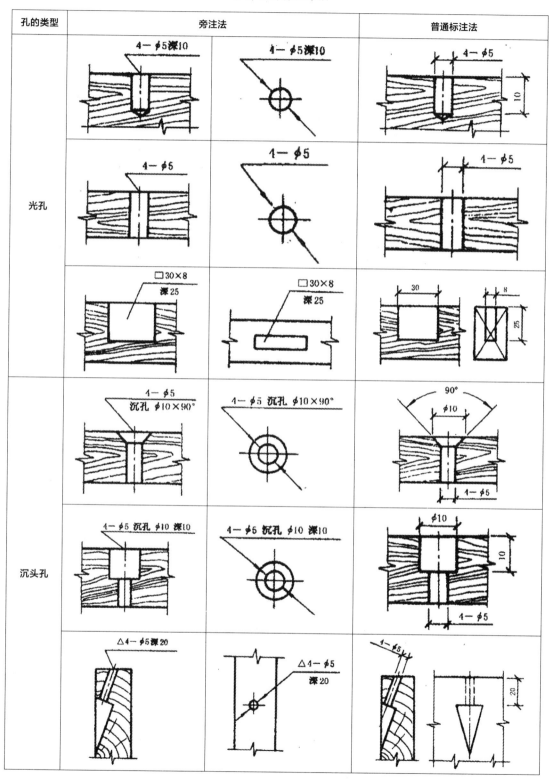

方孔不论是正方孔还是长方孔，都以代号□标注。倾斜的沉头孔不论孔是什么形状，都以代号△标注。

8.7.3 装配图中零部件的序号编排

装配图中零部件的序号应与明细表的序号一致，相同的零件、部件应编写相同的序号，一般只标注一次。

装配图中编写零部件序号的表示方法，是在指引线一端的水平细实线上或圆（细实线）内写序号，序号用阿拉伯数字书写，如下左图所示。

指引线（细实线）应引自所指零部件的可见轮廓内，并在末端画一原点或箭头，如下右图所示。

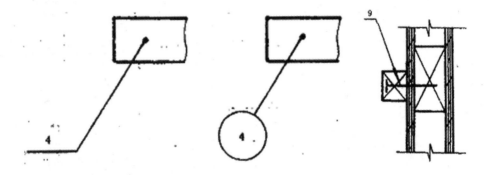

同一装配图中，编著序号的形式应一致。指引线相互不能相交，一般不要和轮廓线平行，必要时指引线可画成折线，但只可以曲折一次。

对于一组相关的连接件，在AutoCAD中可以通过"多重引线"的合并功能将它们合并在一起，如右图所示，关于多重引线的合并功能，见本章的8.8节相关内容。

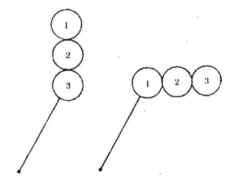

装配图中零部件序号应按水平或垂直方向排列整齐，如下图所示。在AutoCAD中可以通过"多重引线"的对齐功能将它们进行对齐，关于多重引线的对齐功能见本章的8.8相关内容。

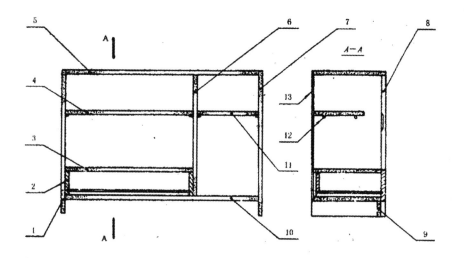

提示 零部件的序号应按顺时针或逆时针方向依次排列。

8.8 创建CAD家具制图样板文件

 Chapter08\CAD家具制图样板文件.avi

家具制图有很多特殊的要求规定，为了简化每次绘图之前都要设置繁琐的绘图环境，在开始绘图之前，我们创建一个CAD家具制图的样板文件，在之后的章节中只需要以此为模板创建新的文件即可。

首先新建一个"dwg"文件，然后按下面捕捉对该文件进行设置。

1. 设置对象捕捉

在命令行输入"os"并按空格键，调用草图设置对话框，在需要的对象捕捉复选框前点击选择，结果如右图所示。

提示 "对象捕捉"设置一次，即可一直用下去，设置完成后，不仅可以在当前文件下用，在其他文件下设置同样有用，直到重新进行设置为止，AutoCAD中这样的命令很多，比如"特性选项板"也是如此。

2. 设置点样式

在菜单栏选择"格式>点样式"菜单命令，调用点样式对话框并选择合适的点样式，如右图所示。

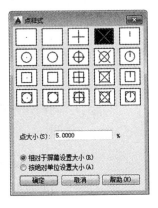

3. 设置图层

STEP 01 在命令行输入"1a"并按空格键，打开"图层特性管理器"选项板，如下图所示。

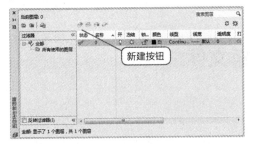

新建按钮

STEP 03 单击"中心线"层的颜色按钮■，在弹出的"选择颜色"对话框中选择"红色"，如下图所示，选择完成后单击"确定"。

STEP 02 单击"新建"按钮，新建10个图层，并对它们重命名，结果如下图所示。

STEP 04 单击"线型"按钮Contin....，在弹出的"选择线型"选项框中单击"加载"按钮，在弹出的"加载或重载线型"选项框中选择"CENTER"线型，然后单击确定。

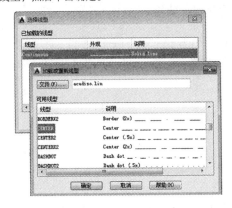

STEP 05 线型设置完成后单击线宽按钮—— **默认**，在弹出的"线宽"选项框中选择"0.15mm"，选择完成后单击"确定"。

STEP 06 重复2~5步，对其他层进行设置，完成后如下图所示，设置完成后，单击"关闭"按钮，将"图层特性管理器"关闭即可。

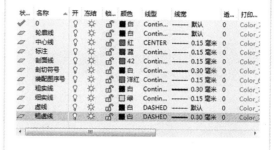

4. 设置标注样式

STEP 01 在命令行输入"st"并按空格键，打开"标注样式管理器"对话框，单击"新建"按钮，创建一个"家具"标注样式。

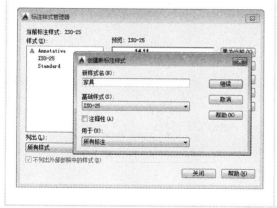

STEP 02 单击"继续"按钮，在弹出的"新建标注样式：家具"对话框中选择"符号和箭头"选项卡，选择"倾斜"作为箭头样式。

STEP 03 单击"调整"选项卡,当文字不在默认位置时,将文字放在尺寸小上方,并带引线。然后在"标注特征比例"选项框中选择"使用全局比例",并将值改为10,如下图所示。

STEP 04 单击"主单位"选项卡,将"线性标注"的精度改为"0","角度标注"的精度都改为"0.0",并将"后续零"取消,如下图所示。设置完成后单击"确定",并将新建的标注样式"置为当前"。

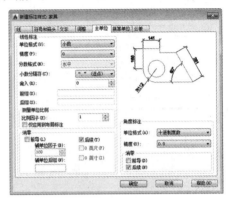

5.设置文字样式

STEP 01 在命令行输入"d"并按空格键,打开"文字样式管理器"对话框,如下图所示。

STEP 02 单击"字体名"下拉列表,选择"宋体",然后单击"置为当前"按钮,最后单击"关闭"按钮即可。

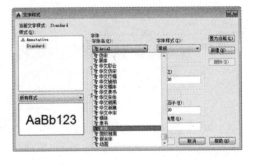

6. 设置多重引线样式

STEP 01 在命令行输入"mls"并按空格键,打开"多重引线样式管理器"对话框。单击"新建"按钮,创建一个"样式1"。

STEP 02 单击"继续"按钮,在弹出的"修改多重引线样式:样式1"对话框中选择"引线格式"选项卡,并将"箭头符号"改为"小点",大小设置为25,其他不变。

STEP 03 单击"引线结构"选项卡,将"自动包含基线"选项的"√"去掉,其他设置不变,如下图所示。

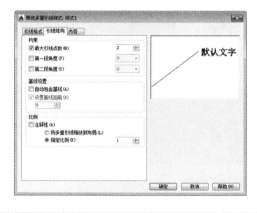

STEP 04 单击"内容"选项卡,将文字高度设置为25,将最后一行加下划线,并且将基线间隙设置为0,其他设置不变。

STEP 05 单击"确定"按钮，回到"多重引线样式管理器"对话窗口后，单击"新建"按钮，以"样式1"为基础创建"样式2"。

STEP 07 单击"确定"按钮，回到"多重引线样式管理器"对话窗口后，单击"新建"按钮，以"样式2"为基础创建"样式3"。

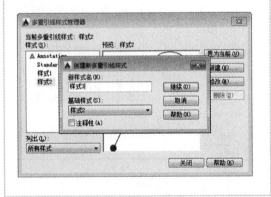

STEP 06 单击继续按钮，在弹出的对话框中单击"内容"选项卡，将"多重引线类型"设置为"块"，"源块"设置为"圆"，比例设置为5。

STEP 08 单击继续按钮，在弹出的对话框中单击"引线格式"选项卡，将引线类型改为"无"，其他设置不变。单击"确定"并关闭"多重引线"对话框。

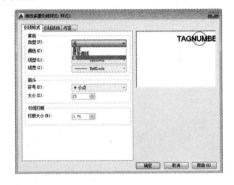

绘图环境设置完毕后将创建的文件保存为样板文件格式，具体操作如下。

STEP 01 单击保存按钮 ■（或按Ctrl+s），将文件名改为"家具制图样板"，然后选择文件类型为".dwt"文件，如下图所示。

STEP 02 单击"保存"按钮，弹出"样板选项"对话框，单击"确定"按钮，AutoCAD自动将刚创建的文件保存到样板文件夹"Template"下。

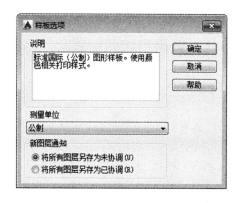

提示 tips 样文件创建完成后关闭"家具制图样板"文件。再次创建新文件时就可以选择"家具制图样板"作为样板文件了，如下图所示。

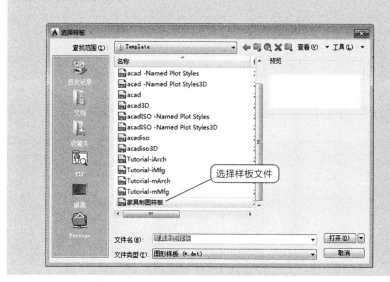

选择样板文件

8.9 知识点延伸——多重引线的设置及应用

多重引线标注用于注释对象信息。多重引线对象是一条线或样条曲线，其一端带有箭头，另一端带有多行文字对象或块。默认情况下，有一条短水平线（又称为基线）将文字或块和特征控制框连接到引线上。

8.9.1 多重引线的设置

家具制图中，经常用到引线标注，例如，连接件连接时螺钉孔的标注、倒角的标注、表示多层材料时分割线的绘制，以及装配图中零部件序号的编排等。在标注之前，应根据不同的样式要求，在"多重引线样式管理器"中对多重引线样式进行设置。

调用"多重引线样式管理器"有以下几种方法。

① 选择"格式>多重引线样式"菜单命令。

② 单击"默认"选项卡"注释"面板中的"多重引线样式"按钮 ⬛。

③ 单击"注释"选项卡"引线"面板右下角的箭头 ⬛。

④ 在命令行中输入"mleaderstyle"或"mls"命令。

执行上述任一种方法都会打开"多重引线样式管理器"对话框，下面是创建新多重引线样式的操作步骤。

STEP 01 在命令行输入"mls"并按空格键，打开"多重引线样式管理器"对话框，单击"新建"按钮，进入"创建新多重引线样式"对话框，输入新样式名为"家具"，如下图所示。

STEP 02 单击"继续"按钮，进入"修改多重引线样式：家具"对话框，单击"引线格式"选项卡，可以设置引线的颜色、线型、线宽、箭头的大小和符号等，如下图所示。

STEP 03 单击"引线结构"选项卡，可以设置多重引线的引线点数量、基线尺寸和比例等。

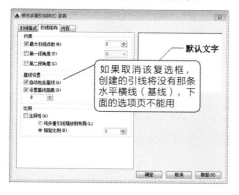

STEP 04 单击"内容"选项卡，可以设置附着到多重引线的内容类型，如下图所示。

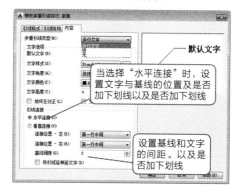

提示 tips

第4步中"多重引线类型"用于确定多重引线是包含文字还是包含块。

当多重引线类型为"多行文字"时，下面会出现"文字选项"和"引线连接"等，"文字选项"区域主要控制多重引线文字的外观；"引线连接"主要控制多重引线的引线连接设置，它可以是水平连接，也可以是垂直连接。

当多重引线类型为"块"时，下面会出现"块选项"，它主要是控制多重引线对象中块内容的特性，包括源块、附着、颜色和比例。如下图为文字内容为"块"时的显示效果。只有"多重引线"的文字类型为"块"时才可以对多重引线进行"合并"操作。

8.9.2 多重引线的应用

"多重引线"可以从图形中的任意点或部件创建多重引线并在绘制时控制其外观。多重引线可先创建箭头，也可先创建尾部或内容。

调用"多重引线"标注命令有以下几种方法。

① 选择"标注>多重引线"菜单命令。

② 单击"默认"选项卡"注释"面板中的"多重引线"按钮 ╱°。

③ 单击"注释"选项卡"引线"面板中的"多重引线"按钮 ⌐°。

④ 在命令行中输入"mleader"或"mld"命令。

1. 连接件连接的标注

 Chapter08\8-1.avi

STEP 01 打开随书附带光盘文件，如下图所示。

STEP 02 创建一个和样板文件样式1相同的多重引线样式并将其置为当前。然后在命令行输入"mld"并按空格键，根据命令行提示对连接件进行标注。

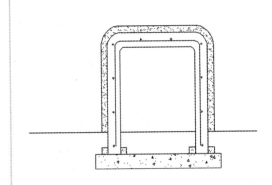

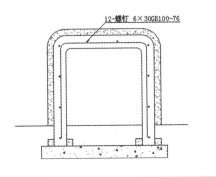

2. 一次引出线分割标注

 Chapter08\8-2.avi

STEP 01 打开随书附带光盘文件，如下图所示。

STEP 02 创建一个和样板文件样式1相同的多重引线样式并将其置为当前。然后在命令行输入"mld"并按空格键，根据命令行提示对材料行标注，结果如下图所示。

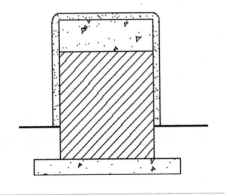

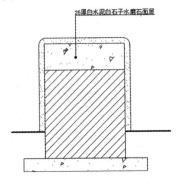

STEP 03 重复上步操作，选择上步选择的"引线箭头"位置，在合适的高度指定引线基线的位置，然后输入文字，结果如右图所示。

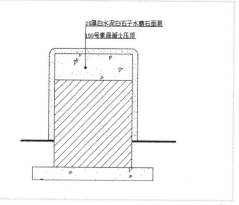

3．装配图零件序号编排

 Chapter08\8-3.avi

STEP 01 打开随书附带的光盘文件，如下图所示。

STEP 03 重复上步操作，对其他部位的零件结构进行标注，结果如下图所示。

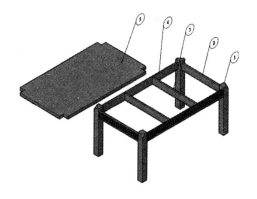

STEP 02 创建一个和样板文件样式2相同的多重引线样式并将其置为当前。然后在命令行输入"mld"并按空格键，根据命令行提示输入标记编号时，输入1，结果如下图所示。

STEP 04 在命令行输入"mla"并按空格键，根据命令行提示选择2、3、4、5号多重引线，当提示选择对齐到的多重引线时，选择1号，将其他4个对齐到1号引线。

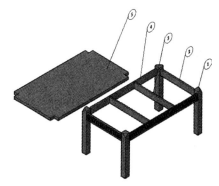

STEP 05 在命令行输入 "mlc" 并按空格键，根据命令行提示选择2、3、4号多重引线，然后将2、3、4号多重引线合并后放到合适的位置，结果如下图所示。

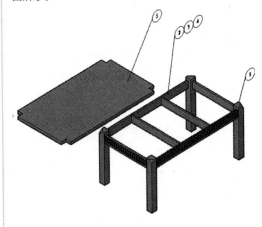

提示 tips

调用 "对齐多重引线" 命令有以下几种方法。

① 单击 "默认" 选项卡 "注释" 面板中的 "对齐多重引线" 按钮 。

② 单击 "注释" 选项卡 "引线" 面板中的 "对齐多重引线" 按钮 。

③ 在命令行输入 "mleaderalign" 或 "mla" 命令。

调用 "合并多重引线" 命令有以下几种方法。

① 单击 "默认" 选项卡 "注释" 面板中的 "合并多重引线" 按钮 。

② 单击 "注释" 选项卡 "引线" 面板中的 "合并多重引线" 按钮 。

③ 在命令行输入 "mleadercollect" 或 "mlc" 命令。

桌几类家具是客厅、卧室的常见家具之一，它主要起盛放物品和辅助人体活动的作用，在满足人在坐立状态下方便进行各种操作活动的同时，还兼具放置和储存物品的功能。

Chapter

09

桌几类家具设计

9.1 桌几类家具设计基础

桌子泛指一切离开地面作业或活动平面,与人体活动直接发生关系的家具,桌子应有必要的平整度,水平的表面,离开地面的支撑。

茶几和桌子有着非常相似的结构,它是由矮小的桌或柜类家具式样构成的,包括小桌、矮几等。

9.1.1 桌子的分类

从造型上桌子可分为圆桌、椭圆桌、方桌。从构成可分为单体式、组合式、折叠式、重合式。从造型上分,很简单和直观,我们不再赘述,接下来我们重点介绍一下按结构分。

1. 单体式

单体式桌子是一件使用功能完整的单件家具,它构造单一,用途广泛,是一种普通常见的桌子形式,下图从左至右,依次是中国传统的单体式桌、外国传统单体式桌和现代单体式桌。

2. 组合式

组合式桌子是由两件或两件以上部件或单体组合而成的,可分为部件组合、单元平面组合及功能使用组合。

部件组合是用几种部件组合而成的简易桌子,如下左图所示。单元平面组合是利用单件桌子作为基本单元,进行组合排列,常用在餐厅和会议室,其特点是根据使用要求进行组合,可大可小,灵活多变,如下中图所示。功能使用组合常用于学习、办公用桌,比如学习用桌与书架、照明设施结合在一起,便于学习使用,如下右图所示。

3. 折叠式

用时展开，不用时折叠，节省空间，如下左图所示。

4. 重合式

在桌子下面放置小型桌子，拉出后即可单独使用，优点是节省空间，缺点是规格不一，如下右图所示。

9.1.2 桌子的构成要素

桌子的构成必须具备放置物件的桌面，支撑桌面的支架两部分，此外，很多桌子为了实用还有储物构件，如抽屉、小柜等。

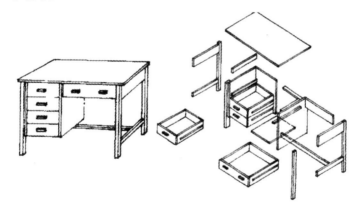

1. 桌面

桌面是桌类家具的主要部件，要求表面平整，且具有良好的工艺性。桌面常用木材、玻璃、石材、面砖做成，其中以木材最多。为了保证桌子的实用性，桌面要求在受力情况下不变形，而且具备一定的耐热、耐烫、耐腐蚀和耐冲击等。

2. 支架

支架的形式主要分为桌腿、框架、基座或柜体支撑三种。下图从左至右，依次为桌腿支撑、框架支撑和柜体支撑。

3．储物构件

有些桌子出于功能的需要增加了一些储物构件，主要有抽屉、小柜及格架等，如写字桌有抽屉，办公桌有小柜，较大办公桌附加有柜体等。

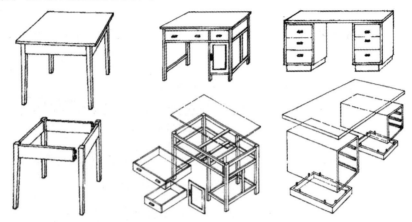

9.1.3 茶几的分类

茶几类家具包括小桌、矮几和一些临时用的桌几等，是由矮小的桌子或柜类家具式样构成的。根据茶几的构成形式，茶几可分为桌式茶几和柜式茶几。

1．桌式茶几

桌式茶几是仿造桌子的构成形式制作的，桌式茶几又可分为框架构成茶几、板式构成茶几和构件组装构成茶几。下图从左至右分别是这种构成的桌式茶几。

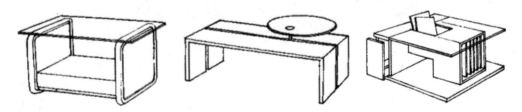

2．柜式茶几

柜式茶几是仿造柜子的样式构成的，它除了台面放置物品外，下边柜内还能存放一些物品，适合小面积住宅使用。常见的柜式茶几如下图所示。

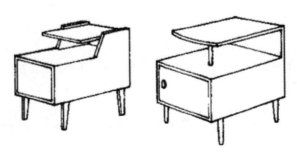

9.1.4　茶几与沙发的布置关系

茶几和沙发几乎是一对孪生兄弟，在使用上已经成为不可分割的一组家具。由于沙发有大小之分，所以茶几也有大小之分，大茶几一般为长方形，常置于三人沙发之前；小茶几多为正方形或长方形，常置于沙发侧面，位于两沙发之间；有些类似小桌的圆形茶几，常放置在沙发中间，以便于围坐交谈。这样茶几与沙发的布置关系便形成了以下3种形式。

1．前方布置

茶几放在沙发前面，是房间陈设布置的重点部位，一般是规格较大的长条形茶几，陈设在三人沙发之前，长1500mm~1650mm，宽550mm~600mm，高500mm~550mm，或者以沙发座高度为基础，高出沙发座40mm~50mm。前方布置茶几如下图所示。

2．侧方布置

茶几放在沙发的一侧或两个沙发之间以及转角处。它的外形尺寸受沙发限制很大，几面主要是长方形，长度在580mm~620mm，以不超过沙发的深度为宜，即不能突出沙发的前沿，宽度为380mm~420mm为宜，高度和沙发扶手取平或略低于沙发扶手20mm~40mm。一般而言，其造型和用料都要和前置沙发取得一致。侧方布置茶几如下左图所示。

3．中心布置

茶几布置在沙发中间，即沙发围绕圆形小桌布置。这种布置多用于接待室，它既可以和沙发配套组合，也可以和扶手椅配套组合。中心布置茶几如下右图所示。

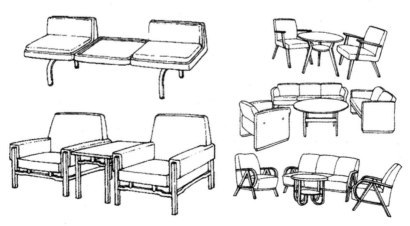

9.2 常见桌几的尺寸和人体功能尺度

　　家具是供人们使用的，不同的家具有着各不相同的使用功能特性，要满足各种各样的使用要求，达到方便、舒适和合乎科学的目的，就必须以人体尺度及人体生理学作为主要依据来确定家具尺寸。

9.2.1 桌类家具的人体功能尺度

　　桌类家具的基本要求是：桌面高度既能适合高效工作状态和减少疲劳，又能满足在站立和坐下工作时所必需的桌面下容纳膝部的空间及放足的位置；桌面宽度与深度要适合放置和储存一定的物品。桌类家具的基本尺度如右图所示。

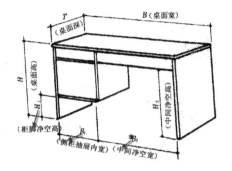

1. 桌面高

　　过高的桌子容易造成脊椎侧弯、视力下降、颈椎肥大等病症，影响健康。过低的桌子同样有害无益，它会使人脊椎弯曲扩大、驼背、背肌容易疲劳、腹部受压、妨碍呼吸和血液循环等。下左图是桌面高度不适合时人们的工作状态。

　　桌面高与座面高密切相连，桌面高常用桌椅高度差来衡量。设计桌面高度时，应先由椅座高，然后再加上桌面和椅面的高度差尺寸即可确定桌面高，即：

　　桌面高=椅座高+座椅高度差

　　合理的桌椅高度差应使使用者长期保持正确的坐姿，即躯体正直，前倾角不大于30°。肩部放松，肘近90°，且能保持350mm~400mm的视距。桌椅高度差是通过人体测量加以确定的常数，在欧美国家，桌椅高度差是以肘下尺寸（即上臂靠拢躯干，肘至椅座面的高度）为依据的，中国和日本则以1/3坐高（即人坐下时椅面至头顶的高度）为依据来确定桌椅高度差的，如下右图所示。

　　在实际应用时，桌面的高低要根据不同的使用特点酌情增减，在设计中餐桌时，考虑到端碗吃饭的进餐方式，餐桌可略高一点。在设计西餐桌时，考虑到刀叉的进餐方式，餐桌可略低一点。设计站立用工作台，如讲台、陈列台、营业台、柜台等，要根据人站立着自然曲臂的肘高来确定，按人体的平均身高，工作台以910mm~965mm为宜，为适应于着力的工作，则桌面可稍微降低20mm~50mm。

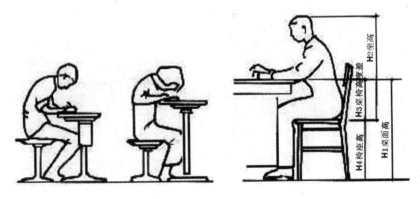

2. 桌面尺寸

桌子的宽度和深度是根据人坐下时手臂的活动范围，以及桌上放置物品的类型和方式来确定的，以男性为例，坐时手臂水平的活动范围如下图所示。

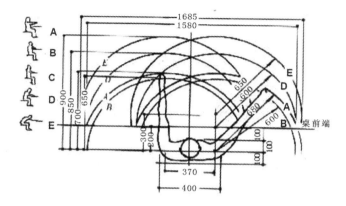

多人平行坐的桌子，应加长桌面，以互不影响相邻两人平行动作的幅度为宜。对于餐桌、会议桌之类的家具，应以人体占用桌边沿的宽度去考虑，桌面尺寸可在550mm~750mm的范围内设计。面对面坐的桌子，应加宽桌面，在考虑相邻两人平行动作幅度的同时，还要考虑面对面两人对话中卫生要求等。

3. 桌面下的净空尺寸

桌面下的各种高度尺寸如右图所示。

桌面下净空高度H1应高于双腿交叉时的膝高，并使膝盖有一定的活动余地。因此，从座面高至抽屉底的垂直距离H2至少有140mm空隙，既要限制桌面的高度H3，又要保证桌面下的净空H1，那么抽屉至桌面板的尺寸H4就是有限的，其间抽屉的高度必须适可而止，也就是说，不能根据抽屉功能的要求决定其尺寸，而只能根据H4有限空间的范围决定抽屉的高度，所以这个抽屉普遍较薄，甚至取消抽屉。桌柜脚净空高度H5主要是供身体活动时，脚能自由放置空间，一般至少100mm。

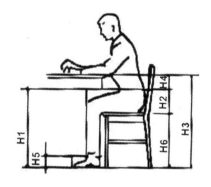

9.2.2　常见桌类家具的尺寸

GB/T3326-1997对常用的桌子尺寸已经进行了标准化，具体如下。

1. 单柜桌和双柜桌

柜桌有单柜桌和双柜桌，不论是单柜桌还是双柜桌，它们的侧柜体都可以是连体也可以是组合体。单柜桌简易示图和双柜桌简易示图如下图所示。

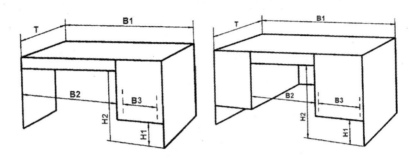

单柜桌和双柜桌的设计尺寸如下表所示（单位：mm）。

单柜桌和双柜桌的设计尺寸

类 别	宽B1	深T	宽度级差△B	深度级差△T	中间净空高H2	柜脚净空高H1	中间净空宽B2	侧柜抽屉内宽B3
单柜桌	900~1500	500~750	100	50	≥580	≥100	≥520	≥230
双柜桌	1200~2400	600~1200	100	50	≥580	≥100	≥520	≥230

2. 单层桌

单层桌简易示图如下图所示，单层桌的设计尺寸如下表所示（单位：mm）。

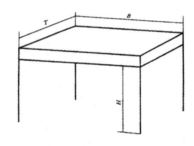

单层桌的设计尺寸

宽度B	深度T	宽度级差△B	深度级差△T	中间净空高H
900~1200	450~600	100	50	≥580

3. 梳妆桌

梳妆桌简易示图如下图所示，梳妆桌的设计尺寸如下表所示（单位：mm）。

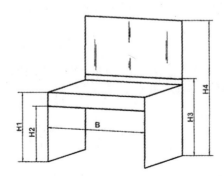

212

梳妆桌的设计尺寸

桌面高H1	中间净空高H2	中间净空宽B	镜子下沿离地面高H3	镜子上沿离地面高H4
≤740	≥580	≥500	≤1000	≥1600

4. 餐桌

餐桌主要有长方桌、正方桌和圆桌，长方桌简易示图如下左图所示，正方桌和圆桌简易示图如下右图所示。

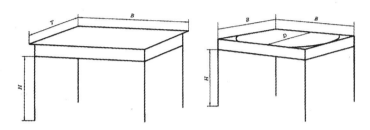

长方桌的设计尺寸如下表所示（单位：mm）。

长方桌的设计尺寸

宽度B	深度T	宽度级差△B	深度级差△T	中间净空高H
900~1800	450~1200	50	50	≥580

正方桌和圆桌的设计尺寸如下表所示（单位：mm）。

正方桌的设计尺寸

桌面宽（或直径）B（或D）	中间净空高H
600、700、750、800、850、900、1000、1200、1350、1500、1800 （其中正方桌边长≤1000）	≥580

9.2.3 常见几类家具的尺寸

茶几一般与沙发或扶手椅配套使用，对沙发起衬托作用。茶几的尺寸和空间尺度一般由沙发决定，比如高度和宽度都受沙发的限制。

茶几与沙发的尺寸关系如右图所示。

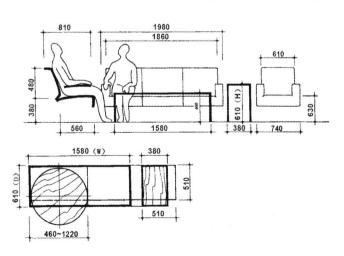

茶几常用尺寸表如下表所示（单位：mm）。

茶几的常见尺寸

类别	茶　几			长茶几		
	大	中	小	大	中	小
宽（W）	650	600	560	1400	1200	1000
厚（D）	460	420	400	550	500	450
高（H）	580	550	500	500	450	450

9.3 绘制折脚餐桌

 视频文件：Chapter 09\绘制折脚餐桌.avi

折叠式桌的主要特点是可折动叠放，便于存放和运输。折叠方式有两种：一种是腿部支架折动，板面也同时折叠放下，称为支架式折叠；另一种是支架固定，桌面板局部能放下，称为板面折叠式。

支架折叠式桌子特点是腿部设有折动点，如下左图所示（也是我们本节所要绘制的图形）。板面折叠式特点是板面可以折叠放下，使桌子根据使用要求灵活的增加或减小，如下右图所示。

以"家具制图样板"为模板，创建一个图形文件。

9.3.1 绘制桌腿

本折叠餐桌的四根桌腿是由小方材加工制成的，由于形状简单，厚度同一，因此绘制桌腿视图时，只需要绘制桌腿的主视图，厚度在装配图中体现。

STEP 01 将"轮廓线"层置为当前层，在命令行输入"rec（矩形）"并按空格键，绘制一个32×780的矩形，如下图所示。

STEP 02 在命令行输入"c（圆）"并按空格键，根据命令行提示绘制一个半径为6的圆，命令行提示如下。

> 命令：CIRCLE
> 指定圆的圆心或 [三点(3P)/两点(2P)/切点、切点、半径(T)]: fro 基点:　（捕捉矩形的左下端点）
> <偏移>: @16,150↵
> 指定圆的半径或 [直径(D)]: 6↵

STEP 03 圆绘制完成后结果如下图所示。

STEP 04 在命令行输入"co（复制）"并按空格键，将上步绘制的圆分别向上复制240和616的距离，结果如下图所示。

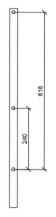

STEP 05 在命令行输入"x（分解）"并按空格键，将矩形分解。然后再在命令行输入"div（定数等分点）"，将矩形的下侧短边三等分。

STEP 06 在命令行输入"l（直线）"，当提示指定第一点时，捕捉左侧等分点，然后绘制一条与水平线成43.8°夹角的直线，命令行提示如下。

命令: LINE
指定第一个点： （捕捉等分点）
指定下一点或 [放弃(U)]: <43.8
角度替代:43.8
指定下一点或 [放弃(U)]:
（沿引导线绘制任意长度线，但超过矩形的右侧边）
指定下一点或 [放弃(U)]: （按空格结束命令）

STEP 07 直线绘制完成后结果如下图所示。

STEP 08 重复步骤6，绘制一条与上步绘制的直线相垂直的直线，长度超过左侧边即可。

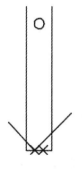

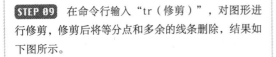

STEP 09 在命令行输入"tr（修剪）"，对图形进行修剪，修剪后将等分点和多余的线条删除，结果如下图所示。

STEP 10 在命令行输入"f（圆角）"，设置圆角半径为16，对矩形上端垂直线进行圆角，结果如下图所示。

1. 在运用修剪命令时，当修剪结束后，在不退出修剪命令的前提下，在命令行输入"r"并按空格键，可以对多余的图形进行删除。

2. 在用圆角命令对图形进行圆角时，当命令行提示选择对象时，输入"m"（这样可以对图形进行连续圆角），然后再输入"r"设置圆角半径，之后就可以对图形进行修剪了。

9.3.2 绘制支撑连接框架

本折叠餐桌是通过支撑链接框架将桌腿和桌面板通过螺钉连接在一起的，上面我们绘制了桌腿，这一节我们绘制支撑连接框架。

STEP 01 在命令行输入"rec（矩形）"调用矩形命令，绘制一个38×610的矩形，如下图所示。

STEP 02 在命令行输入"x（分解）"调用分解命令，将矩形分解。然后在命令行输入"c（圆）"调用圆命令，绘制一个半径为9.5的圆。

STEP 03 在命令行输入"mi（镜像）"并按空格键，将上步绘制的圆沿矩形的长边中点连线为镜像线进行镜像，结果如下图所示。

STEP 04 在命令行输入"o（偏移）"并按空格键，将矩形两条短边分别向内偏移100，将矩形右侧边向左偏移10，结果如下图所示。

STEP 05 在命令行输入"tr（修剪）"，对图形进行修剪，结果如下图所示。

STEP 06 重复步骤4，将上侧短边向下偏移45，结果如下图所示。

STEP 07 在命令行输入"l（直线）"，以上步绘制的直线的右端点为起点，然后捕捉圆的切点，绘制一条与圆相切的直线。

STEP 08 在命令行输入"o（偏移）"，将上步绘制的直线向下偏移19，结果如下图所示。

STEP 09 在命令行输入"ex（延伸）"，将偏移后的直线延伸到右侧边。

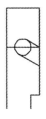

STEP 10 在命令行输入"tr（修剪）"，对图形进行修剪，结果如下图所示。

STEP 11 在命令行输入"f（圆角）"按空格键，当命令行提示输入圆角半径时，输入"m"按空格键，然后再输入"r"按空格键，最后输入圆角半径5，圆角后结果如下图所示。

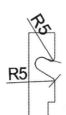

STEP 12 重复步骤11，继续进行圆角，圆角半径设置为10，结果如下图所示。

提示

在AutoCAD中"延伸"和"修剪"命令是可以合并在一起使用的，比如本例中的第9和第10步就可以合并成一步，具体操作如下。

STEP 01 在命令行输入"tr（修剪）"并按空格键，当命令行提示选择对象时，选择如下3条线（如果拿捏不准也可以全部选择，只不过在修剪和延伸时会稍微麻烦点）。

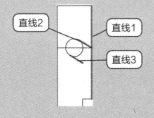

直线2
直线1
直线3

STEP 02 选择完毕后按空格键结束选择，接着在命令行输入"e"按空格键，选择隐含边延伸模式为"延伸"，然后对图形进行修剪。

STEP 03 修剪到上步的结果后，不要退出命令，然后按住Shift键，这时修剪命令自动变成延伸命令，选择直线3，直线3会自动延伸到直线1，如下图所示。

STEP 04 不退出修剪命令，然后在命令行输入"r"并按空格键，然后选择多余的直线，即与圆弧相交的水平直线，然后按空格键即可将其删除，删除完毕后按空格键结束命令，结果如下图所示。

9.3.3 绘制水平支撑杆

水平支撑杆有3种，分别用于桌腿与桌腿之间的支撑和框架与框架之间的支撑，3种水平支撑杆形状相似，可以绘制一种，然后复制进行修改后得到其他两种，水平支撑杆的具体绘制步骤如下。

1. 绘制水平支撑杆1

STEP 01 在命令行输入"rec（矩形）"调用矩形命令，绘制一个19×498的矩形，然后调用分解命令将绘制的矩形分解，如下图所示。

STEP 02 在命令行输入"o（偏移）"，将两条长边分别向内侧偏移3.5，两条短边分别向内侧偏移44，结果如下图所示。

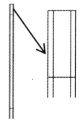

STEP 03 在命令行输入"tr（修剪）"并按空格键，对图形进行修剪，结果如下图所示。

提示 TIPS 因水平支撑杆是圆柱状的，所以只需要绘制一个视图，在标注尺寸时，只需要在视图上标注出直径符号即可。

2. 绘制水平支撑杆2

STEP 01 在命令行输入"co（复制）"调用复制命令，将上步绘制的水平支撑杆1复制到图中空白处，如下图所示。

STEP 02 在命令行输入"s（拉伸）"，当命令行提示选择对象时，从左至右框选要拉伸的部分，如下图所示。

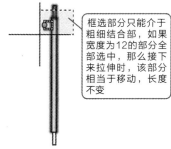

框选部分只能介于粗细结合部，如果宽度为12的部分全部选中，那么接下来拉伸时，该部分相当于移动，长度不变

STEP 03 选中要拉伸的部分后，用鼠标按住要拉伸的部分（即宽度为19的部分）向上拖动，如下图所示。确定拉伸方向后在命令行输入拉伸长度22。

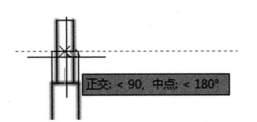

正交: < 90, 中点: < 180°

STEP 04 重复2~3步，将下边宽度为19的部分向下拉伸22，结果下图所示。

提示 tips 使用拉伸命令时必须从右至左框选图形，然后在执行拉伸时，全部在选择框内的图形将被移动，部分在框内的图形将被拉伸。

3. 绘制水平支撑杆3

STEP 01 在命令行输入"co（复制）"调用复制命令，将上步绘制的水平支撑杆2复制到图中空白处，如下图所示。

STEP 02 在命令行输入"s（拉伸）"，框选时将宽度为12的部分全部选中，宽度为19的部分部分选中（这样拉伸时宽度为12的部分相当于移动，长度不放生变化），将宽度为19的部分两端各缩短22，结果如下图所示。

9.3.4 绘制装配图及标注

前面几节我们已经把折脚餐桌的各组件都绘制完了，接下来，我们通过组装这些组件来完成装配图的绘制，并对零件图和装配图进行标注。

1. 绘制正立面图

STEP 01 在命令行输入"rec（矩形）"，绘制一个700×20的矩形作为折脚餐桌的桌面，如下图所示。

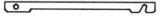

STEP 02 复制支撑链接框架，然后在命令行输入"ro（旋转）"，根据命令提示，选中框架的长边中点为旋转基点，将框架旋转270°。

STEP 03 复制桌腿，然后在命令行输入"ro（旋转）"，根据命令提示，将桌腿旋转-43.8°，结果如下图所示。

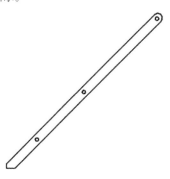

STEP 04 在命令行输入"mi（镜像）"，以过桌腿中间孔的竖直线为镜像线进行镜像，结果如下图所示。

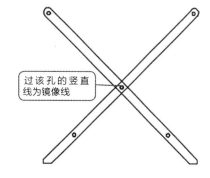

过该孔的竖直线为镜像线

STEP 05 在命令行输入"m（移动）"，将旋转后的链接框架和桌腿移动到桌面相对应的对起点，结果如下图所示。

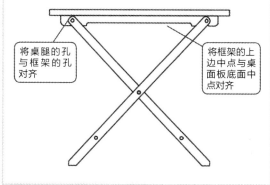

将桌腿的孔与框架的孔对齐

将框架的上边中点与桌面板底面中点对齐

STEP 06 在命令行输入"tr（修剪）"，对装配后框架与桌腿，桌腿与桌腿重叠遮住的部分进行修剪，结果如下图所示。

提示 tips

1. 装配图中，很多情况下为了装配和调整方便，通常把零件图做成图块进行装配，本图因为比较简单，直接装配即可，若做成图块，虽便于移动装配，但最后的修剪就颇为麻烦。

2. 水平支撑杆因为在正立面图中显示为圆，而且和桌腿的孔重合，因此，正立面图中可以不用画水平支撑，在侧立面图中体现出来即可。

2．绘制侧立面图

STEP 01 在命令行输入"ray（射线）"，以正立面图中桌面右端的两个端点和框架的右端点为起始点，绘制3条射线，如下图所示。

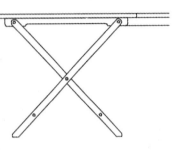

STEP 02 在命令行输入"l（直线）"，绘制一条竖直线，直线长度不做要求，只要能和射线相交即可。

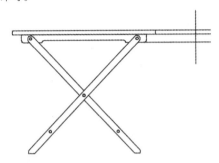

STEP 03 在命令行输入"o（偏移）"，将上步绘制的直线分别向两侧各偏移350、205、183，如下图所示。

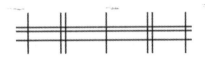

STEP 04 在命令行输入"tr（修剪）"，对上步偏移后的直线进行修剪，结果如下图所示。

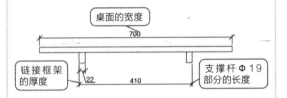

STEP 05 在命令行输入"rec（矩形）"，过正立面图桌腿的最高点和最低点绘制两条射线，结果如下图所示。

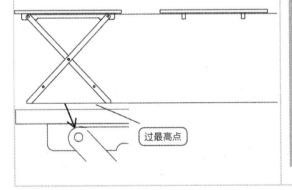

过最高点

STEP 06 在命令行输入"rec（矩形）"，以射线与框架宽度交叉点为角点，绘制一个宽22，长到下边射线的矩形，命令行提示如下。

命令: RECTANG
　　指定第一个角点或 [倒角(C)/标高(E)/圆角(F)/厚度(T)/宽度(W)]:
　　（捕捉射线和框架的交点）
　　指定另一个角点或 [面积(A)/尺寸(D)/旋转(R)]: d↙
　　指定矩形的长度 <302.0000>:22↙
　　指定矩形的宽度 <563.7135>:　　（捕捉开始的交点并单击）
　　指定第二点:　　（沿极轴指引线，捕捉与下边射线的垂足）
　　指定另一个角点或 [面积(A)/尺寸(D)/旋转(R)]:（指定矩形的方向）

STEP 07 绘制完成后结果如下图所示。

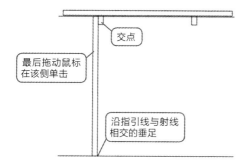

交点

最后拖动鼠标
在该侧单击

沿指引线与射线
相交的垂足

STEP 09 在命令行输入"mi（镜像）"，将两个
矩形沿桌面竖直中心线进行镜像。

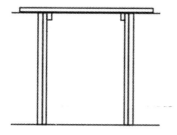

STEP 11 在命令行输入"co（复制）"，将前面绘
制的三条水平支撑复制到合适的位置，如下图所示。

STEP 13 在命令行输入"m（移动）"，分别将三
条水平支撑移动到侧立面图中相应的位置，自上而下
分别为水平支撑3、1、2。

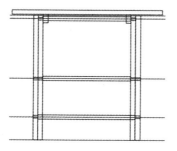

STEP 08 在命令行输入"co（复制）"，将上
步绘制的矩形向左侧复制，距离为22。

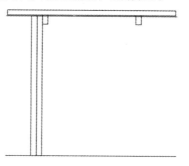

STEP 10 在命令行输入"ray（射线）"，过正立
面图桌腿的三个孔，绘制三条射线，如下图所示。

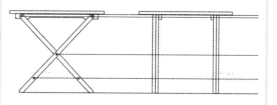

STEP 11 在命令行输入"ro（旋转）"，将复制
的三条支撑旋转90°，结果如下图所示。

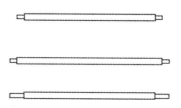

STEP 14 在命令行输入"tr（修剪）"，对侧立面
图进行修剪，将不可见的部分和射线修剪掉，结果
如下图所示。

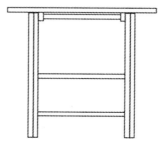

223

3. 添加局部图符号和标注

STEP 01 将中心线层切换为当前层，然后在命令行输入"1（直线）"，给侧立面图添加中心线，结果如下图所示。

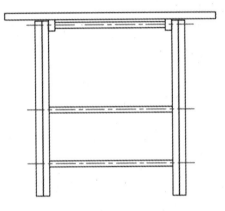

STEP 03 在命令行输入"mla（对其多重引线）"，根据命令行提示，选择多重引线，将其对齐，结果如下图所示。

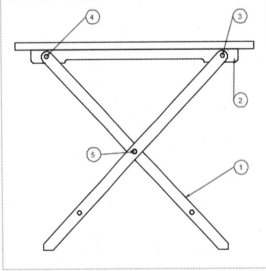

STEP 02 将"多重引线2"置为当前，并将"装配图序号"层设置为当前层，然后在命令行输入"mld（多重引线）"调用多重引线命令，给装配图创建序号，结果如下图所示。

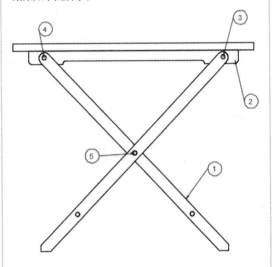

STEP 04 将"多重引线3"置为当前，给各零件图添加上相应的序号，如下图所示。

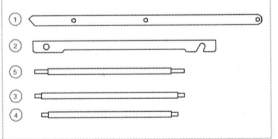

STEP 05 将"标注"层置为当前，给零件图和装配图添加标注，结果如下图所示。

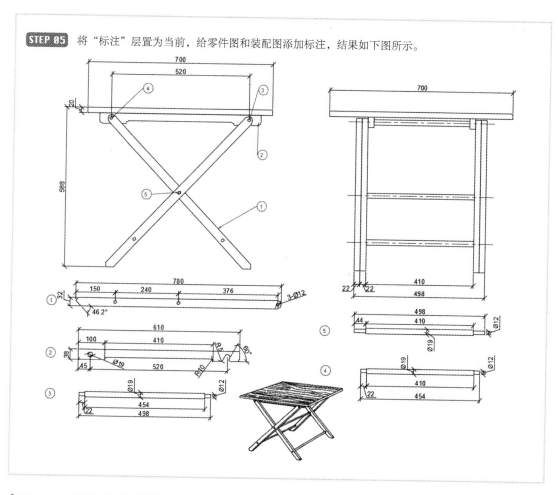

<table>
<tr><td>提示
tips</td><td>当线性比例不同时，点划线显示也不同，如果点划线显示为直线，可以通过"特性"面板更改"线性
比例"来调节点划线的显示，具体操作如下。</td></tr>
</table>

选择需要改变线性比例的点划线，然后在命令行输入"pr"并按空格键，在弹出的"特性"选项板的"常规"选项卡下对线性比例进行修改，如下图所示（本例中的点划线比例为2）。

9.4 绘制梳妆桌

 视频文件：Chapter 09\绘制梳妆桌.avi

我国古代女子，晨起后第一件事就是梳妆，在现代文明礼仪中，梳妆打扮已不只局限于女人的化妆，只要是人们在仪容上的整理，都属于梳妆的范围，所以梳妆桌便成为了今天生活中不可缺少的家具之一。

梳妆桌设计可以分为四类：桌式、柜式、台式和悬挂式。

1. 桌式

桌式梳妆桌是在桌子上方装有化妆镜，如下左图（这是本节绘制的梳妆桌的三维图）所示。

2. 柜式

柜式梳妆桌的基座是由柜子形态构成，上部装有镜子，具有稳重的感觉，但人只能站在柜子的前方做短暂的化妆，如下右图所示。

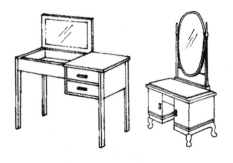

3. 台式

台式梳妆桌基座较低，镜面较大，视野开阔，简洁实用，是现代化妆桌形式。为适应现代生活的功能需要，令家具综合利用多样化，可以将镜台与基座分开，称之为"镜台分离式"，其优点是家具功能多样化，可灵活布置于室内，如下左图所示。

4. 悬挂式

悬挂式梳妆桌是固定在墙壁上，无腿支架或柜体落地，节省空间，经济实用，适用于小面积房间使用，如下右图所示。

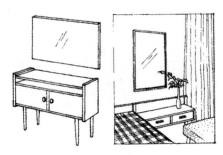

9.4.1 绘制正立面图

正立面图是人们梳妆时正面面对的视图，它是梳妆桌最直观和形象的视图，绘制正立面图主要用到矩形、直线、镜像、偏移修剪等命令，前面绘图我们主要用相对坐标来确定绘制的位置，梳妆桌的正立面图我们主要用绝对坐标来绘制，绘制完成后如右图所示。

以"家具制图样板"为模板，创建一个图形文件。

STEP 01 将"轮廓线"层置为当前层，在命令行输入"rec（矩形）"并按空格键，以坐标原点为角点，绘制桌面（1100×25的矩形），如下图所示。

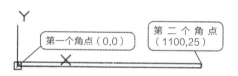

STEP 03 在命令行输入"o（偏移）"并按空格键，将上步绘制的矩形向内侧偏移50得到镜子的内边框，结果如下图所示。

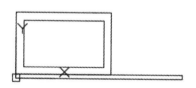

STEP 05 在命令行输入"mi（镜像）"，将上步绘制的矩形，沿第一步绘制的矩形长边的中点连线为镜像线镜像，得到另一条桌腿。

STEP 02 重复矩形命令，绘制镜子的外边框（650×400的矩形），捕捉上步绘制的矩形的左上端点为第一个角点，输入（650,425）为矩形的另个角点，结果如下图所示。

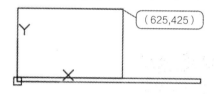

（625,425）

STEP 04 在命令行输入"rec（矩形）"，绘制桌腿的正立面投影，矩形的两个角点坐标如下，结果如下图所示。

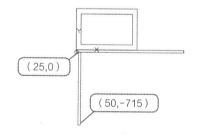

（25,0）

（50,-715）

STEP 06 在命令行输入"l（直线）"，绘制梳妆桌的抽屉的外边。捕捉矩形的角点，并利用极轴追踪的引线确定直线的第一点，如下图所示。

捕捉住矩形的该角点后，不要选中，而是向下拖动鼠标，当指引线与桌面矩形的下边相交，出现交点符号时单击

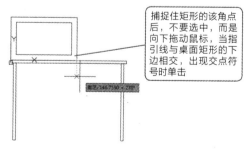

227

STEP 07 出现交点符号后单击即确定了直线的第一点，然后继续沿指引线向下拖动鼠标。

STEP 09 重复直线命令，以上步绘制的直线的下端点为起点，绘制抽屉支撑的下边，如下图所示。

STEP 11 在命令行输入"tr（修剪）"，对偏移后的直线进行修剪，结果如下图所示。

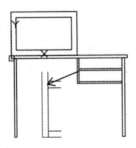

STEP 13 在命令行输入"tr（修剪）"，对偏移后的直线进行修剪，修剪后得到的抽屉拉手如下图所示。

STEP 08 当出现上图情形时，在命令行输入230，即可绘制一条长230的竖直线。

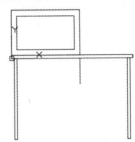

STEP 10 在命令行输入"o（偏移）"，将刚绘制的两条直线向右和向上偏移，偏移距离如下图所示。

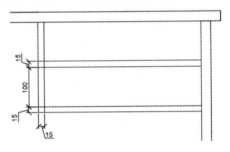

STEP 12 继续使用偏移命令，将第8步绘制的直线向右侧偏移165和200，将9步绘制的直线向上偏移60、70、175、185，如下图所示。

STEP 14 在命令行输入"l（直线）"，绘制梳妆桌后侧板在正立面的投影。直线的起点为（50，-100），绘制结果如下图所示。

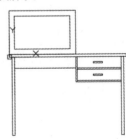

9.4.2 绘制侧立面图

绘制完正立面之后，接下来绘制梳妆桌的侧立面，侧立面中各部件的高度要与正立面相等，因此绘制侧立面时经常要从正立面做辅助线来确定高度。侧立面绘制完成后如右图所示。

STEP 01 在命令行输入"1（直线）"并按空格键，捕捉正立面图的相应端点，定为侧立面图的部件高度，如下图所示。

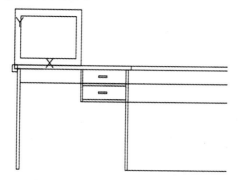

STEP 02 重复直线命令，绘制一条与上面直线垂直相交的竖直直线，结果如下图所示。

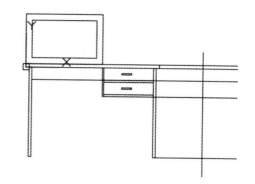

STEP 03 在命令行输入"o（偏移）"，将上步绘制的直线向右侧偏移40、360、400、420，结果如下图所示。

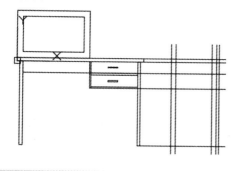

STEP 04 在命令行输入"tr（修剪）"，对上面绘制的直线进行修剪，结果如下图所示。

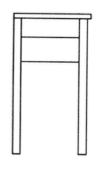

STEP 05 在命令行输入"o（偏移）"，将最外侧的竖直线分别向内侧偏移25，如下图所示。

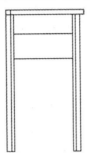

STEP 06 在命令行输入"1（直线）"，捕捉图中的端点，绘制两条直线，如下图所示。

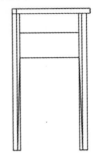

STEP 07 在命令行输入"tr（修剪）"，对图形进行修剪，并将修剪后多余的直线删除，结果如下图所示。

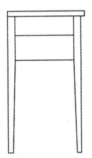

STEP 08 在命令行输入"rec（矩形）"，绘制镜子在侧立面视图中的投影，镜子的厚度为20，高度为400，绘制完成后如下图所示。

9.4.3 绘制剖视图

正立面图和侧立面图只反映了梳妆桌的外部形状，对于像抽屉这样的内部细节结构还需要通过剖视图才能看清楚。因剖切位置关系，本剖视图和侧立面图非常相似，因此，将侧立面图进行复制，在复制的侧立面图上进行修改会更快些，剖视图完成后如右图所示。

A-A

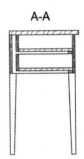

STEP 01 将"剖面符号"层置为当前层,在命令行输入"1(直线)",在正立面图上绘制剖视图的剖切位置,如下图所示。

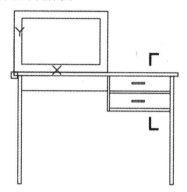

STEP 02 在命令行输入"dt(单行文字)",设置文字高度为50,倾斜角度为0,给剖切位置添加剖切标记,如下图所示。

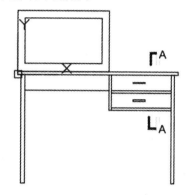

STEP 03 将"轮廓线"层置为当前层,在命令行输入"co(复制)",将上节绘制的侧立面图沿水平方向向右侧复制一个,如下图所示。

因剖切不到镜子,所以,复制的时候不复制镜子

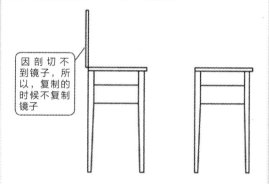

STEP 04 在命令行输入"ex(延伸)",将两条水平直线延伸到梳妆桌桌腿外侧投影线处,结果如下图所示。

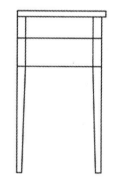

STEP 05 在命令行输入"o(偏移)",将最下端水平线分别向上偏移15和30,将上端水平线分别向两侧偏移15,如下图所示。

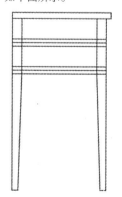

STEP 06 重复偏移命令,将最左侧直线向右偏移15和55,将最右侧直线向左偏移15,偏移后结果如下图所示。

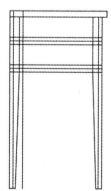

STEP 07 在命令行输入"tr（修剪）"，对偏移后的图形进行修剪，结果如下图所示。

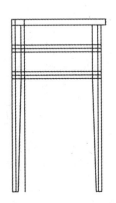

STEP 08 将"剖面线"层置为当前层，在命令行输入"h（填充）"，在弹出的"图案填充创建"选项板中选择"木纹面1"，并将比例设置为25。

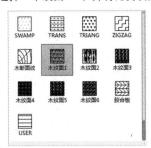

STEP 09 将选中的填充图案填充到桌面和抽屉底板的剖视图中，结果如下图所示。

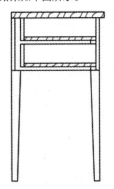

STEP 10 重复8~9步，对剖视图继续填充，填充结果如下图所示。

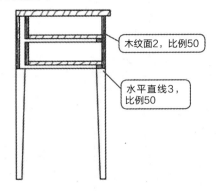

木纹面2，比例50

水平直线3，比例50

STEP 11 将"剖面符号"层置为当前层，参照第2步，给剖视图添加剖切标记。将"标注"层置为当前层，给图形添加标注，结果如下图所示。

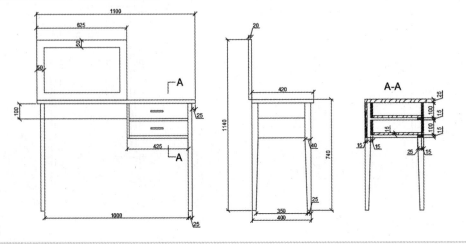

1. AutoCAD中线宽的显示问题如下表所示。

AutoCAD中线宽显示问题

线 宽	显示		备 注
	线宽显示不打开	线宽显示打开	
默 认	——————	——————	当线宽为默认线宽，或线宽宽度小于0.3mm时，在AutoCAD中，不论线宽显示是否打开，显示效果都一样
＜0.3mm	——————	——————	
≥0.3mm	——————	██████	当线宽≥0.3mm，且线宽显示打开状态下，才能显示粗线宽，在不打开情况下和小于0.3mm的线宽显示相同

AutoCAD中打开线宽按钮的方法如下：（1）在命令行输入"lw（线宽设置）"并按空格键，在弹出的"线宽设置对话框"中勾选"显示线宽"即可，如下图所示。（2）在AutoCAD的状态栏中单击自定义按钮"≡"，在弹出的选项卡中勾选"线宽"选项，将线宽显示按钮"≡"添加到状态栏，这时，单击线宽显示按钮即可控制是否显示线宽。

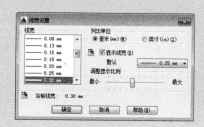

2. 关于本节中应用到的填充图案是作者制作的，参照8.3节中介绍的方法将光盘中相应的填充图案添加到指定的目录文件下即可。

9.5 绘制茶几

 视频文件：Chapter09\绘制茶几.avi

本案例的茶几是常见的桌式带抽屉木质茶几，它制作简单，将规定规格锯材和板材通过螺钉、暗榫等将它们组装起来即可，装配后效果如右图所示。

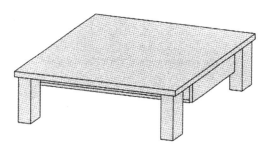

9.5.1 茶几的取材和装配方法

本例中的材料主要是锯材和三合板，它们通过螺钉和暗榫组装在一起，具体的取材和装配方法如下。

1. 取材

该茶几的各装配部件的对应序号如右图所示。

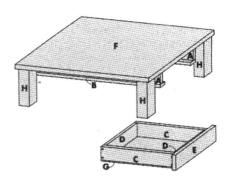

主要装配部件代号、规格及数量如下表所示。

主要装配部件代号、规格及数量表

部件代号	规格（单位mm）	数 量	材 料	部件代号	规格（单位mm）	数 量	材 料
A	814×70×14	2	锯材	E	282×72×18	2	锯材
B	814×30×14	2	锯材	F	900×600×24	1	锯材
C	350×60×14	4	锯材	G	300×250×5	2	三合板
D	220×60×14	4	锯材	H	300×70×70	4	锯材

上述部件的材料主要是木材，其中，F、G、H直接通过市场购买或从大块材料上截取，其他部件的锯材取材非常有技巧，为了最大限度利用材料，这里特别附上取材图样。

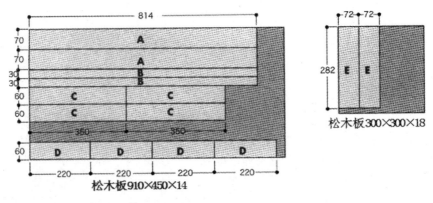

整个茶几的装配中，除了主材外，还有一些辅材，这些辅材如下表所示。

辅材列表

名　称	规格（mm）	数　量	名　称	规　格	数　量
螺钉	M4	若干	暗榫圆棒	Φ8×25mm	1
油漆	渗透色—透明		木工用黏合剂		

2. 装配工序

上面介绍了茶几的各部件材料及取材，接着我们来介绍茶几的装配工序。在装配前首先应准备以下工具：螺丝刀（最好是电动的）、锯、砂纸、双面胶带、刷子等。具体装配工序如下。

STEP 01　组装侧板与前后板，在前后板D的左右各用2个25mm的螺钉固定侧板C。

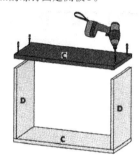

STEP 02　安装抽屉底板G，每边安装3个25mm的螺钉，如下图所示。

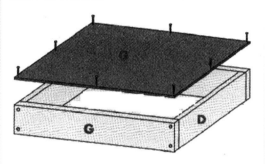

STEP 03　安装轨道，在侧面板F的内侧用32mm和65mm的螺钉分别把轨道板A和B固定在茶几面板上，如下图所示。

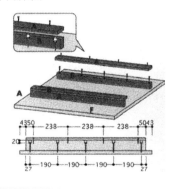

STEP 04　在装好的抽屉箱的前板的合适位置贴上双面胶，然后把抽屉的拉手板贴上，并用两个32mm长的螺钉固定，如下图所示。

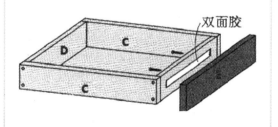

双面胶

提示 tips　在装配之前应先钻出榫眼，抽屉和滑动轨道安装好之后，通过暗榫和螺钉将茶几腿和桌面链接起来即可。

9.5.2 绘制正立面图

茶几的正立面图很简单，参照梳妆桌的绘图方法，我们绘制茶几正立面图时仍然用绝对坐标来绘制，绘制完成后如右图所示。

以"家具制图样板"为模板，创建一个图形文件。

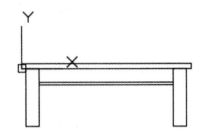

STEP 01 将"轮廓线"层置为当前层，在命令行输入"rec（矩形）"，以坐标原点为角点，绘制桌面（900×24的矩形），如下图所示。

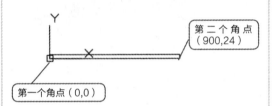

STEP 02 重复矩形命令，绘制茶几腿在正立面的投影（300×70的矩形），两个角点的坐标分别为（25,0）和（95,-300），结果如下图所示。

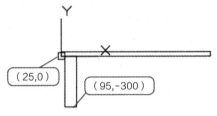

STEP 03 在命令行输入"mi（镜像）"，以上步绘制的矩形沿桌面长边的中线连线为镜像线进行镜像，结果如下图所示。

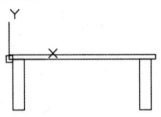

STEP 04 在命令行输入"x（分解）"，将第1步绘制的矩形分解。然后在命令行输入"o（偏移）"，将分解后的桌面底边向下偏移84。

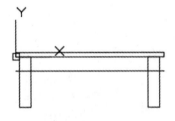

STEP 05 继续使用偏移命令，将上步偏移后的直线向上偏移14，如下图所示。

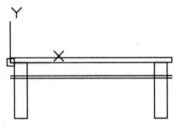

STEP 06 在命令行输入"tr（修剪）"，对偏移后的直线进行修剪，结果如下图所示。

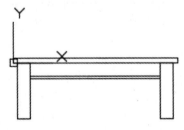

9.5.3 绘制侧立面图

茶几的侧立面图中关键是抽屉拉手板和抽屉侧板的高度差计算确认,以及拉手板和轨道的高度差的计算确认,绘制完成后如右图所示。

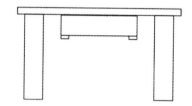

STEP 01 在命令行输入"rec(矩形)",在正立面图桌面等高位置绘制桌面的侧立面图投影(600×24的矩形),如下图所示。

STEP 02 重复矩形命令,绘制茶几腿在侧立面的投影(300×70的矩形),位置如下图中标注所示。

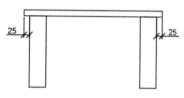

STEP 03 在命令行输入"x(分解)",将第1和2步绘制的矩形分解。在命令行输入"l(直线)",以正立面图中抽屉轨道的投影线的端点为起点绘制一条水平直线,直线长度与侧立面图相交。

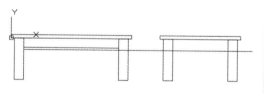

STEP 04 在命令行输入"o(偏移)",将分解后的桌面底边向下偏移1.5(拉手板和桌底面的高度差),将上步绘制的直线向上偏移10.5(拉手板和轨道的高度差),如下图所示。

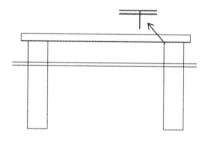

STEP 05 继续使用偏移命令,将两条桌腿的内侧竖直线分别向内侧偏移64、78和94,如下图所示。

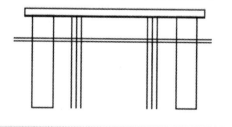

STEP 06 在命令行输入"tr(修剪)",对偏移后的直线进行修剪,结果如下图所示。

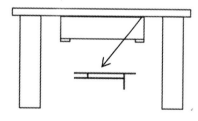

9.5.4 绘制平面图

从茶几的正立面和侧立面图中能清楚地看出茶几桌面、茶几腿以及抽屉的形状和位置，但是要想知晓轨道的形状和位置，则必须从平面图中观察。为了便于查看轨道和螺钉孔，在绘制平面图时，将茶几的抽屉拿掉。平面图完成后如右图所示。

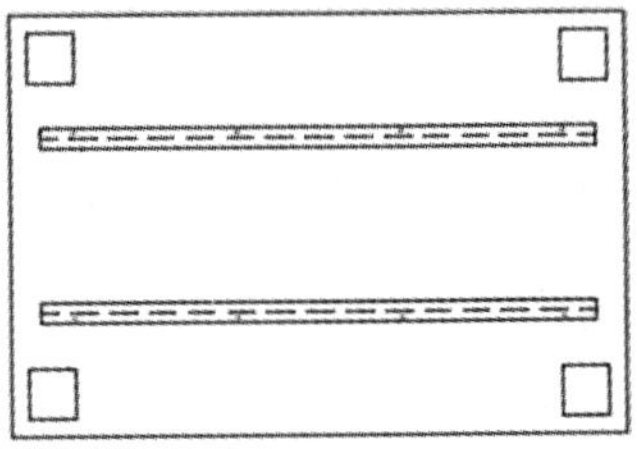

STEP 01 在命令行输入"rec（矩形）"，在正立面图桌面上方等长的位置绘制桌面的平面图投影（900×600的矩形），如下图所示。

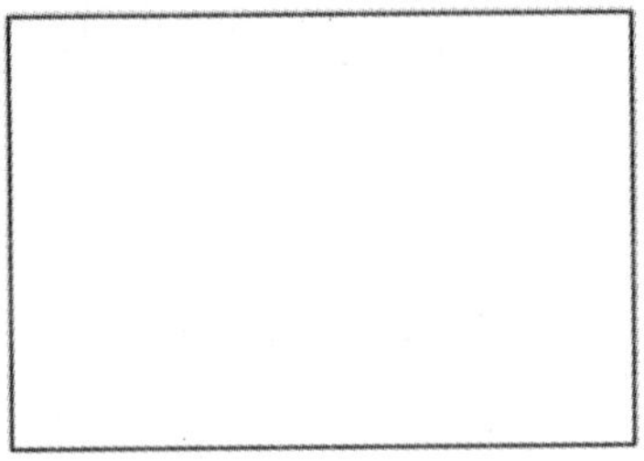

STEP 02 在命令行输入"x（分解）"，将上步绘制的矩形分解。然后在命令行输入"o（偏移）"，将两条垂直的直线分别向内侧偏移25和95，如下图所示。

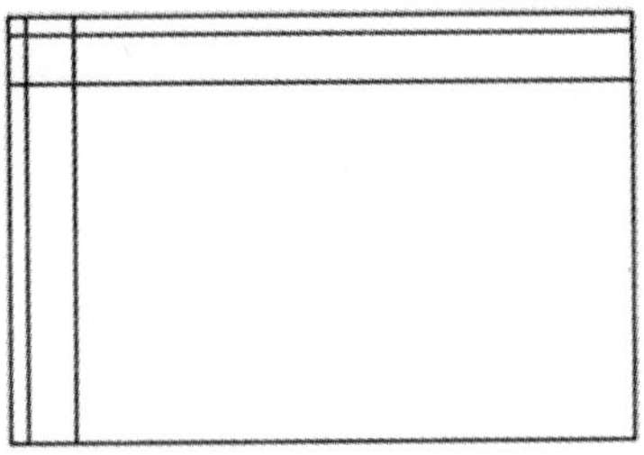

STEP 03 在命令行输入"tr（修剪）"，对偏移后的直线进行修剪，结果如下图所示。

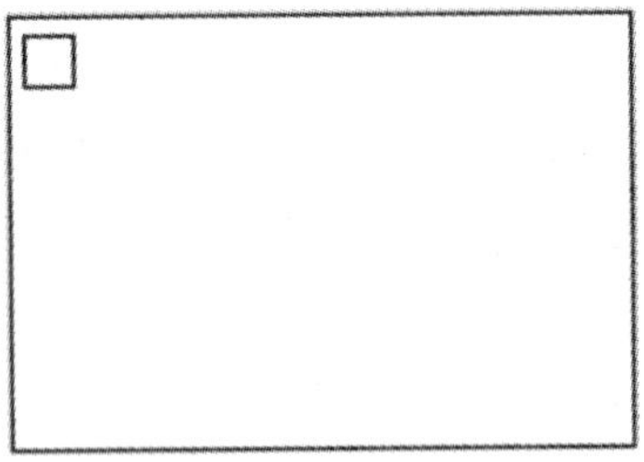

STEP 04 在命令行输入"ar（阵列）"，选择上步绘制的茶几腿的平面投影为阵列对象，然后根据命令提示选择"矩形"阵列，在弹出的"阵列"选项板中进行如下设置。

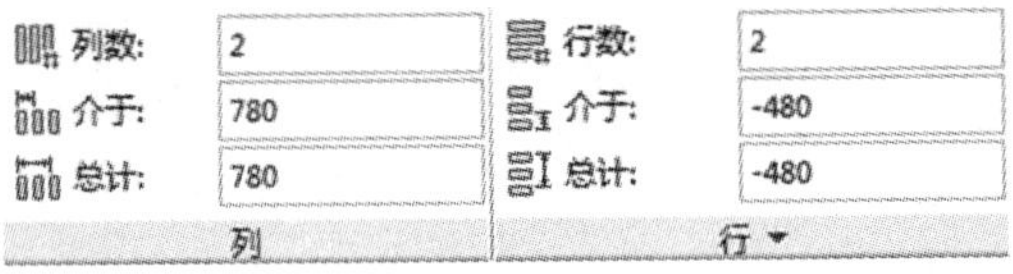

	列数：	2		行数：	2
	介于：	780		介于：	-480
	总计：	780		总计：	-480
列			行 ▾		

STEP 05 单击"关闭阵列"按钮，将"创建阵列"选项卡关闭，结果如下图所示。

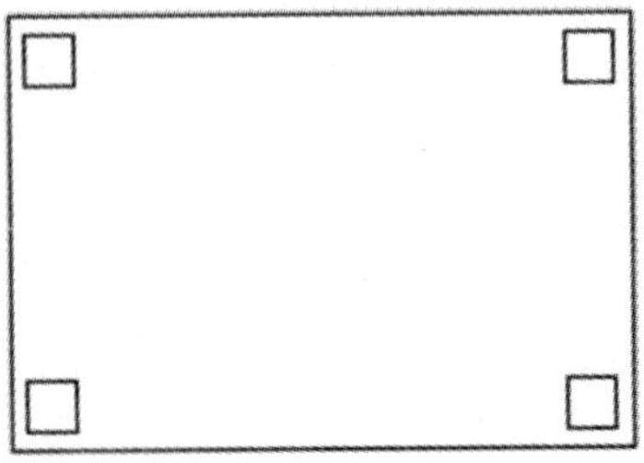

STEP 06 在命令行输入"o（偏移）"，将两条竖直线向内侧偏移43，两条水平线分别向内侧偏移160和190，结果如下图所示。

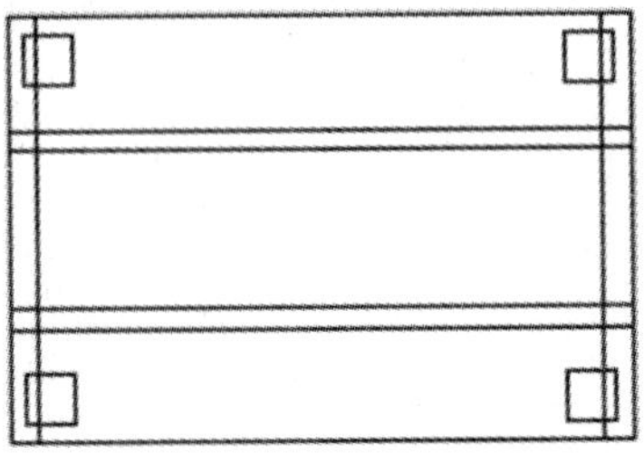

STEP 07 在命令行输入"tr（修剪）"，对偏移后的直线进行修剪，结果如下图所示。

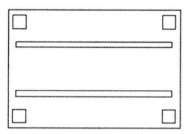

STEP 08 在命令行输入"o（偏移）"，两条轨道B最外边的水平线分别向内侧偏移14，如下图所示。

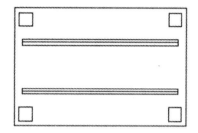

STEP 09 因轨道A的厚度14在平面图上的投影是看不见的，因此要将偏移后的两条直线转换成虚线。选中偏移后的直线，然后单击"图层"下拉列表，选择"虚线"，将偏移后的直线变为虚线，如下图所示。

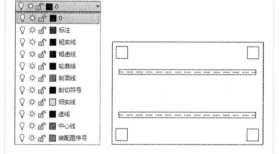

STEP 10 将"细实线"图层置为当前层，然后输入"l（直线）"，在下图所示位置绘制两条垂直的直线作为螺孔的标记。

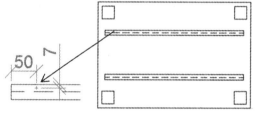

STEP 11 在命令行输入"ar（阵列）"，选择上步绘制的螺孔标记为阵列对象，然后根据命令提示选择"矩形"阵列，在弹出的"阵列"选项板中进行如下设置。

列数：	4	行数：	2
介于：	238	介于：	-266
总计：	714	总计：	-266
列		行 ▾	

STEP 12 单击"关闭阵列"按钮，将"创建阵列"选项卡关闭，结果如下图所示。

9.5.5 绘制局部详图和添加标注

从三视图基本可以表达茶几的结构和各部件支架的关系，但是一些细节还需要局部详图才能清晰表达，比如拉手板和轨道的高度差。这一节我们就通过局部详图来表达这些细节之处，同时对整个视图进行标注。

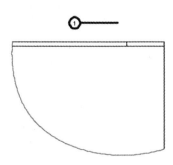

STEP 01 将"粗实线"层置为当前，然后将"多重引线样式3"设置为当前样式。在命令行输入"mld（多重引线）"，在侧立面图中拉手板和导轨处画局部详图标记，如下图所示。

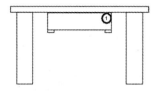

STEP 02 在命令行输入"co（复制）"，将要放大的局部详图复制到图中合适的位置，如下图所示。

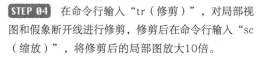

STEP 03 将"细实线"层置为当前层，然后在命令行输入"spl（样条曲线）"绘制假象断开线，如下图所示。

假象断开线的位置和大小不做特殊要求，只要将放大的部位包括在内即可

STEP 04 在命令行输入"tr（修剪）"，对局部视图和假象断开线进行修剪，修剪后在命令行输入"sc（缩放）"，将修剪后的局部图放大10倍。

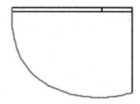

STEP 05 将"粗实线"层置为当前层，将"多重引线样式2"置为当前样式，然后在命令行输入"mld（多重引线）"，在局部放大图上方合适位置创建一个多重引线，如下图所示。

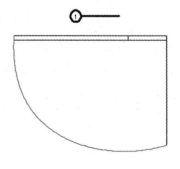

STEP 06 在命令行输入"dt（单行文字）"，将文字高度设置为25，倾斜角度设置为0。在多重引线的指引线上输入比例10∶1，结果如下图所示。

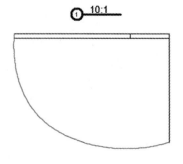

STEP 07 将"标注"层置为当前层，给图形添加尺寸标注，结果如下图所示。

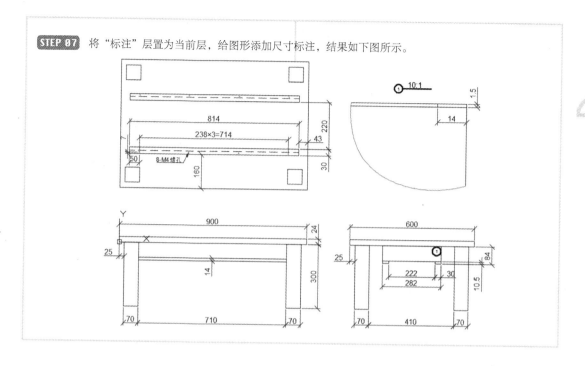

9.6 知识点延伸——中国古典家具术语及图解

中国古典家具不仅实用，而且包含着很多艺术结晶，很多结构都有专门的名称术语，作为专业的家具设计人员，应该对这些专业术语有所了解，本节就针对这些专业术语进行了简单总结，具体如下表所示。

中国古典家具术语及图解

名　称	解　释	图　例
牙子	家具中立木与横木的交角处采用的类似建筑中替木的构件就叫牙子。在家具中，牙子一方面起到了支撑重量、加强牢固的作用，另一方面，它又具有极其丰富多彩的装饰功能。 在牙子中，横向较长的叫牙条，施在角上的短小花牙叫牙头。除此而外，还有用在衣架、镜架上部搭脑的两侧，名叫挂牙。而施在屏风、衣架等底座两边的牙子叫站牙，也叫坐角牙子	卷云牙头 挂牙
券口和圈口	券口就是镶在家具的四条立柱之间的镶板。如座椅的腿子之间，桌案两侧的前后腿之间，镶以形式多样的镂空牙板。这种镶板，四周有框，中间镂出空洞。 在上、左、右三面镶板的叫券口。在上、下、左、右四边镶板的叫圈口。券口或圈口的名称，都以中间的空洞纹样命名。如空洞是壸门形，则叫壸门券口。券口和圈口，既是一种美化装饰，同时，又起着支撑重量，加强牢固的作用。常见的有：椭圆圈口、海棠券口、长方券口、鱼肚圈口、壸门券口或圈口等	壸门券口 鱼肚圈口

名 称	解 释	图 例
挡 板	在桌案的两侧，即前后腿之间，镶以各种纹饰的镶板装饰；或者用木条攒接成棂格形状的侧板。这种形式多样的侧板，就叫挡板。挡板加固了腿子的稳定性，同时，也是极好的装饰。 常见的有云头挡板、卍字挡板、葫芦挡板、草龙挡板、灯笼挡板等	灯笼挡板
卡子花	就是卡在两条横枨之间的花饰。多数是用木材镂雕的纹样。也有用其他材料，如嵌玉卡子花等。 卡子花常用的有双环卡子花、单环卡子花、枫叶卡子花等	双环卡子花
托泥和龟足	托泥是在椅凳、床榻、桌案的四腿下端，加方形或圆形的底框，使得四腿不直接落地，是落在木框上，这种木框叫托泥。 在托泥之下加上小巧的、如同龟形的小足，使得整体呆板的四框之下，又长出可爱的四只小海龟，这就叫龟足	托泥 龟足
枨 子	枨子是家具造型的一部分，用于架间连接稳定之用。常见的枨子有罗锅枨、霸王枨、十字枨、花枨等	十字枨
矮 老	是一种短而小的竖枨子，往往用在跨度较大的横枨上。矮老多与罗锅枨配合使用。如桌案的案面下、四周横枨上多用矮老。起到支撑桌面、加固四腿的作用	罗锅枨 矮老
搭 脑	搭脑是椅子上端的横梁，因坐时后仰脑袋搭于其上而得名。另外，毛巾架、盆架、衣架上面的横梁也引申称作搭脑。其基本形式有圆形、扁形、方形三种	搭脑
挤 楔	楔是一种一头宽厚，一头窄薄的三角形木片，将其打入榫卯之间，使二者结合严密，榫卯结合时，榫的尺寸要小于眼，二者之间的缝隙则须由挤楔备严，以使之坚固。挤楔兼有调整部件相关位置的作用	挤楔
抱肩榫	指有束腰家具的腿足与束腰、牙条相结合时所用的榫卯。从外形看，此榫的断面是半个银锭形的挂销，与开牙条背面的槽口套挂，从而使束腰及牙条结实稳定	
夹头榫	这是案形结体家具常用的一种榫卯结构。四只足腿在顶端出榫，与案面底的卯眼相对拢。腿足的上端开口，嵌夹牙条及牙头，使外观腿足高出牙条及牙头之上。这种结构能使四只足腿将牙条夹住，并连接成方框，能使案面和足腿的角度不易改变，使四足均匀地随案面重量	案面 大边 牙条 牙头 夹头榫

桌椅板凳是人们说到家具时出现频率最高的几款家具，从中可以看出凳椅在家具界的地位。

凳椅是坐具家具的重要成员，它们和沙发是坐具家具的主要构成。凳椅类家具的主要功能是使人在较长时间维持坐姿时拥有一种较舒适的状态。另外，在某些特殊场合下凳椅类家具也可作为攀爬登高、放置物品之用。

Chapter

10

凳椅类家具设计

10.1 凳椅类家具设计基础

凳椅类家具是使人在较轻松状态下维持坐姿以及供人做短暂休息用的家具，是生活中使用频率最高的家具之一，其实用价值在家具行业中可谓首屈一指。

10.1.1 凳子的分类和构成

凳子是椅子的前身，是没有靠背的坐具。凳子的主要特点是体型简洁、使用灵活，使用时随手搬来，不用时可以随意塞进一个角落。

1. 凳子的分类

普通用的凳子，按形状不同，可分为方凳、圆凳、板凳、板条凳、长凳、折叠凳、高低可调凳和高脚凳，各种凳的定义及图例如下表所示。

凳子的分类

名　称	定义及解释	图　例
方凳和圆凳	用途最广的一种坐凳，常用材料有木材、金属、塑料以及软垫等	
板凳	板凳的座面以圆形、方形、长方形为主，高度一般在280~380mm，造型和结构小巧为主	
板条凳	座面为长条厚木板，由于凳面较窄，两腿下部必须放大，形成上小下大的梯形结构	
长凳	长凳形式很多，除木板座面外，还可以用木条做成框架式，上面铺软垫，也可以用金属做成腿支架，上面布置软垫。长凳多采用组合式，用于公共建筑中的休息厅，供人们短暂的休息用	
折叠凳	木质或金属支架做成折叠式，携带运输方便	

（续 表）

名　称	定义及解释	图　例
高低可调凳	可调整凳子的高度	
高脚凳	这种凳子专门用于有特殊要求的场合，比如酒吧凳，这种凳设计时应与酒吧整体空间环境协调	

2. 凳子的构成

凳子是由座面和腿支架两部分构成的。

座面形状分为方形、圆形、多角形等，是和人体直接接触的，座面除了木板外，还可以用编织及软垫来做，如下左图是编织做法，右图是软垫做法。

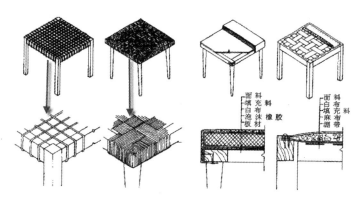

腿支架是由腿、望板、撑档构成的，腿支架也有用金属支架或塑料做成整体的，如下图所示。

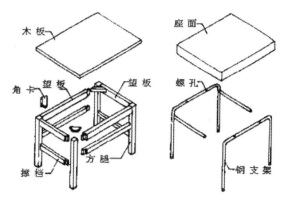

10.1.2 椅子的分类

椅子按造型可分为靠背椅、扶手椅、折叠椅、叠放椅和固定椅。各种椅子的定义及图例如下表所示。

椅子的分类

名 称	定义及解释	图 例
靠背椅	凡是只有靠背没有扶手的椅子都属于靠背椅。靠背椅根据靠背材料不同,又有软垫、木材及各种材料编织构成的靠背椅。靠背可宽可窄,可高可矮,可简可繁。 靠背椅用途广泛,是室内陈设的必备家具	
扶手椅	有靠背又有扶手的椅子称为扶手椅。扶手椅在舒适性上比靠背椅好,常用在办公、会议、客房使用	
折叠椅	折叠椅是指椅子在不使用时,可以折叠成一个小的长方体,其主要目的是考虑使用和存放方便	
叠放椅	叠放椅是指椅子在不用时,可以重叠摞在一起,其目的是解决多功能使用大厅多数量椅子的存放问题。常用于多功能大型餐厅、会堂、演奏厅、学校礼堂等。 这种椅子在设计时就应考虑其叠放功能,为便于叠放,应尽量采用轻质材料,如椅子框架多用金属材料,椅座多用模压胶合板成型以及ABS等成型品	
固定椅	固定椅是指经常使用的固定在地面上的椅子。这种椅子都是根据房间使用要求,在设计时就决定了位置。如在会堂、影剧院、体育场馆中使用的固定座椅	

除了按造型结构分，还可以按材料分类，按材料分椅子可分为实木椅、曲木椅、模压胶合板椅、多层胶合弯曲木椅、竹藤椅、金属椅和塑料椅等。

10.1.3 椅子的构成

椅子是由框架和人体的接触面两部分构成的。框架是椅子成型的骨架，起支撑人体的作用，在满足功能使用的前提下，形式可以千变万化。和框架相对的接触面由于受人体形态和尺寸的限制，变化较少，但在面料及装饰上有较多的选择。

1. 框架

根据材料不同框架可以分为木框架、金属框架和竹藤框架。

完整的木质框架由椅腿、望板、撑档、椅座、靠背和扶手等连接而成，如下左图所示。

金属框架构成有3种，一是铸造法，用于成排椅子侧壁的支架；二是用钢筋仿木框架形式构成的框架；三是用钢管构成，根据钢材的特性，可以设计处与木家具截然不同的样式，金属框架中，钢管结构应用最多，如下右图所示。

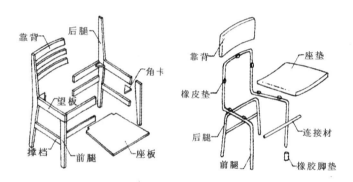

竹藤框架多采用竹竿和粗藤杆，结合方法有弯接法、插接法和缠接法。

2. 接触面

接触面主要是靠背和座面。

靠背由于不是主要受力的地方，可以做成不同的装饰，基本类型有编织靠背、软垫靠背和木质靠背，三种靠背依次由左向右如下图所示。

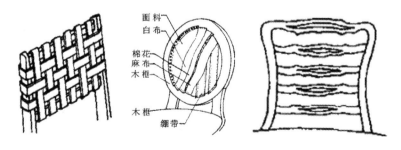

座面主要有木质座面、编织座面、绷带座面和软垫座面4类，4种座面依次由左向右如下图所示。

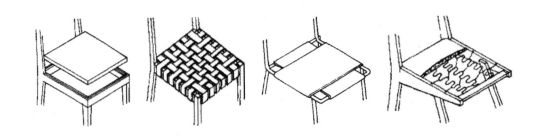

10.2 凳椅类家具尺寸与人体功能尺度

凳椅的基本功能是满足人们坐得舒服和提高工作效率，最理想的座椅应最大限度地减少人体的疲劳而又能适合不同的人体形态。

10.2.1 凳椅结构的功能尺寸

凳椅的各部分结构都能影响坐者的舒服感，因此，凳椅的各个部位设计都应从人体功能尺度出发。凳椅类的最基本尺度如右图所示。

其中，B_1 为座前宽，B_2 为背宽，H_1 为座高，H_2 为扶手高，H_3 为靠背高，T 为座深，α 为座斜角，β 为背斜角。

1. 座高

座高是座面中轴线前部最高点至地面的距离，座高是凳椅尺寸中的设计基准，由它决定靠背高度和扶手高度，所以座高是一个关键尺寸。

如果座高过低，则体压分布就过于集中，人体形成前屈姿态，从而增大了背部肌肉负荷，同时人体重心过低，所形成的力矩也大，使得人体起立时感到困难。如下左图是座高过低时的坐姿。

如果座高过高，两脚不能落地，体压分散至大腿部分，使大腿前半部分近膝窝处软组织受压，时间久了，血液循环不畅，肌腱也会发胀发木。如下中图是座高过高时的坐姿。

按照人体功能尺度，座高应小于坐者小腿膝窝到地面的垂直距离的10~20mm，以使小腿有一定的活动余地，如下右图所示。

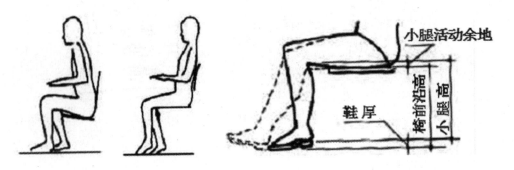

因此座高的适宜高度应为：座高=小腿膝窝高+鞋跟高度-适当间隙

小腿膝窝高为420mm~430mm，鞋跟高一般取25mm~35mm，适当间隙取10mm~20mm，所以，座高一般在400mm~440mm比较合适。如果是休息用椅，座高还应低50mm左右（不包括座面软质材料的弹性余量）。

2．座深

座深是指座面的前沿到后沿的距离，座深的确定通常是根据人体大腿的水平长度（即膝窝至臀部后端的距离）而定。如果座面过深，则小腿内侧受到压迫，同时腰部的支撑点悬空，靠背失去作用。

通常座深应小于坐姿时大腿水平长度，使座面前沿离开小腿有一定的距离，以保证小腿的活动自由，如下图所示。

我国人体的平均坐姿大腿水平长度为：男性445mm，女性425mm，因此，座深设计应不大于420mm。普通工作椅在通常情况下，由于腰椎到盘骨之间接近垂直状态，其座深可以浅一点。对于倾斜度较大的专供休息用的靠椅、躺椅等，因为身体此时腰椎至盘骨呈倾斜状态，故座深要适当放大，但一般不宜大于530mm。

3．座宽

椅子桌面的宽度，前沿称座前宽，后沿称座后宽。座宽应当使臀部得到全部的支撑，并有一定的宽裕，使人能随时调整其坐姿。考虑到肩并肩坐时，宽度需保证人的自由活动，因此座宽应不小于380mm。

4．扶手的高与宽

休息椅和部分工作椅常设有扶手，其作用是减轻两臂和背部的疲劳，对上肢肌肉的休息也有作用。

扶手的高度应与座面到人体自然曲臂的肘部下端的垂直距离相等。过高，则双肩不能自然下垂；过低，则两肘不能自然落在扶手上。扶手过高或过低都容易使两肘肌肉活动度增加而产生疲劳，如下图所示。

根据我国人体骨骼比例的实际情况，座面到扶手表面的垂直距离应在200mm~250mm为宜。扶手也可随座面与靠背的夹角变化而略有倾斜，前端可稍高一些，倾斜角度通常取10°~20°为宜。

对于扶手椅来说，以扶手内宽作为座宽尺寸，按人均肩宽尺寸加上适当余量，一般不小于460mm，其上限尺寸兼顾功能和造型需要，如就餐用的椅子，因人在就餐时，活动量较大，可适当宽些，一般以520mm~560mm为宜。直扶手椅的前端还应比后端的间隙稍宽，一般是两扶手分别向左右两侧各张开10°左右。

5. 靠背高

靠背高度是指椅背上沿至椅背与座面交接处的距离，是沿椅背平面中线测量的长度，靠背必须具有支持背部的作用，并且根据需要稍向后倾斜，以支持身体的质量，两者之间必须形成95°或更大的角度，它的作用是使身体保持一定的姿态，同时分担部分人体质量，如果靠背垂直或太低，就会使人腹部凹曲，腹部肌肉被拉紧，尤其是背部受椅背板边缘压迫，如右图所示。

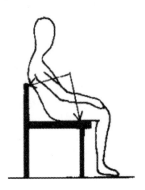

正确椅背高度应依据椅子的使用功能而定，一般椅背应在肩胛骨以下，以便于背部肌肉得到适当的休息，同时也便于上肢活动；对工作用椅为便于上肢前后左右活动，高度要低于腰椎骨上沿；休息用椅坐者处在躺坐之间，靠背应加高至颈部或头部。此外，座位和靠背的位置最好可以自由调节，以适应各种姿态需要。

6. 座斜角和背斜角

椅子的座面应有一定的后倾角度（座面与水平面之间的夹角 α），靠背表面也应适当后倾（椅背与座面之间的夹角 β），α 和 β 这两个角度互为关联，β 角的大小取决于椅子的使用功能。不同功能要求的座斜角与背斜角的角度参见下表。

座斜角与背斜角的常见角度

使用功能 倾斜角	工作用椅	轻工作用椅	轻休息用椅	休息用椅	带枕躺椅
α	3°~5°	5°	5°~10°	10°~15°	15°~25°
β	100°	105°	110°	110°~115°	115°~123°

10.2.2 凳椅类家具的常用规格尺寸

凳椅类家具的造型尺寸与使用者体型有直接关系，为了尽可能达到使用要求，通常针对最常见的体型分大、中、小3类尺寸进行设计。

下面我们以最常用的四类凳椅：凳、靠背椅、扶手椅和躺椅为例，按3种体型列出常用的设计尺寸，4种类型凳椅的功能尺寸图如下，各凳椅对应的各类体型常用设计尺寸如下表所示。

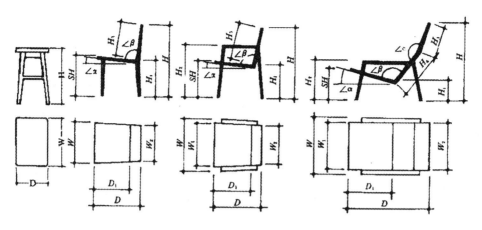

凳椅对应的体型常用设计尺寸

部 位	代 号	凳子		靠背椅			扶手椅			躺 椅		
		中	小	大	中	小	大	中	小	大	中	小
总宽	W	340	300	450	435	420	560	540	530	800	760	730
座前宽	W_1						480	460	450	580	550	530
座后宽	W_2			420	405	390	450	430	420	540	520	500
总厚	D	280	265	545	525	520	560	555	540	970	950	930
座厚	D_1			440	420	415	450	435	425	520	500	480
总高	H	440	420	820	800	790	820	800	790		880	
座前高	S_H			450	440	430	450	440	430		370	
座后高	H_1			425	415	405	425	415	405		250	
扶手高	H_2						650	640	630		450	
靠背高	H_3			400	390	390	400	390	390		520	
靠背高	H_4										280	
座斜角	α			3° 15′	3° 20′	3° 25′	3° 12′	3° 18′	3° 22′		14°	
背斜角	β			97°	97°	97°	99°	98°	97°		129°	
靠背弯曲角度	C										147°	

10.3 绘制方凳

 视频文件：Chapter10\绘制方凳.avi

　　方凳是日常生活中常用家具，结构简单，使用方便，本例中的方凳高为430mm，长380mm，宽280mm，凳腿横断面为40mm×35mm，望板断面为40mm×20mm，撑档断面为25mm×20mm，角卡的断面为20mm×10mm。

　　方凳凳面一般采用细木工板或拼合板，凳面尺寸为380mm×280mm×20mm，其四周下沿做成斜边。凳腿与撑档采用榫加胶结合，长撑档距离地面275mm，短撑档距离地面235mm。凳腿与望板采用单肩榫接合。

装配时，凳腿框架应先安装好，然后在与凳面用木螺钉吊面接合，制作时，凳腿应呈向外微斜状，因凳面伸出望板20mm，会因此显得上大下小，给人以稳定感，所以要微斜。方凳的装配顺序如下图所示。

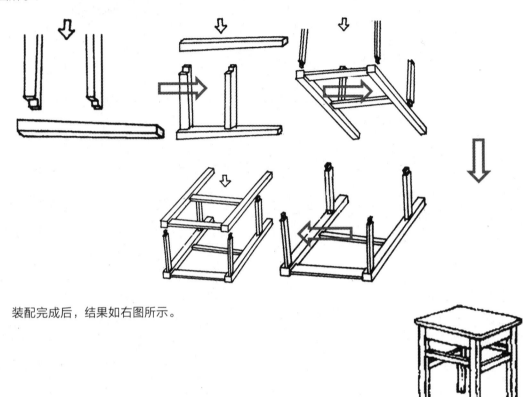

装配完成后，结果如右图所示。

10.3.1　绘制方凳正立面图

方凳的正立面图很简单，主要用到的绘图命令有矩形、直线和偏移，上一章在绘制梳妆桌的桌腿时，我们用偏移和修剪等编辑命令来绘制，这节我们直接用直线命令来完成桌腿的绘制，绘制完成后如右图所示。

以"家具制图样板"为模板，创建一个图形文件。

STEP 01 将"轮廓线"层置为当前层，在命令行输入"rec（矩形）"，绘制座面（380×10的矩形），如下图所示。

STEP 02 在命令行输入"l（直线）"，绘制座面四周下沿的倒角斜边，AutoCAD命令行提示如下。

```
命令: LINE
  指定第一个点:                     （捕捉
上步矩形的左下端点）
  指定下一点或 [放弃(U)]: @20,-10↙
  指定下一点或 [放弃(U)]: @340,0↙
  指定下一点或 [闭合(C)/放弃(U)]:   （捕捉
矩形的右下端点）
  指定下一点或 [闭合(C)/放弃(U)]:   （按空
格键结束直线命令）
```

STEP 03 座面四周下沿的倒角斜边绘制完成后，结果如下图所示。

STEP 04 重复直线命令，绘制凳腿的正立面投影，AutoCAD命令行提示如下。

```
命令: LINE
  指定第一个点:            （捕捉下图中的A点）
  指定下一点或 [放弃(U)]:@0, -410↙
  指定下一点或 [放弃(U)]: @32, 0↙
  指定下一点或 [闭合(C)/放弃(U)]: @8,275↙
  指定下一点或 [闭合(C)/放弃(U)]:   （拖动
鼠标，当指引线与座面四周下沿倒角斜边垂直相
交时单击，即下图中的B点）
  指定下一点或 [闭合(C)/放弃(U)]:   （按空
格键结束直线命令）
```

STEP 05 桌腿绘制完成后，结果如下图所示。

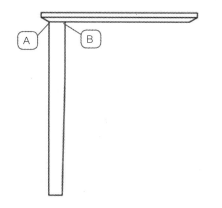

STEP 06 在命令行输入"mi（镜像）"，将绘制的凳腿沿座面长边中点连线进行镜像。

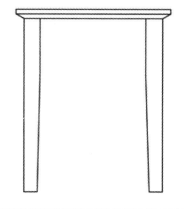

STEP 07 在命令行输入"1（直线）"，绘制长撑档，连接凳腿的两个端点，如下图所示。

STEP 08 在命令行输入"o（偏移）"，将上步绘制的直线向上偏移25和95，结果如下图所示。

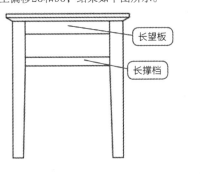

长望板

长撑档

10.3.2 绘制方凳侧立面图

为了清晰地表达角卡在侧立面的投影情况，以及望板和撑档横断面的情况，侧立面采用剖视图来表达。因方凳的正立面图和侧立面图非常相似，所以在绘制侧立面图时，可以将正立面图水平复制到合适位置，然后在复制后的图形上进行修改即可，侧立面图完成后如右图所示。

A-A

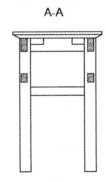

1. 绘制短望板、短撑档

STEP 01 在命令行输入"co（复制）"，将上节绘制的正立面图沿水平方向向右侧复制一个，如下图所示。

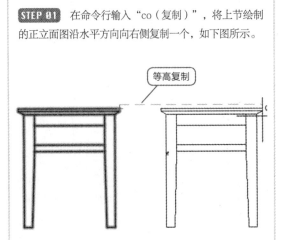

等高复制

STEP 02 将"剖面符号"层置为当前层，在命令行输入"1（直线）"，在正立面图上绘制剖视图的剖切位置，如下图所示。

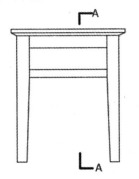

STEP 03 在命令行输入"dt（单行文字）"，设置文字高度为25，倾斜角度为0，给剖切位置和剖视图添加剖切标记，如下图所示。

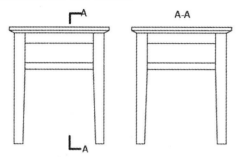

STEP 05 选择完成后，用鼠标单击基点（如下图中的垂足），然后向左侧拖动鼠标，如下左图所示。当命令行提示指定拉伸第二点时输入100，结果如下右图所示。

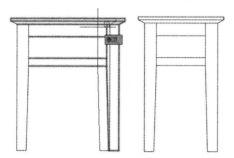

STEP 07 在命令行输入"ex（延伸）"，将中间的几条直线都延伸到上步偏移的直线，如下图所示。

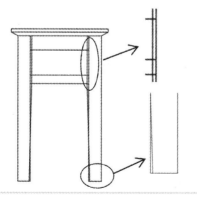

STEP 04 在命令行输入"s（拉伸）"，从右向左框选要拉伸的图形，如下图所示。

STEP 06 在命令行输入"o（偏移）"，将两条凳腿最外侧的竖直线分别向内侧偏移35，结果如下图所示。

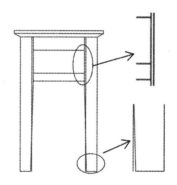

STEP 08 在命令行输入"e（删除）"，将最初的凳腿内侧的投影线删除，结果如下图所示。

短望板

STEP 09 在命令行输入"m（移动）"，选中下边的两条直线，将它们竖直向下移动40得到短撑档的投影，结果如右图所示。

短撑档

2. 绘制角卡、长望板和长撑档的剖面

STEP 01 在命令行输入"o（偏移）"，将短望板投影线向上偏移20，凳腿的两内侧投影线向内侧分别偏移40，结果如下图所示。

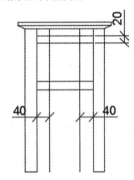

STEP 02 在命令行输入"tr（修剪）"，对偏移后的直线进行修剪，结果得到角卡的投影，如下图所示。

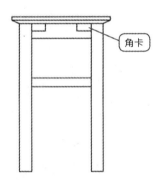

角卡

STEP 03 将"轮廓线层置为当前，然后在命令行输入"l（直线）"，以正立面图中长望板、长撑档的端点为起点绘制三条直线。

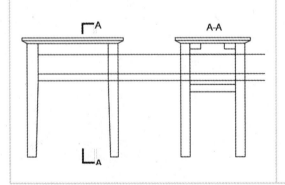

STEP 04 在命令行输入"o（偏移）"，将两条凳腿的最外侧竖直线分别向内偏移5和25，结果如下图所示。

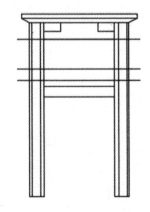

STEP 05 在命令行输入"tr（修剪）"，对偏移后的直线和第3步绘制的直线进行修剪，结果如下图所示。

STEP 06 将"剖面线"层置为当前，然后在命令行输入"h（填充）"，选择"木纹面1"为填充图案，并将填充比例设置为5，对长望板和长撑档的剖面进行填充，结果如下图所示。

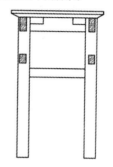

10.3.3 绘制方凳平面图

方凳平面图主要是为了表达凳腿、望板、撑档及角卡之间的关系，其中望板和撑档的投影重合。方凳平面图绘制完成后如右图所示。

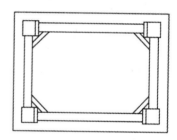

1. 绘制凳面和凳腿平面图

STEP 01 将"轮廓线"层置为当前，然后在命令行输入"rec（矩形）"，沿正立面图正上方绘制一个380×280的矩形，如下图所示。

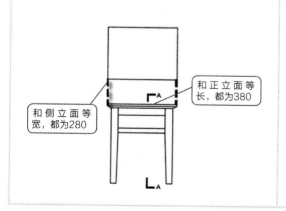

和正立面等长，都为380

和侧立面等宽，都为280

STEP 02 重复矩形命令，绘制凳腿在平面图的投影，AutoCAD提示如下。

命令: RECTANG
指定第一个角点或 [倒角(C)/标高(E)/圆角(F)/厚度(T)/宽度(W)]: fro 基点:（捕捉矩形的左上端点）
<偏移>: @20,-20✓
指定另一个角点或 [面积(A)/尺寸(D)/旋转(R)]: @40,-35✓

STEP 03 在命令行输入"l（直线）"，以凳腿的端点为起点绘制一条竖直线，如下图所示。

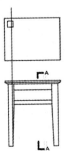

STEP 04 在命令行输入"tr（修剪）"，对刚绘制的直线进行修剪，结果如下图所示。

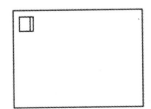

STEP 05 在命令行输入"mi（镜像）"，将凳腿沿矩形水平线中点的连线为镜像线镜像，如下图所示。

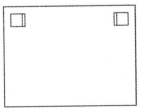

STEP 06 重复镜像，将凳腿沿矩形竖直线中点的连线为镜像线镜像，如下图所示。

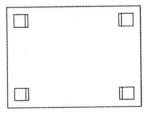

2．绘制望板和角卡平面图

STEP 01 在命令行输入"o（偏移）"，将凳面向内侧偏移25和45，结果如下图所示。

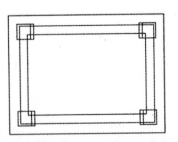

STEP 02 在命令行输入"l（直线）"，绘制角卡的投影线，AutoCAD命令行提示及操作如下：

```
命令: L LINE
指定第一个点: fro
基点:              （捕捉上步偏移后最内侧矩
形的左上端点）
<偏移>: @40,0
指定下一点或 [放弃(U)]: @-40,-40
指定下一点或 [放弃(U)]:          （按空格键
结束命令）
```

STEP 03 直线绘制完成后，结果如下图所示。

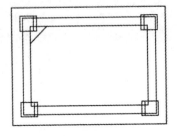

STEP 04 在命令行输入"o（偏移）"，将上步绘制的直线向外侧偏移10，结果如下图所示。

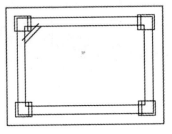

STEP 05 在命令行输入"tr（修剪）"，对偏移后的直线进行修剪，结果如下图所示。

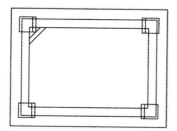

STEP 06 在命令行输入"mi（镜像）"，将绘制的角卡投影沿矩形的水平线中点连线为镜像线镜像，结果如下图所示。

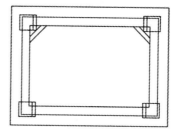

STEP 07 重复镜像命令，将角卡投影沿矩形的竖直线中点连线为镜像线进行镜像，结果如下图所示。

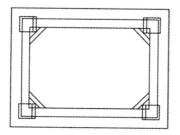

STEP 08 在命令行输入"tr（修剪）"，对第1步偏移后的矩形和凳腿重合部分就行修剪，结果如下图所示。

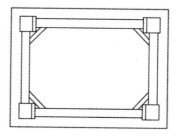

STEP 09 将"标注"层置为当前，对方凳视图进行标注，结果如下图所示。

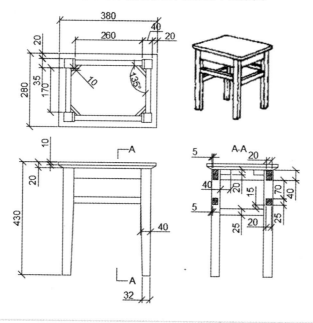

10.4 绘制靠背椅

 视频文件：Chapter10\绘制靠背椅.avi

　　本靠背椅为实木拼板，前边比后边宽50mm，腿椅和撑档的榫肩应略有斜度，三根撑档不在一个平面，前撑档高，侧撑档低。后腿上下端弯曲度相等，以保证其稳定性，冒头（最上端的靠背）和靠背有一定的弧度，以满足人靠时的舒服度，冒头和靠背贴近人体侧的榫肩和后腿靠近人体侧的面平齐。

　　椅面为实木板胶结合，椅面与椅架为木螺钉吊面结合，其他部位均为不贯通单榫结合。

1. 下料

　　椅面拼板若干块，满足椅面宽度尺寸。后腿2根，前腿2根，望板4根，撑档3根，冒头（上端靠背）1根；靠背2根。

2. 基准面刨削及划线

　　（1）将座面料刨出基准面，并胶拼在一块。
　　（2）尺寸划线（mm）
　　　　椅面：前宽400，后宽350，长380，厚20。
　　　　后腿：长860，上下底端断面30×30。
　　　　前腿：长400，顶端断面45×45，底端断面35×35。
　　　　侧望板：285×45×20，前望板：260×45×20，后望板：290×45×20。
　　　　冒头与靠背有弯曲度，前腿撑档和侧撑档都有斜面，应与相应的前腿、后腿相配合。

3. 加工

　　（1）按已划好的净料尺寸与榫孔位置、榫头尺寸进行刨削、开榫、打眼。
　　（2）在望板上钻螺丝孔，以备椅面吊接。
　　（3）座面的前两角加工成R10的圆角。

4. 装配

　　（1）检查各零部件的数量、质量和规格，均应符合要求。
　　（2）装配关系。

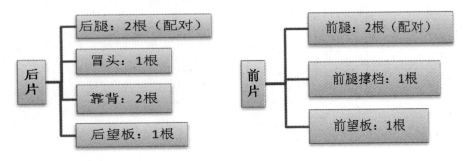

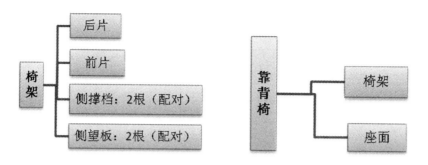

（3）装配过程及注意事项

a. 拢后片，将一对后腿平方在工作台上，先把腿的榫孔和各榫头涂上胶水，然后把冒头、靠背和望板逐一装入一条后腿，然后再倒过来，将各榫头相应装入另一条后腿，装配时可以借助丝杠或辅助工具装紧校正。装配过程如下左图所示。

b. 拢前片，将左右各一对前腿及望板、前腿撑档的榫眼、榫头涂上胶水后，先装入一条腿，然后反过来再装入另一条腿。装配过程如下右图所示。

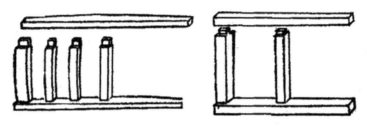

c. 拢椅架，将前片榫孔涂上胶水后，再将侧望板和侧撑档的榫头涂上胶水，然后装入，最后再将后片榫孔涂上胶水后装入，可以用丝杠家具装紧校正。装配过程如左下图所示。

d. 吊座面，将刨光后的座面放在椅架上，划出嵌入后腿的缺口位置，然后将座面平放在工作台上，再将椅架反扣在座面上，用木螺钉吊接固定。最后用直尺检查四脚是否平稳。若不平，则应对长腿进行修正。装配后如下右图所示。

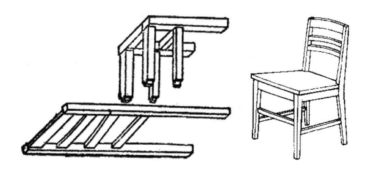

10.4.1　绘制靠背椅正立面和背立面图

靠背椅结构比较复杂，座面前后宽度不同，而且前后腿的形状完全不同，因此，为了能更准确清晰地表达靠背椅的立面情况，我们这里采用半正立面半背立面来表达靠背椅的立面图。

以"家具制图样板"为模板，创建一个图形文件。

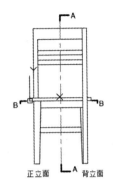

正立面　背立面

STEP 01　将"轮廓线"层置为当前层，在命令行输入"rec（矩形）"，绘制一个400×20和350×860的矩形，如下图所示。

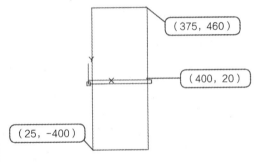

（375，460）

（400，20）

（25，-400）

STEP 02　在命令行输入"x（分解）"，将上步绘制的矩形分解。然后在命令行输入"o（偏移）"，将两条竖直线分别向内侧偏移30，如下图所示。

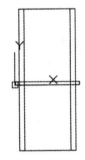

STEP 03　从上步偏移命令，将上端的水平直线分别向下偏移70、140、170、200、230、505、630和660，结果如下图所示。

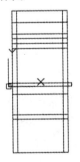

STEP 04　在命令行输入"tr（修剪）"，对2~3步偏移的直线进行修剪得到冒头、靠背、座面、后腿的投影，如下图所示。

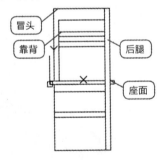

冒头

靠背　　　后腿

座面

STEP 05 在命令行输入"o（偏移）"，将最左侧的直线向右偏移35和45，如下图所示。

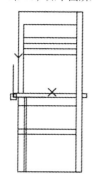

STEP 07 在命令行输入"mi（镜像）"，将上步绘制的直线以靠背水平线中点连线为镜像线进行镜像，结果如下图所示。

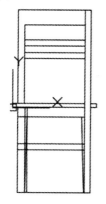

STEP 09 将"中心线"层置为当前层，然后在命令行输入l（直线），给视图添加中心线，如下图所示。

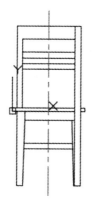

STEP 06 在命令行输入"l（直线）"，连接图中的两交点，如下图所示。

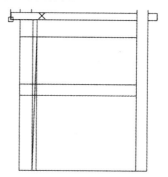

STEP 08 在命令行输入"tr（修剪）"，对椅腿、望板和撑档进行修剪，并将多余的辅助线删除，结果如下图所示。

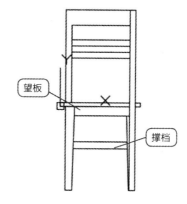

STEP 10 将"剖切符号"层置为当前层，然后在命令行输入l（直线），绘制剖切位置，并用单行文字添加剖切标记和视图注释，如下图所示。

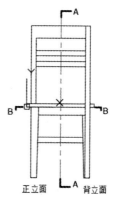

263

10.4.2 绘制靠背椅A−A剖视图

　　侧立面图中能清晰地观察椅子前后腿、侧望板以及侧撑档的投影情况，但是不能看到前后望板、前撑档以及冒头、靠背的投影情况，为了能清楚地观察前后望板、前撑档以及冒头、靠背的投影情况，侧立面采用剖视图，剖视图完成后如右图所示。

1．绘制座面、侧望板、前腿、后腿和侧撑档

STEP 01　将"轮廓线"置为当前层，然后在命令行输入 "1（直线）"，以上节绘制的立面图的座面和望板的端点为起点绘制直线，如下图所示。

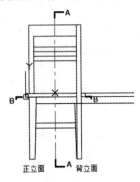

STEP 03　在命令行输入"o（偏移）"，将上步绘制的直线向右侧分别偏移70、355和380，如下图所示。

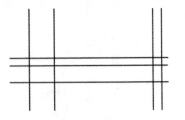

STEP 02　重复绘制直线，绘制一条与上步绘制的直线相垂直的直线，如下图所示。

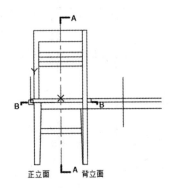

STEP 04　在命令行输入"tr（修剪）"，对图形进行修剪，得到座面和侧望板的投影，如下图所示。

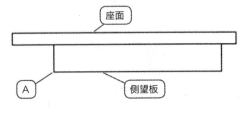

STEP 05 在命令行输入"l（直线）"，绘制椅子的前腿，AutoCAD命令行提示如下。

命令: LINE
指定第一个点:　　　　　（捕捉上图中的A点）
指定下一点或 [放弃(U)]: @-10,-355↙
指定下一点或 [放弃(U)]: @-35,0↙
指定下一点或 [闭合(C)/放弃(U)]: @0,400↙
指定下一点或 [闭合(C)/放弃(U)]:　　　（按空格键结束命令）

STEP 07 重复直线命令，绘制椅子的后腿，AutoCAD提示如下。

命令: LINE
指定第一个点:　　　　　（捕捉上图中的B点）
指定下一点或 [放弃(U)]: @60,-355↙
指定下一点或 [放弃(U)]: @30,0↙
指定下一点或 [闭合(C)/放弃(U)]: @-40,355↙
指定下一点或 [闭合(C)/放弃(U)]: @0,65↙
指定下一点或 [闭合(C)/放弃(U)]: @40,440↙
指定下一点或 [闭合(C)/放弃(U)]: @-30,0↙
指定下一点或 [闭合(C)/放弃(U)]: @-60,-440↙
指定下一点或 [闭合(C)/放弃(U)]:　　　（按空格键结束命令）

STEP 09 在命令行输入"o（偏移）"，将侧望板的投影线向下偏移225和255。

STEP 06 椅子的前腿绘制完成后，如下图所示。

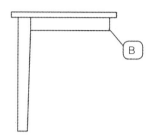

STEP 08 椅子的后腿绘制完成后，如下图所示。

后腿

STEP 10 在命令行输入"ex（延伸）"，将上步偏移后的两条直线延伸到和椅子的前后腿相交。

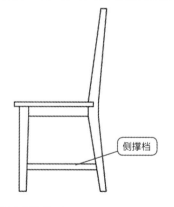

侧撑档

265

2. 绘制前后望板、前腿撑档、冒头及靠背的剖面

STEP 01 在命令行输入"1（直线）"，以上节立面图前后望板和前腿撑档投影的端点为起点绘制三条直线，如下图所示。

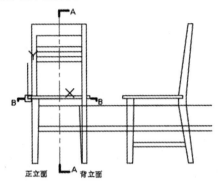

正立面　　　背立面

STEP 02 在命令行输入"o（偏移）"，将前腿投影的最外侧竖直线向右分别偏移8、28、335、355，如下图所示。

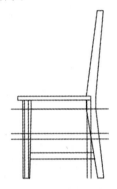

STEP 03 在命令行输入"tr（修剪）"，修剪绘制和偏移后的直线，得到前后望板、前腿撑档的剖面图，如下图所示。

前望板
后望板
前撑档

STEP 04 在命令行输入"o（偏移）"，将椅子后腿的外侧投影线向内侧偏移15，向外侧偏移7，将顶端水平线向下偏移70，如下图所示。

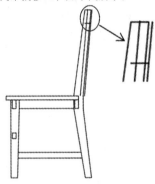

STEP 05 在命令行输入"ex（延伸）"，把偏移后的直线延伸到相交，结果如下图所示。

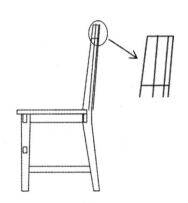

STEP 06 在命令行输入"tr（修剪）"，把上步相交的直线进行修剪并删除多余的直线，得到冒头的剖面，如下图所示。

冒头剖面

STEP 07 重复偏移命令，将椅子后腿的外侧投影线向内侧偏移15，向外侧偏移5，将顶端水平线向下分别偏移140、170、200、230，如下图所示。

STEP 08 在命令行输入"ex（延伸）"将偏移后的水平直线延伸到椅子后腿的投影线，延伸后如下图所示。

STEP 09 在命令行输入"tr（修剪）"，对偏移延伸后的直线进行修剪，结果得到靠背的剖面，如下图所示。

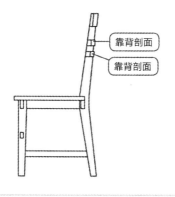

靠背剖面

靠背剖面

STEP 10 将"剖面线"层置为当前层，然后输入"h（填充）"，给面板、前后望板、前腿撑档、冒头及靠背的剖面进行填充，其中面板填充图案为"木纹面5"，填充比例为50，其余填充图案选择"木纹面1"，填充比例为10，如下图所示。

10.4.3 绘制靠背椅平面图

靠背椅的平面图采用半平面板剖视（B-B剖）结合的方法表达。靠背椅平面图绘制完成后如右图所示。

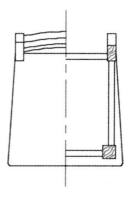

1. 绘制座面和前椅腿

STEP 01 将"轮廓线"层置为当前，然后在命令行输入"rec（矩形）"，当命令行提示指定第一角点时，捕捉（仅捕捉住不选中）立面图中椅子的边缘端点，然后向下拖动鼠标，如下图所示。

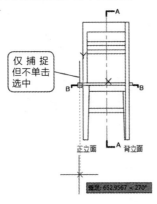

STEP 03 单击选中刚绘制的矩形，然后鼠标按住矩形的右上端点向左拖动，如下图所示。

STEP 05 重复步骤3~4，按住矩形的左上端点，向右缩进25，结果如下图所示。

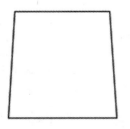

STEP 02 向下拖动鼠标在合适的位置单击，作为矩形的第一个角点，然后输入（400，-380）作为矩形的另一个角点，绘制完成后如下图所示。

STEP 04 在呈现出向右倾斜趋势时（如上图），在命令行输入移动距离25，结果如下图所示。

STEP 06 在命令行输入"rec（矩形）"，根据命令行提示进行如下操作。

命令: RECTANG
　　指定第一个角点或 [倒角(C)/标高(E)/圆角(F)/厚度(T)/宽度(W)]: fro 基点:
　　（捕捉上图的右下端点）
　　<偏移>: @-25,25↙
　　指定另一个角点或 [面积(A)/尺寸(D)/旋转(R)]: @-45,45↙

STEP 07 矩形绘制完成后如下图所示。矩形绘制完成后在命令行输入"x（分解）"命令，将外侧的梯形（即座面投影）分解。

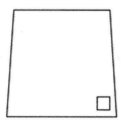

STEP 08 在命令行输入"f（圆角）"，当命令行提示选择第一个对象时，输入"m"并按空格键确认，然后输入"r"并按空格键，然后输入半径值10，最后选择需要倒圆角的相交直线。

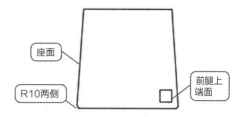

座面

R10两侧

前腿上端面

STEP 09 将"剖面线"层设置为当前层，然后在命令行输入"h（填充）"，选择"木纹面1"为填充图案，填充比例为10，对前腿端面的剖面进行填充，结果如下图所示。

STEP 10 将"中心线"层置为当前，然后在命令行输入"l（直线）"，给平面图添加中心线，结果如下图所示

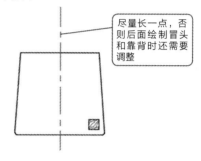

尽量长一点，否则后面绘制冒头和靠背时还需要调整

2. 绘制后腿和望板平面图

STEP 01 将"轮廓线"层置为当前，然后在命令行输入"rec（矩形）"，命令行提示如下。

命令: RECTANG
指定第一个角点或 [倒角(C)/标高(E)/圆角(F)/厚度(T)/宽度(W)]: fro
基点:　　　　　（捕捉梯形的右上端点）
<偏移>: @0,65
指定另一个角点或 [面积(A)/尺寸(D)/旋转(R)]: @-30,-90

STEP 02 矩形绘制完成后如下图所示。

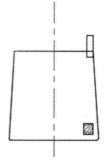

STEP 03 在命令行输入"mi（镜像）"，以中心线为镜像线，对上步绘制的矩形进行镜像，如下图所示。

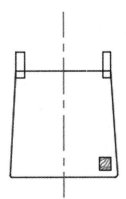

STEP 04 将刚绘制的两个矩形分解。然后在命令行输入"o（偏移）"，将分解后的边向下偏移30和40，如下图所示。

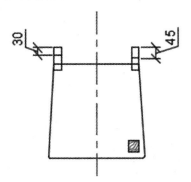

STEP 05 在命令行输入"tr（修剪）"，对椅子后腿投影进行修剪，结果如下图所示。

椅腿上端面的投影

椅腿剖切位置的投影

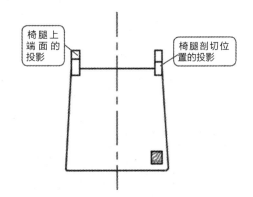

STEP 06 在命令行输入"l（直线）"，绘制侧望板的投影，根据AutoCAD提示进行如下操作。

命令: LINE
指定第一个点: fro
基点: （捕捉前腿投影的右上端点）
<偏移>: @-5,0
指定下一点或 [放弃(U)]: @0,285
指定下一点或 [放弃(U)]: （按空格键结束命令）

STEP 07 直线绘制结束后如下图所示。

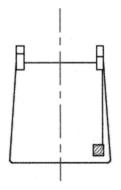

STEP 08 在命令行输入"o（偏移）"，将座面上侧直线向内偏移20，下侧直线向内偏移33和53，上步绘制的直线向左侧偏移20，如下图所示。

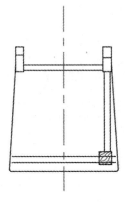

STEP 09 在命令行输入"tr（修剪）"，对望板进行修剪，结果如下图所示。

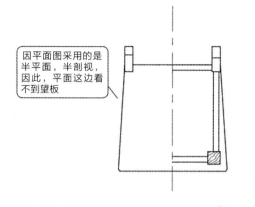

因平面图采用的是半平面，半剖视，因此，平面这边看不到望板

STEP 10 将"剖面线"层设置为当前层，然后在命令行输入"h（填充）"，对后腿剖切部分进行填充，结果如下图所示。

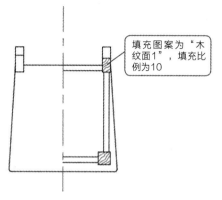

填充图案为"木纹面1"，填充比例为10

3. 绘制冒头和靠背平面图

STEP 01 将"轮廓线"层置为当前，在命令行输入"a（圆弧）"，根据AutoCAD提示进行如下操作。

命令: ARC
指定圆弧的起点或 [圆心(C)]:
[捕捉（仅捕捉不选中）第2步图中的A点，然后拖动鼠标，当指引线与右侧后腿投影相交时单击]
指定圆弧的第二个点或 [圆心(C)/端点(E)]: e↙
指定圆弧的端点: （捕捉A点）
指定圆弧的中心点(按住 Ctrl 键以切换方向)或 [角度(A)/方向(D)/半径(R)]: r↙
指定圆弧的半径(按住 Ctrl 键以切换方向): 700↙

STEP 02 确定圆弧第一点时如下左图所示，圆弧绘制完成后如下右图所示。

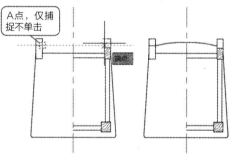

A点，仅捕捉不单击

STEP 03 在命令行输入"o（偏移）"，将上步绘制的圆弧向外侧偏移22，向内侧偏移19和31，结果如下图所示。

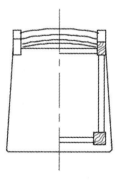

STEP 04 在命令行输入"tr（修剪）"，选中要修剪的圆弧和修剪边（后腿的内侧线）后，按住Shift键，先将圆弧延伸到修剪边，然后再修剪，如下图所示。

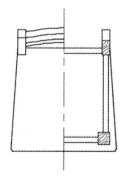

271

10.4.4 完善图形

图形绘制完毕后，最后给图形添加标注、给A-A剖视图添加剖切标记，给平面图添加文字注释等。

STEP 01 将"将剖切符号"层置为当前，然后在命令行输入"dt（单行文字）"，将文字高度设置为35，角度设置为0，给A-A剖视图添加剖切标记，如下图所示。

A-A

STEP 02 因平面图一半是平面图，一半是B-B剖视图，因此要给视图添加文字注释。重复步骤1，给平面图添加文字注释，结果如下图所示。

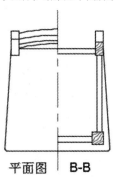

平面图　B-B

STEP 03 将"标注"层置为当前，给视图添加标注，结果如下图所示。

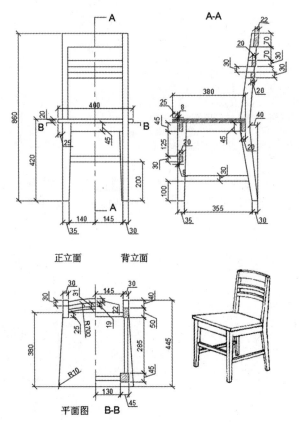

10.5 绘制扶手椅

 视频文件：Chapter10\绘制扶手椅.avi

1. 扶手椅简介

除了圈椅（如下左图）、交椅（如下右图）外，有扶手的背靠椅统称扶手椅。

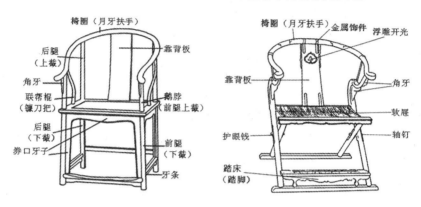

扶手椅其式样和装饰有简单的也有复杂的，常和茶几配合成套，以四椅二几置于厅堂明间的两侧，作对称式陈列，如下左图所示。

在中国传统文化中，家具的最大特点就是以直线为美，靠背、扶手都是以直线、直角出现；而欧洲洛可可装饰恰恰与之相反，以展示曲线美见长，除常见的西番莲以外，还有蔓草纹、葡萄纹等，如下右图所示。

2. 扶手椅的风格搭配

实木扶手椅，搭配田园或古典、中式、欧式风格均可，视搭配空间而定。

田园风格，主要用于户外，如庭院、露台的搭配，如上左图所示。

欧式或中式风格，常用于客厅，如搭配上小茶几装饰等，如上右图所示。

古典式风格常用于书房、卧室等，如下左图所示。

竹藤材质的扶手椅，给人清凉自然的感觉，搭配田园或东南亚风格家居尤为适合。比较适合阳台或者客厅角落休闲区的布置，如下右图所示。

提示 tips 扶手椅应排除在餐厅之外，因为餐椅着重考虑大方的造型和舒适度，扶手椅在餐厅里面就显得非常之累赘笨重，落座就餐非常不便。

10.5.1 绘制扶手椅正立面图

扶手椅的正立面图比较复杂，绘制过程中涵盖了大部分AutoCAD绘图命令及修改命令，很多绘图过程都采用了不同一般绘图方法的技巧，比如，通过对矩形的拉伸来绘制椅脚，利用多段线直接绘制椅腿和靠背等，绘制完成如右图所示。

以"家具制图样板"为模板，创建一个图形文件。

1. 绘制椅脚

STEP 01 将"轮廓线"层置为当前层，在命令行输入"rec（矩形）"，绘制三个矩形，如下图所示。

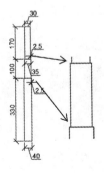

STEP 02 选中40×330的矩形，通过夹点编辑，把它的底边右侧端点向左拉伸20。选中30×170的矩形，将它的左侧端点向左拉伸20，右侧端点向左拉伸5，结果如下图所示。

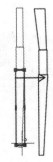

STEP 03 在命令行输入"cha（倒角）"，当提示选择第一条直线时，输入"m（多次倒角）"按空格键，然后再输入"d"，把两个倒角距离都设置为2.5，倒角后如下图所示。

STEP 04 在命令行输入"l（直线）"，把倒角后形成的端点链接起来，结果如下图所示。

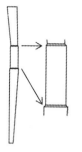

STEP 05 在命令行输入"pl（多段线）"，根据AutoCAD命令行提示，进行如下操作。

```
命令: PLINE
指定起点:              （捕捉下图中的A点）
当前线宽为 0.0000
指定下一个点或 [圆弧(A)/……/宽度(W)]:@ 20,0↙
指定下一点或 [圆弧(A)/……/宽度(W)]: a↙
指定圆弧的端点(按住 Ctrl 键以切换方向)或
[角度(A)/……/宽度(W)]: r↙
指定圆弧的半径: 2570↙
指定圆弧的端点(按住 Ctrl 键以切换方向)或
[角度(A)]: @25,330↙
指定圆弧的端点(按住 Ctrl 键以切换方向)或
[角度(A)/……/宽度(W)]: l↙
指定下一点或 [圆弧(A)/……/宽度(W)]:
@0,525↙
指定下一点或 [圆弧(A)/^/宽度(W)]: @450,0↙
指定下一点或 [圆弧(A)/闭合(C)/半宽(H)/长
度(L)/放弃(U)/宽度(W)]:    （按空格键结束多
段线的绘制）
```

STEP 06 多段线绘制完成后，在命令行输入"x（分解）"，将绘制的多段线分解，如下图所示。

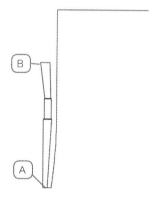

STEP 07 在命令行输入"l（直线）"，当命令行提示指定第一点时输入"fro"并按空格键，然后捕捉上图中的B点为基点，然后输入偏移距离"@35,0"，直线的尺寸如下图所示。

STEP 08 在命令行输入"o（偏移）"，将上步绘制的540长的直线，向下分别偏移320、330和380，结果如下图所示。

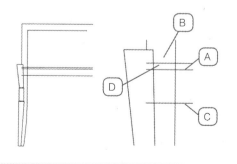

STEP 09 单击"默认>绘图>圆弧>起点、端点、半径"绘制圆弧，如下图所示。

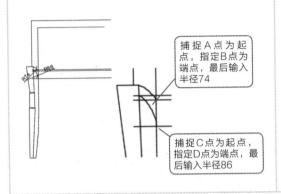

捕捉A点为起点，指定B点为端点，最后输入半径74

捕捉C点为起点，指定D点为端点，最后输入半径86

STEP 10 在命令行输入"tr（修剪）"，对扶手进行修剪，并将多余的线删除，然后将椅腿沿上端两条直线的中点连线进行镜像，如下图所示。

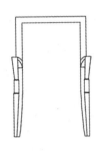

2. 绘制靠背

STEP 01 将"中心线"层置为当前层，在命令行输入"l（直线）"，给图形添加中心线，如下图所示。

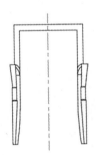

STEP 02 将"轮廓线"层置为当前层，在命令行输入"o（偏移）"，将水平线向下偏移65、85、265和285，将竖直线分别向内偏移20。

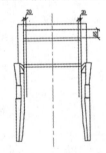

STEP 03 在命令行输入"tr（修剪）"，对偏移后的直线进行修剪，结果如下图所示。

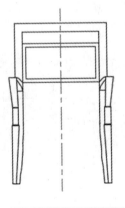

STEP 04 在命令行输入"el（椭圆）"，根据AutoCAD命令行提示，进行如下操作。

```
命令: ELLIPSE  指定椭圆的轴端点或 [圆弧(A)/中心点(C)]: a
指定椭圆弧的轴端点或 [中心点(C)]: c
指定椭圆弧的中心点：  （捕捉上图中的A点）
指定轴的端点：      （捕捉上图中的B点）
指定另一条半轴长度或 [旋转(R)]：   （捕捉
上图中的C点）
指定起点角度或 [参数(P)]: 0
指定端点角度或 [参数(P)/夹角(I)]: 90
命令: ELLIPSE
指定椭圆的轴端点或 [圆弧(A)/中心点(C)]:
（捕捉上图中的B点）
指定轴的另一个端点：  （捕捉上图中的D点）
指定另一条半轴长度或 [旋转(R)]: 80
```

STEP 05 椭圆弧和椭圆绘制结束后如下图所示。

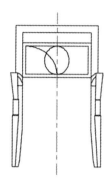

STEP 06 在命令行输入"o（偏移）"，将椭圆弧向右侧偏移15，椭圆向内偏移20。

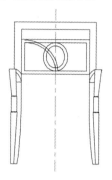

STEP 07 在命令行输入"tr（修剪）"，对偏移后的椭圆弧进行修剪，结果如下图所示。

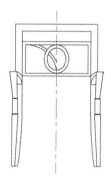

STEP 08 在命令行输入"mi（镜像）"，将修剪后的椭圆弧沿竖直中心线进行镜像，如下图所示。

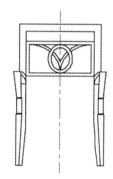

STEP 09 重复镜像，将所有椭圆弧沿水平方向进行镜像，结果如下图所示。

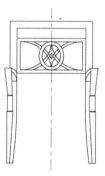

STEP 10 在命令行输入"tr（修剪）"，对镜像后的相交椭圆弧进行修剪，结果如下图所示。

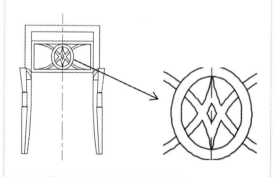

3．绘制坐垫和望板

STEP 01 在命令行输入"o（偏移）"，将靠背的底边向下偏移120、160、230和250，确定坐垫和望板等部件的高度。

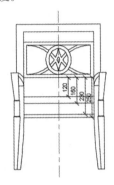

STEP 02 在命令行输入"ex（延伸）"，将偏移得到的线段向左右两侧延长，使其连接到扶手，如下图所示。

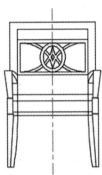

STEP 03 在命令行输入"tr（修剪）"，修剪掉椅子后腿的多余线段，结果如右图所示。

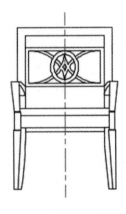

10.5.2 绘制扶手椅侧立面图

绘制扶手椅侧立面图的难点主要是椅子靠背侧立面的弧形不好把握，这个需要用辅助网格，确定一个关键位置的点，然后绘制样条曲线，再调整样条曲线上的点，直到满意为止。侧立面图绘制完成后如右图所示。

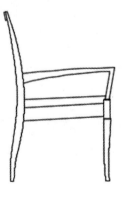

1. 绘制辅助线

STEP 01 将"虚线"层置为当前层,在命令行输入"1(直线)",分别以扶手的高度、坐垫的高度和前望板高度的端点为起点绘制直线,如下图所示。

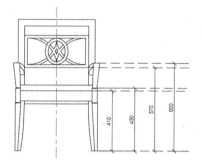

STEP 02 重复绘制直线,绘制一条与上述直线垂直的直线,如下图所示。

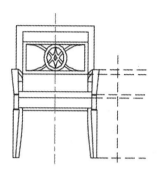

STEP 03 在命令行输入"o(偏移)",将底端水平直线向上偏移390,竖直线向右偏移30、570和600,结果如下图所示。

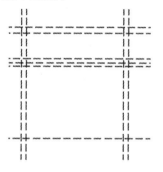

STEP 04 在命令行输入"br(打断)",为了不影响后面绘图的清晰度,对上面绘制的辅助线进行打断,结果如下图所示。

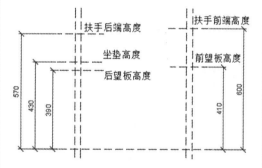

提示 tips

1. 打断的技巧

打断过程中经常会留下很多多余的线段,修剪删除很繁琐,为了避免修剪删除等二次操作,在打断时,当提示指定第二点时可以在打断线的整个长度之外单击鼠标,这样就不会留下多余的线段。

例如下图在打断时要保留BC段,在输入打断命令后,指定第一点B,当提示指定第二点时,捕捉A点或A点左侧的任何空白区,则AB段将被删除。同样操作,第二次打断时,先捕捉C点为打断的第一点,当提示指定第二点时,指定D点或D点右侧任何空白区单击,这样最后保留下的长度就是BC段了。

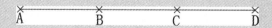

2. 重复命令

当一个命令重复使用时,可以先在命令行输入"multiple(多个的)"并按空格键,当命令行提示输入要重复的命令时,再输入要重复操作的命令。比如本例在执行打断命令时,可以先输入"multiple"并按空格键,当命令行提示输入重复命令时输入"br(打断)"命令,这样就可以一直执行打断操作,直到按Esc键退出命令为止。

2. 绘制椅腿

STEP 01 将"实线"层置为当前层，在命令行输入"l（直线）"，绘制两垂直线。竖直线尽量长些（至少大于900），如下图所示。

STEP 02 在命令行输入"ar（阵列）"，对水平直线和竖直线分别进行矩形阵列。两条直线阵列的设置分别如下。

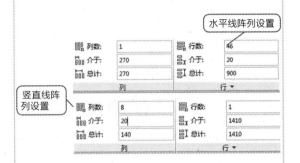

STEP 03 阵列后结果如下图所示。

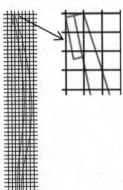

STEP 04 在命令行输入"spl（样条曲线）"，捕捉图中的交点绘制样条曲线，如下图所示。

STEP 05 在命令行输入"l（直线）"，绘制扶手椅后腿的其他部位，结果如下图所示。

STEP 06 重复步骤1~5，绘制扶手椅的前腿，结果如下图所示。

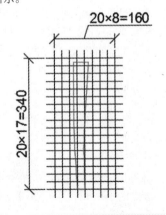

STEP 07 在命令行输入"co（复制）"，将绘制好的前后椅腿复制到辅助线相应的位置，结果如下图所示。

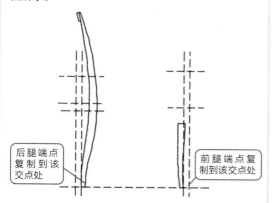

后腿端点复制到该交点处

前腿端点复制到该交点处

STEP 08 在命令行输入"l（直线）"，过正立面图前腿第一段端点处绘制一条直线，如下图所示。

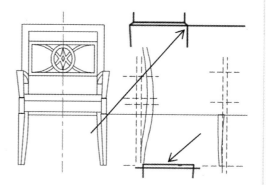

STEP 09 在命令行输入"tr（修剪）"，对侧面图中前腿进行修剪并删除多余的直线，最后删除最内侧的两条竖直辅助线，结果如下图所示。

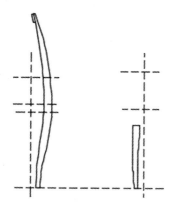

STEP 10 在命令行输入"x（分解）"，将正立面图中前腿的最下端部分分解。然后在命令行输入"co（复制）"，将前腿的第二段连同倒角复制到侧面图中前腿的相应位置处，如下图所示。

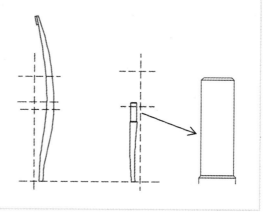

提示 tips 样条曲线绘制时很难一步到位，先绘制出大致轮廓，然后再慢慢调整夹点，绘制的点数量要合适，不能太多，也不能太少。

3. 绘制望板、坐垫和扶手

STEP 01 在命令行输入"1（直线）"，连接后望板高度与后腿的交点和前望板高度与前腿的交点，如下图所示。

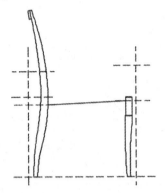

STEP 02 在命令行输入"o（偏移）"，将上步绘制的直线向上偏移40，向下偏移70。如下图所示。

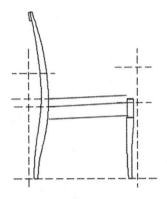

STEP 03 单击"默认>绘图>圆弧>起点、端点、半径"绘制圆弧，结果如下图所示。

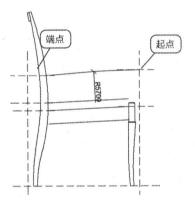

STEP 04 在命令行输入"1（直线）"，根据AutoCAD命令行提示进行如下操作。

```
命令: LINE
指定第一个点: fro
基点:                （捕捉前腿最上端直线
的中点）
<偏移>: @10,0
指定下一点或 [放弃(U)]:    （捕捉上步绘制
的圆弧的端点）
指定下一点或 [放弃(U)]:    （按空格键结束
命令）
```

STEP 05 直线绘制完毕后如下图所示。

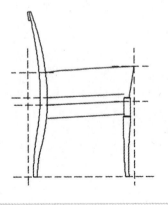

STEP 06 在命令行输入"o（偏移）"，将上步绘制的直线向左偏移20，将前腿高度辅助线向下偏移20，后腿高度辅助线向下偏移50，如下图所示。

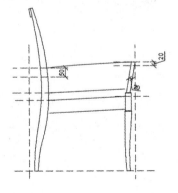

STEP 07 单击"默认>绘图>圆弧>起点、端点、半径"绘制圆弧，结果如下图所示。

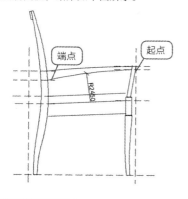

STEP 08 在命令行输入"tr（修剪）"，对图形修剪和延伸并将所有辅助线删除，如下图所示。

10.5.3 绘制扶手椅平面图

扶手椅的平面图采用半平面和办剖视结合的表达方法，主要表达了椅腿、横档、扶手以及靠背的形状和位置，绘制完成后如右图所示。

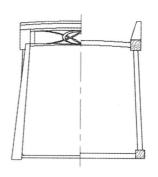

1. 绘制椅腿和望板

STEP 01 将"中心线"层置为当前层，在命令行输入"1（直线）"，沿正立面的椅腿、中心线、扶手的端点绘制几条竖辅助线，如下图所示。

STEP 02 继续绘制直线，绘制一条水平直线和上述直线相交，如下图所示。

STEP 03 在命令行输入"o（偏移）"，将上步绘制的水平直线向上偏移510，以确定前后椅腿的投影位置，如下图所示。

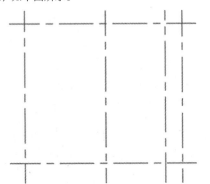

STEP 05 选中上步绘制的45×80的矩形，通过夹点编辑，将它的座上端点向右拉伸25，结果如下图所示。

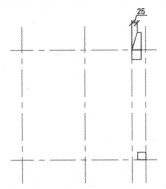

STEP 07 在命令行输入"o（偏移）"，将水平直线向上偏移20，将斜线向两侧各偏移10，并删除原来的斜线，结果如下图所示。

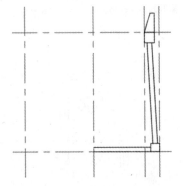

STEP 04 将"轮廓线"层置为当前层，然后在命令行输入"rec（矩形）"，绘制前后腿的剖面，结果如下图所示。

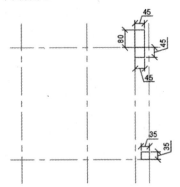

STEP 06 在命令行输入"l（直线）"，绘制望板，如下图所示。

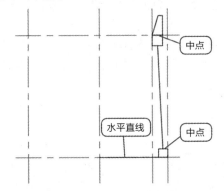

STEP 08 将"剖面线"层置为当前，然后在命令行输入"h（填充）"，选择"木纹面1"，比例为10，给前后椅腿剖面填充，如下图所示。

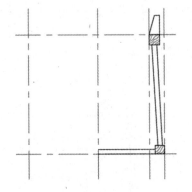

2．绘制扶手

STEP 01 在命令行输入"o（偏移）"，将上端水平辅助线向下偏移20，最低端直线向下偏移10，最左端辅助线向右偏移45、60和80，如下图所示。

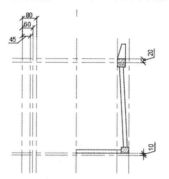

STEP 02 将"轮廓线"层置为当前层，然后在命令行输入"l（直线）"，绘制扶手，结果如下图所示。

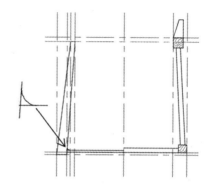

STEP 03 在命令行输入"o（偏移）"，将上步绘制的水平直线向上偏移10，如下图所示。

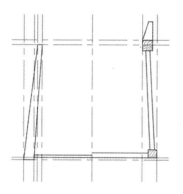

STEP 04 在命令行输入"f（圆角）"，将圆角半径设置为10，然后输入"t"，将修剪模式设置为不修剪，对偏移直线和斜线相交处圆角，如下图所示。

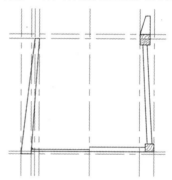

STEP 05 在命令行输入"mi（镜像）"，将右侧望板的外侧投影线沿中心线镜像到另一边，如下图所示。

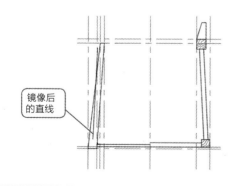

镜像后的直线

STEP 06 在命令行输入"tr（修剪）"，对圆角处相交直线和镜像后的相交直线进行修剪，将辅助线删除后如下图所示。

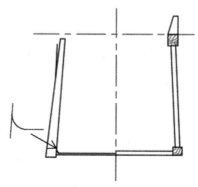

3．绘制靠背

STEP 01　在命令行输入"1（直线）"，沿靠背外侧绘制一条竖直线，如下图所示。

STEP 02　在命令行输入"o（偏移）"，将水平辅助线向下偏移45，向上偏移70和80，如下图所示。

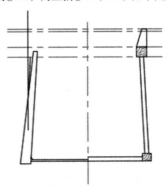

STEP 03　单击"默认>绘图>圆弧>起点、端点、半径"绘制圆弧，如下图所示。

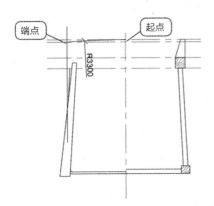

STEP 04　在命令行输入"o（偏移）"，将绘制的圆弧向下偏移10、30、40、83、100和103，如下图所示。

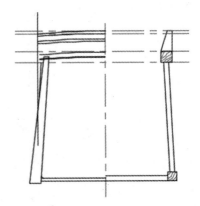

STEP 05　在命令行输入"tr（修剪）"，将圆弧直线进行修剪和延伸并将用不到的辅助线删除，结果如下图所示。

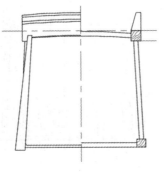

STEP 06　在命令行输入"o（偏移）"，将最右侧的竖直线向右偏移45和65，结果如下图所示。

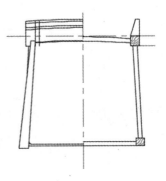

STEP 07 单击"默认>绘图>圆弧>起点、端点、半径"绘制圆弧，如下图所示。

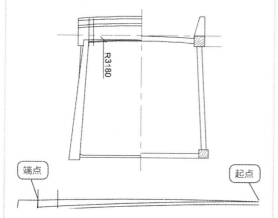

STEP 08 在命令行输入"tr（修剪）"，对相交的直线和圆弧进行修剪，结果如下图所示。

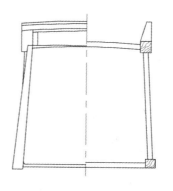

提示 偏移命令不仅可以将偏移后的图形保持原来的图层特性，也可以将偏移后的对象具有当前图层的特性，比如第2步中，将水平辅助线向下偏移45，当命令行提示指定偏移距离时，输入"1"，然后再选择"当前"即可将偏移的辅助线特性改为当前图层的特性，具体操作如下。

命令: OFFSET　当前设置: 删除源=否　图层=源 OFFSETGAPTYPE=0
指定偏移距离或 [通过(T)/删除(E)/图层(L)] <通过>: 1↙
输入偏移对象的图层选项 [当前(C)/源(S)] <源>: c↙
指定偏移距离或 [通过(T)/删除(E)/图层(L)] <通过>: 45↙
选择要偏移的对象，或 [退出(E)/放弃(U)] <退出>:　　（选择中心线）
指定要偏移的那一侧上的点，或 [退出(E)/多个(M)/放弃(U)] <退出>:　（在中心线下方任意点单击）
选择要偏移的对象，或 [退出(E)/放弃(U)] <退出>:　　　（按空格键结束命令）

4. 绘制靠背图案

STEP 01 在命令行输入"el（椭圆）"，根据AutoCAD命令行提示操作如下。

命令: EL ELLIPSE
指定椭圆的轴端点或 [圆弧(A)/中心点(C)]:
（捕捉A点）
指定轴的另一个端点:　　　　（捕捉B点）
指定另一条半轴长度或 [旋转(R)]: 80↙
命令: ELLIPSE
指定椭圆的轴端点或 [圆弧(A)/中心点(C)]: c↙
指定椭圆的中心点: fro
基点:　　（捕捉上面绘制的椭圆的圆心）
<偏移>: @0,-3↙
指定轴的端点: @0,-27↙
指定另一条半轴长度或 [旋转(R)]: @68,0↙

STEP 02 两个椭圆绘制完毕后如下图所示。

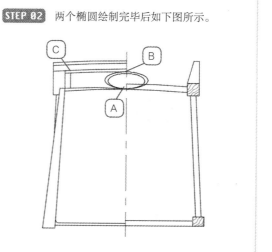

STEP 03 单击"默认>绘图>圆弧>起点、端点、半径"绘制圆弧，AutoCAD提示操作如下。

```
    命令: _arc    指定圆弧的起点或 [圆心(C)]:
（捕捉A点）
    指定圆弧的第二个点或 [圆心(C)/端点(E)]: _e
    指定圆弧的端点:     （捕捉C点）
    指定圆弧的中心点(按住 Ctrl 键以切换方向)
或 [角度(A)/方向(D)/半径(R)]: _r
    指定圆弧的半径(按住 Ctrl 键以切换方向): 340
    命令: _arc    指定圆弧的起点或 [圆心(C)]: fro
基点:      （捕捉A点）
    <偏移>: @0,6
    指定圆弧的第二个点或 [圆心(C)/端点(E)]: _e
    指定圆弧的端点:     （捕捉C点）
    指定圆弧的中心点(按住 Ctrl 键以切换方向)
或 [角度(A)/方向(D)/半径(R)]: _r
    指定圆弧的半径(按住 Ctrl 键以切换方向): 335
```

STEP 04 两条圆弧绘制完成后如下图所示。

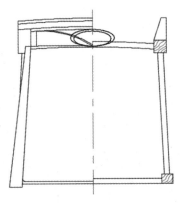

STEP 05 在命令行输入"mi（镜像）"，将两条圆弧沿过左边竖直线中点的水平线进行镜像，如下图所示。

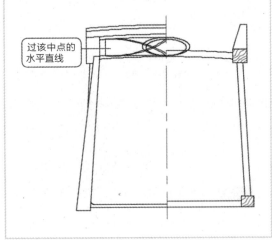

过该中点的水平直线

STEP 06 在命令行输入"tr（修剪）"，对上述绘制的椭圆、圆弧进行修剪，结果如下图所示。

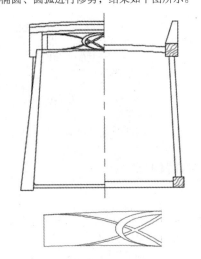

10.5.4 完善图形

三视图绘制完毕后，图形的基本形状和轮廓就已经呈现出来了，但是对于一些细节结构表达的还不是特别清楚，因此，需要添加局部详图以及尺寸标注。

STEP 01 将多重引线"样式2"置为当前,并将"剖切符号"层置为当前层,然后在命令行输入"mld",给需要详图的位置添加标记,如下图所示。

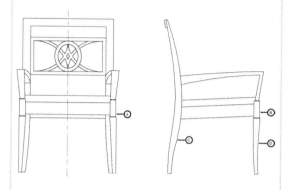

STEP 02 将多重引线"样式1"置为当前,并将"细实线"层置为当前层,然后在命令行输入"mld",给图形添加材料说明,如下图所示。

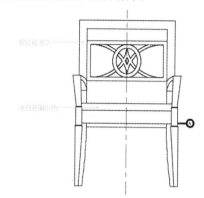

STEP 03 将标注层置为当前层,给图形添加标注,最终所有图形如下图所示。

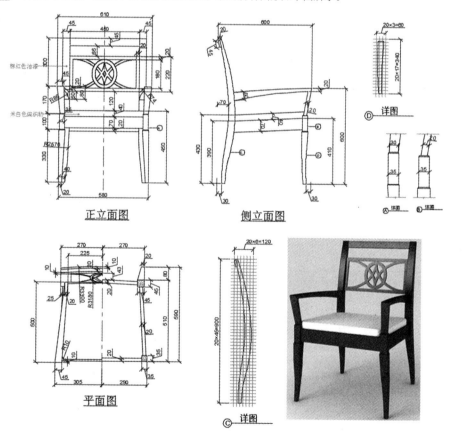

正立面图   侧立面图

平面图

10.6 知识点延伸——明清时期的椅子

明代是家具艺术发展的成熟时期，各类家具的形制、种类多姿多彩。同类品种中，繁简不同，装饰花纹不同，艺术效果也不同。

明时椅子类型有如下几种：宝座、交椅、圈椅、官帽椅、玫瑰椅、靠背椅等，如下表所示。

明时椅子名称对照表

名称	解释	图例
宝座	宝座是皇宫中特制的大椅，造型结构仿床榻做法。在皇宫和皇家园林、行宫里陈设，为皇帝和后妃们所专用。一般人少有用这种大椅的，这种大椅很少成对，大多单独陈设，常放在厅堂中心或其他显要位置	
交椅	交椅即汉末北方传入的胡床，形制为前后两腿交叉，交接点作轴，上横梁穿绳代坐。于前腿上截即座面后角上安装弧形栲栳圈，正中有背板支撑，人坐其上可以后靠。宋、元、明乃至清代，皇室官员和富户人家外出巡游、狩猎都携带交椅	
圈椅（太师椅）	严格来说，交椅应属圈椅的一种，圈椅的椅圈与交椅的椅圈完全相同，交椅以其面下特点命名，圈椅则以面上特点命名。圈椅是由交椅演变而来的。交椅的椅圈自搭脑部位伸向两侧，然后又向前顺势而下，尽端形成扶手。人在就座时，两手、两肘、两臂一并得到支撑。圈椅采用四足，以木板作面，和一般椅子的座面无大区别。只是椅的上部仍保留交椅的形式。在厅堂陈设及使用中大多成对，单独使用得不多。 明代圈椅的椅式极受世人推崇，以致当时人们把圈椅亦称为"太师椅"	
官帽椅	官帽椅是依其造型酷似古代官员的帽子而得名。官帽椅又分为南官帽椅和四出头式官帽椅。 南官帽椅的造型特点是在椅背立柱与搭脑的衔接处做出圆角。做法是由立柱作榫头，搭脑两端的下面作榫窝，压在立柱上。椅面两侧的扶手也采用同样做法。背板做出"S"形曲线，一般用一块整板做成。明末清初出现木框镶板做法，由于木框带弯，板心多由几块拼接，中间装横枨。面下由牙板与四腿支撑座面。正面牙由中间向两边开门形门牙。这种椅型在南方使用较多。 四出头式官帽椅与南官帽椅的不同之处是在椅背搭脑和扶手的拐角处不是做成软圆角，而是在通过立柱后继续向前探出，尽端微向外撇，并削出圆润的圆头。这种椅子也多用黄花梨木制成。背板全用整块木板刮磨成"S"形曲背。大方的造型和清晰美观的木质纹理，形成秀美高雅的风格与意趣	

名　称	解　释	图　例
玫瑰椅	玫瑰式椅实际上是南官帽椅的一种。它的椅背通常低于其他各式椅子，和扶手的高度相差无几。背靠窗台放置不至于高出窗台，配合桌案陈设时又不高过桌面。 玫瑰椅多用花梨木或鸡翅木制作，一般不用紫檀或红木。玫瑰椅的名称多在北方匠师们口语中流传，南方则称其为"文椅"	
靠背椅	靠背椅是只有后背而无扶手的椅子。分为一统碑式和灯挂式两种。一统碑式的椅背搭脑与南官帽椅的形式完全一样；灯挂式椅的靠背与四出头式一样，因其两端长出柱头，又微向上翘，犹如挑灯的灯杆，因此名其为"灯挂椅"。一般情况下，靠背椅的椅形较官帽椅略小。在用材和装饰上，硬木、杂木及各种漆饰等尽皆有之，特点是轻巧灵活，使用方便	

　　清代由于手工业技术的发展，各类器物都呈现雕饰过繁的现象。为了加强装饰效果，清代座椅常常采用屏风式背，这样可以在板心上雕刻或装饰各种花纹。有的椅子虽也是官帽式，但扶手和后背立柱已不是与腿足一木连做，而是采用框式围子，用走马销与座面结合。有的外形轮廓是屏风式，轮廓内的空当攒成拐子纹，这样可以把大小材料都派上用场，以节省木料，又形成独特的清式风格。

沙发是由椅子逐渐演变过来的，它和凳子、椅子构成了坐具的三大件。作为起居室的主要家具之一，造型优美、色泽和谐、做工精致的沙发，不仅是人们休息的理想坐具，同时也起着美化室内环境、体现居室主人审美追求的作用。

Chapter

11

沙发类家具设计

11.1　沙发设计基础

　　沙发作为休息时的良好用具，柔软而富有弹性，能很好地减轻人们工作时的疲劳强度。现代沙发的设计特点是不仅要有舒适的功能，还要有吸引力的外观。

11.1.1　沙发的分类

　　沙发有多种分类，常见的分类有：按造型分类、按功能分类和按材料分类。

1. 按造型分类

　　按造型沙发可分为背坐式、框架式、整体式和落地式。各种分类的定义及图例如下表所示。

按造型分类沙发

名　称	定义及解释	图　例
背座式	由靠背、座面构成。是沙发造型中最简洁的，特点是造型简洁、使用灵活。适用于使用频繁、人流量大、坐用短暂的公共建筑大厅及面积小的家庭。背座式沙发可以由木框架组成，也可以用金属框架组成	
框架式	由不同材料组成沙发框架，在上面安装靠背和座面。安装方法有两种，一种是靠背、座面和框架分开制作，再组合在一起，另一种是直接在框架上安装。不论采用哪种安装方式，它的扶手两侧都是透空的。 框架由木质和金属材料构成，木质框架应用广泛，扶手楼在外边。金属材料扶手部位这要安装其他材料加以处理	
整体式	将座面、靠背、扶手做成一个整体，采用全包布软垫做法，脚架露在外面。按材料不同可为木架整体式和金属脚架整体式	
落地式	这种沙发直接布置在地上，不必采用框架的形式，在室内可增强整体感	

2．按功能分类

按造型沙发可分为单人沙发、双人沙发、三人沙发、长沙发和多用沙发。各种分类的定义及图例如下表所示。

按功能分类沙发

名　称	定义及解释	图　例
单人沙发	单人沙发供一个人使用，其造型式样最多，除一般休息用沙发外，还有高靠背沙发，有些上步没有活动头靠软垫，也有一些靠背两侧上部带侧翼的形式。此外，还有一种带搁脚凳的单人沙发，它由凳子及沙发两件家具共同组成	
双人/三人/长沙发	顾名思义，双人沙发供两个人使用、三人沙发供三个人使用，多人沙发则供三个以上的人使用	
多用沙发	利用特制支架、软垫、沙发座、茶几等单体构件，根据不同的使用要求，可以组合成长凳，也可以兼做单人床及三人沙发，还可以组合成二人用带茶几沙发，而且沙发座可以相对放置。这种多用组合沙发的特点是利用标准构件，适于大批量生产，可随意添置组合，功能适用范围广，适于小面积房间使用	

3．按材料分类

按材料沙发可分为模压胶合板沙发、多层胶合弯曲木沙发、硬塑料沙发、泡绵沙发和充气沙发。各种分类的定义及图例如下表所示。

294

按材料分类沙发

名　称	定义及解释	图　例
模压胶合板沙发	用模压胶合板制成板型构件，组合成沙发。有两种做法：一种是仿木沙发的传统做法；二是充分利用模压胶合板的特点，沙发支架座面、靠背一次成型的现代做法，这种做法只适用于背坐式、造型简单，可大批量生产	传统做法　现代做法
多层胶合弯曲木沙发	利用多层胶合弯曲木制成沙发部件组成框架，装上软垫即可成为样式不同的沙发。多层胶合弯曲木构件强度大，可塑性强，能满足沙发构件的力学要求和各种造型需求	
硬塑料沙发	硬塑料沙发有两种，一种是全部用塑料制成框架；另一种是仅局部构件用硬塑料，局部应用塑料成型，只是制作靠背、座面软垫的基层等	全部用塑料　局部用塑料
泡绵沙发	泡绵沙发是用据氨基甲酸酯泡面（一种发泡塑料）制成，制作简单，首先根据设计把沙发内套缝好，注入塑料，发泡成型后再铺面料	
充气沙发	充气沙发是以空气代替沙发内部材料，吹进封闭而坚固的一个薄而柔的塑料皮囊内形成沙发。充气沙发有两种做法：一种是不用任何材料构件而制成；另一种是按传统式样，由气垫和支架组成，气垫内是气囊，外饰面层	

11.1.2 沙发的构成

沙发由框架和软垫构成，框架是沙发除去软垫构造外的骨架，它决定沙发造型的基本形态。软垫又叫蒙垫或包垫，相当于家具的外装，其作用是为了沙发表面美观和坐时舒适。

1. 框架

框架由木材、藤材和金属材料等制成，其中用得最多的是木材，这里也重点介绍木框架。

木框架由一些零部件根据沙发造型选用适当的结合方式装配而成，较为典型的是整体式沙发，其框架构成如下图所示（左图是方形木框架结构，右图是半圆形木框架结构）。

图中各组成部件的介绍及作用如下表所示。

沙发的构成

部件名称	介绍及作用
背上档	也称靠背帽头、背补头、顶栏，位于靠背上端，起着枕背和放料的作用，方形框架一般低于背旁板20~30mm，以便放置填料。半圆形木框架可与背柱连为一体，但要求与背柱平齐
背旁板	也叫靠背帮档，即靠背的侧板，与背上档连为一体形成靠背。半圆形沙发是用背柱代替了背旁板，与扶手上档连接，并在扶手的上部靠背处加翼柱，这样就形成了一个半圆形带翼的靠背
扶手上板	也叫扶手面板，主要用途是放置填充软料，方形木框架多为板材，位置应低于扶手前后板20mm，如果是放置弹簧，则应低50mm~60mm
扶手前后板	也叫扶手前后档，是方形木框架形成扶手的前后构件，半圆形木框架，因扶手与靠背是一半圆形整体，后板与旁板合一形成背柱
前后身档、座旁身档	由前、后身档及两块座旁身档构成的坐垫部分框架，是整个沙发框架的基础，一般取净料40mm×50mm或50mm×60mm
前后腿	是沙发的支撑构件，起支撑作用

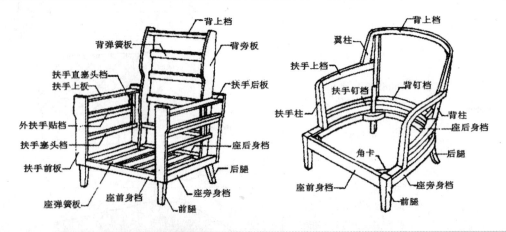

提示 tips　除了上面的基本构件外，一些大型沙发框架为了安装弹簧，在沙发框架背部要装有背弹簧板，在扶手部位装有外扶手贴档、扶手塞头档及垂直方向的扶手只塞头档。在座位部分要加座弹簧板，以便安装弹簧。如果是半圆形沙发，则要在背部及扶手部位的下部装背钉档，以便钉绷带。

由上述部件构成的沙发框架，在实际应用中由于沙发式样的不同，框架构成也将随之改变，如背坐式沙发框架就比较简单，它没有扶手，只有背座就可以了。

金属框架的特点是强度大，适应性强，组装方法有以下两种。

一种是现代钢结构和传统木结构相结合，用木质座面、靠背以及扶手，其他用钢结构，称为钢木结构沙发；另一种是在金属框架上装帆布或绷带，放上软垫，坐起来与有弹簧的沙发一样舒服。

2. 软垫

靠背、扶手、座面是直接与人体接触的部分，为了使身体得到充分休息和舒适性，沙发在这些部分采用了柔软材料制成的软垫。

11.2 沙发的造型尺寸

沙发的主要功能是让人们得到很好的休息，同时让坐在上面的人感到舒服。因此，人体各部位的基本尺寸就是确定沙发尺寸的依据，沙发设计中用到的人体部位的比例如下图所示。

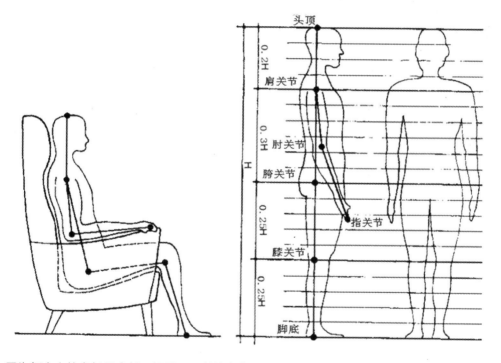

因为每个人的身长尺度都不相同，所以沙发在设计时，不可能按照某个人的身长尺度来设计，但大体可以确定一个范围，这个范围是按照成年人身体的平均尺寸经过一定的实践后得到的。

沙发造型的各部分名称及代号如下表所示。

沙发造型的构成和代号

图 例	部 位	代 号
	总宽	W
	座前宽	W1
	座后宽	W2
	总厚	D
	座面厚	D1
	总高	H
	座前高	SH
	座后高	H1
	扶手高	H2
	背高	H3
	座面倾斜角度	α
	座面与靠背角度	β

1. 座高

指桌面前、后沿与地面的垂直距离，这个距离应以人的小腿骨长度为依据，大约为人体高度的1/4。坐垫前沿距地面高度对舒适度影响很大，应该比小腿弯曲时的高度略低一些。轻便沙发的座前高在360mm~380mm，前后差50mm~60mm。大型沙发座前后高在400mm~460mm，前后差30mm~40mm。

2. 座宽

座宽是指两扶手之间的距离。根据人体臀部的尺寸确定，人体臀部的平均宽度为310mm~320mm，座宽的设计应大于这个尺寸，一般座宽在530mm~560mm之间。

3. 座深

指座面前后进深尺寸，以人的大腿骨长度为依据，即膝关节到胯关节的长度，约占人体总高的1/4。根据我国人体尺度计算，轻便沙发的座深应在480mm~500mm，大型沙发的座深应在500mm~560mm之间。

4. 靠背

指胯关节至肩关节或头顶部位高度尺寸。一般是以在肩胛骨下为宜，约占人体总高的3/10。这样不仅能使背部的肌肉得到适当休息，而又便于上肢的活动。如果是休息用的躺椅或沙发，可将高度加高至颈部或头部，约占人体总高的1/2。如果要便于上肢前后活动或左右操作，靠背就得降低到腰椎骨的上沿。根据我国人体尺度计算，轻便沙发的靠背高度在550mm~600mm，大型沙发靠背的高度在600mm~700mm之间较为合适。

由于人坐在沙发上时，背部腰椎和胸椎的自然状态形成了一条曲线，腰椎向前弯曲，为了减轻身体的疲劳，保持背部肌肉松弛的休息姿态，可将靠背做成与脊椎骨自然状态相吻合的曲线。所以需要将腰部的靠背吐出来，以增加人体和靠背的接触面积，形成"填腰"。根据测试，"填腰"的中心点应距下沉后的座面230mm~240mm，突起20mm~30mm为宜，这样的沙发靠背，不仅托住背部，而且还托住了腰部，以达到休息的目的。

　　沙发座面与水平线之间，靠背与水平线之间应有一个角度，称为夹角。它决定靠背的倾斜度，夹角越大，休息的效果就越好，这是因为随着靠背的倾斜，人体的中心逐渐向靠背转移，各部位的关节和肌肉处于松弛状态，达到休息的目的。根据我国人体的尺寸测试，座面与水平夹角应在3°～5°，靠背与水平线夹角以106°～112°为宜。

5．扶手

　　沙发扶手高度应是人的坐骨关节到肘部下点的距离。扶手的高度与座面的下沉尺寸有很大关系。合理的扶手高度，能使人的两肩自然下垂，肘部舒适地搁在扶手上，过高或过低都容易产生疲劳感。根据我国人体的尺度情况，沙发下沉后的座面到肘部下点的距离为250mm~260mm之间。

> **提示 tips** 沙发的座面和背面有一定的软度，因此，人在坐下的时候座面和靠背会有一定的下沉度，轻便沙发的座面下沉度一般在50mm~70mm，大型沙发为80mm~120mm。靠背的下沉尺寸在30mm~45mm之间为宜。

11.3　沙发与其他家具的位置关系

　　和沙发联系最紧密的是电视和茶几，所以通常在布置沙发时，要考虑沙发与电视之间的位置关系，沙发与茶几之间的关系，以及沙发与沙发之间的关系和沙发与过道之间的关系。

　　就起居室的视觉中心而言，它要求人眼到视觉中心的距离大于电视屏幕对角线的3倍左右，例如52寸的电视，距离沙发在4m左右最合适。视觉中心的高度应等于或略低于人眼的水平视线，例如对于座高为360mm~430mm的沙发，人落座后视高为1250mm~1330mm，要以此高度来设计电视柜的高度。沙发与电视之间的距离关系如下图所示。

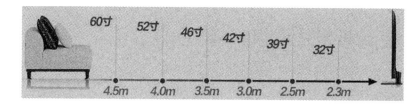

　　除了上述沙发与电视的位置关系外，还应考虑沙发与茶几、沙发与沙发之间的位置关系。

　　沙发与茶几之间的关系如下图所示，如果沙发与茶几之间不需要过人，则只需要保持在410mm~460mm之间，活动方便即可，如下左图所示。如果茶几和沙发之间需要过人则需要间距在760mm~910mm之间，如下右图所示。

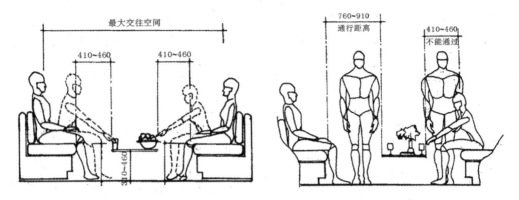

沙发与沙发之间在拐角处不留通道的距离如下左图所示，留通道的距离如下右图所示。

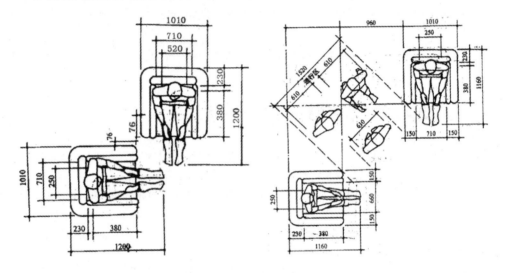

11.4 绘制背坐式沙发框架

 视频文件：Chapter11\绘制背坐式沙发框架.avi

　　背坐式沙发是沙发造型中最简洁的，它只有靠背和座面，不设扶手。背坐式沙发适用于使用频繁、人流量大、坐用短暂的公共建筑大厅及面积小的家庭。

　　本节绘制的是一个背坐式螺旋弹簧木框架，该框架的三维图如右图所示。

11.4.1 绘制侧立面图

该框架的最主要视图就是侧立面图，侧立面图采用剖视图表示，绘制完成后如右图所示。绘制侧立面图的关键是各直线的定位问题。

以"家具制图样板"为模板，创建一个图形文件。

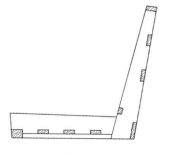

1. 绘制靠背和座面外轮廓

STEP 01　将"轮廓线"层置为当前层，在命令行输入"1（直线）"，绘制两条垂直线，两条直线作为辅助线，长度尽量长些，如下图所示。

STEP 02　在命令行输入"o（偏移）"，将竖直线向右偏移110，向左偏移630和640。将水平直线向上偏移120和650，如下图所示。

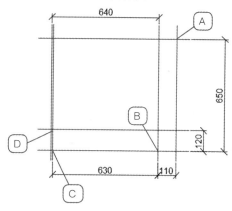

STEP 03　在命令行输入"1（直线）"，绘制两条直线AB和CD，完成后将偏移直线删除，如下图所示。

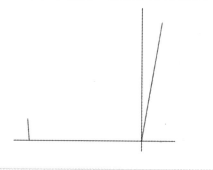

STEP 04　在命令行输入"o（偏移）"，将水平直线向上偏移105，将竖直线向左偏移120，如下图所示。

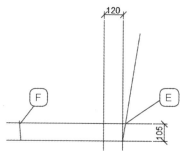

STEP 05 在命令行输入"l（直线）"，连接上图中的EF两点，并将水平偏移线删除，如下图所示。

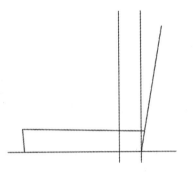

STEP 06 在命令行输入"ro（旋转）"，选择刚绘制的EF直线，选择E为基点，当命令行提示输入旋转角度时，输入"c（复制）"，然后输入旋转角度256°，结果如下图所示。

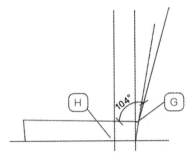

STEP 07 在命令行输入"m（移动）"，将旋转后的直线从G点移动到H点，如下图所示。

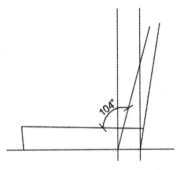

STEP 08 在命令行输入"o（偏移）"，将右侧竖直线向右偏移60，然后输入"ex（延伸）"，将移动后的直线延伸到刚偏移的直线，如下图所示。

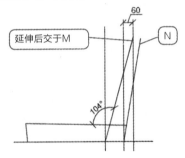

STEP 09 在命令行输入"l（直线）"，连接M、N两端点，如下图所示。

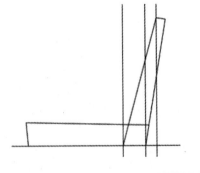

STEP 10 在命令行输入"tr（修剪）"，对图形进行修剪，结果如下图所示。

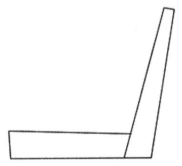

2. 弹簧板剖面图

STEP 01 在命令行输入"o（偏移）"，将水平直线向上偏移80、285、340、460和515，将右侧的倾斜线向左偏移20，如下图所示。

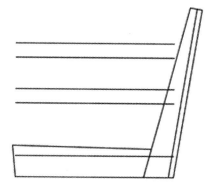

STEP 02 在命令行输入"ex（延伸）"，对偏移后的直线进行延伸，结果如下图所示。

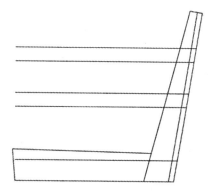

STEP 03 在命令行输入"tr（修剪）"，对延伸后的直线进行修剪，结果如下图所示。

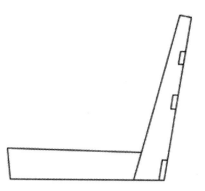

STEP 04 在命令行输入"o（偏移）"，将靠背顶端的直线向下偏移20、520和570，将靠背前边的投影线下右偏移20，如下图所示。

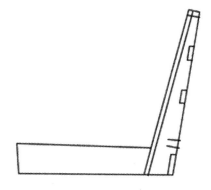

STEP 05 重复步骤2~3，对偏移后的直线进行修剪，结果如下图所示。

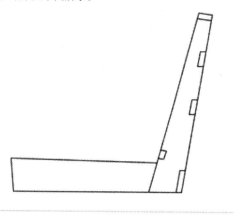

STEP 06 在命令行输入"1（直线）"，绘制一条竖直线作为辅助线，如下图所示。

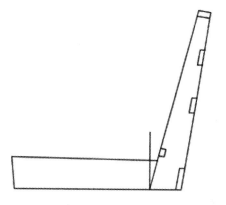

STEP 07 　在命令行输入"o（偏移）"，将水平直线向上偏移20和40，将上步绘制的直线向左依次偏移52和107，如下图所示。

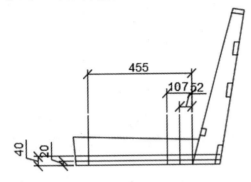

STEP 08 　在命令行输入"tr（修剪）"，对图形进行修剪，并将没有相交的地方延伸至相交，结果如下图所示。

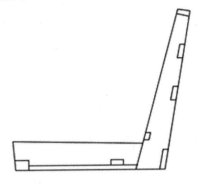

STEP 09 　在命令行输入"co（复制）"，将修剪后的右侧座面弹簧板向左复制135和270，结果如下图所示。

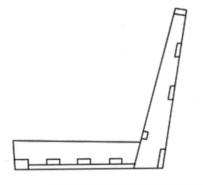

STEP 10 　将"剖面线"层置为当前层，然后在命令行输入"h（填充）"，选择"木纹面1"，比例设置为10，对图弹簧板的横断面进行填充，如下图所示。

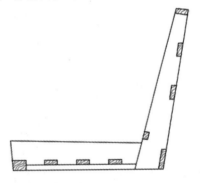

11.4.2　绘制正立面图

　　背坐式沙发框架的正立面图很简单，只需要确定正立面的宽度，然后由侧立面图投影确定靠背、座面以及弹簧板的厚度即可，正立面图完成后如右图所示。

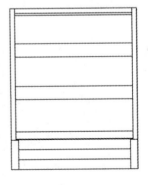

STEP 01 将"轮廓线"层置为当前，然后在命令行输入"1（直线）"，由侧立面的靠背的最高点和座面的最低点绘制两条直线，然后再绘制一条竖直线，如下图所示。

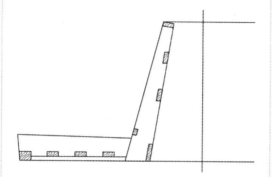

STEP 02 在命令行输入"o（偏移）"，将竖直线向右分别偏移20、30、500、510和530，如下图所示。

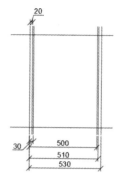

STEP 03 在命令行输入"1（直）"，过座面的最高点绘制一条水平线，如下图所示。

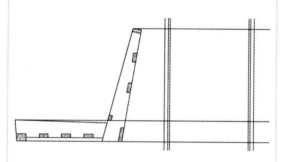

STEP 04 在命令行输入"tr（修剪）"，对图形进行修剪，结果如下图所示。

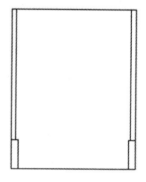

STEP 05 在命令行输入"1（直）"，过侧立面图各弹簧板的最高端点绘制直线，如下图所示。

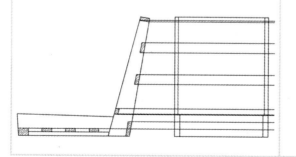

STEP 06 在命令行输入"tr（修剪）"，对上面绘制的直线进行修剪，结果如下图所示。

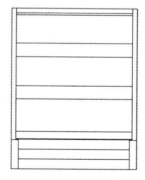

11.4.3　完善视图

侧立面和正立面绘制完成后，还需要给视图添加剖切标记以及标注尺寸。

STEP 01 在命令行输入"ex（延伸）"，将座面的上边框线延伸到沙发的靠背最右侧投影线，如下图所示。

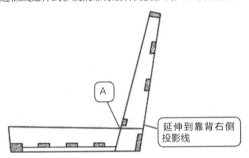

STEP 02 单击"默认>修改>打断于点"，然后以侧立面图中的A点为打断点将直线打断，如下图所示。

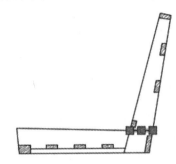

STEP 03 选中打断后较短的线段，然后单击"图层"下拉列表，选择虚线，将线段改为虚线，如下图所示。

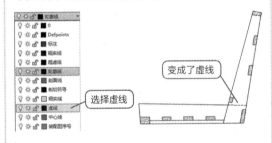

STEP 04 将"剖切符号"层置为当前，然后给视图添加剖切标记，如下图所示。

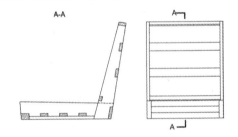

STEP 05 将"标注"层置为当前层，然后给视图添加标注，结果如下图所示。

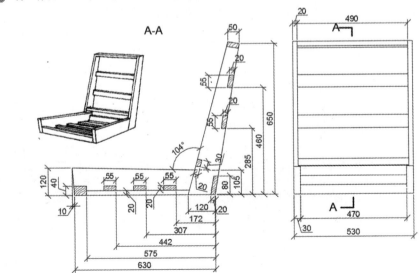

11.5 绘制背坐式沙发

 视频文件：Chapter11\绘制背坐式沙发.avi

上一节我们绘制了背坐式沙发框架，这一节我们来绘制背坐式沙发，本背坐式沙发选用木材做框架，上面安放靠背和座面连成一体的软垫。背坐式沙发绘制完成后如下图所示。

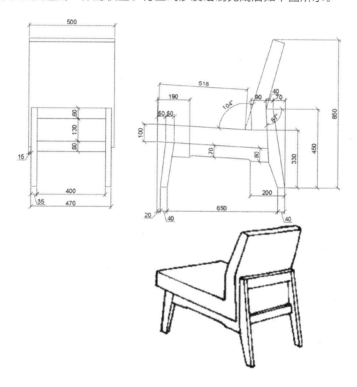

11.5.1 绘制侧立面图

侧立面图的难点在靠背与坐垫的交接点的确定，该交接点是由框架偏移确定的，因此，绘图时先绘制框架的后腿，然后再绘制软垫，最后绘制前腿和座旁身档。

以"家具制图样板"为模板，创建一个图形文件。

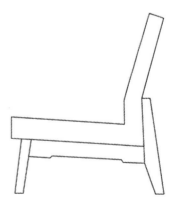

1. 绘制后腿和确定靠背与坐垫的交点

STEP 01 将"轮廓线"层置为当前层，在命令行输入"l（直线）"，绘制两条垂直的辅助线，如下图所示。

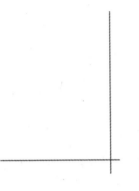

STEP 02 在命令行输入"o（偏移）"，将竖直线向左偏移70和110，水平直线向上偏移450，如下图所示。

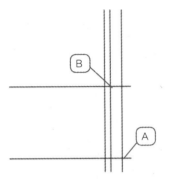

STEP 03 在命令行输入"l（直线）"，连接A、B两点，如下图所示。

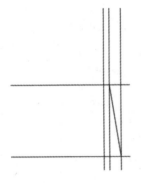

STEP 04 在命令行输入"tr（修剪）"，对图形进行修剪并删除多余的辅助线，如下图所示。

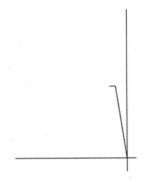

STEP 05 在命令行输入"l（直线）"，捕捉图中直线的端点，绘制一条与水平线成87°夹角的直线，直线长度不做要求，如下图所示。

STEP 06 在命令行输入"o（偏移）"，将上步绘制的直线向左侧偏移90，竖直辅助线向左偏移750，水平直线向上偏移330和360，如下图所示。

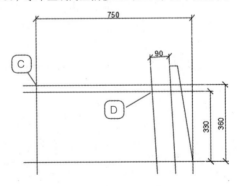

STEP 07 在命令行输入"1（直线）"，连接C、D两点，结果如下图所示。

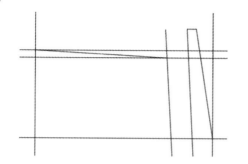

STEP 08 在命令行输入"ro（旋转）"，选择刚绘制的CD直线，选择D为基点，当命令行提示输入旋转角度时，输入"c（复制）"，然后输入旋转角度256°，结果如下图所示。

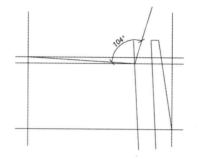

STEP 09 在命令行输入"m（移动）"，将旋转复制的直线向左水平移动40，如下图所示。

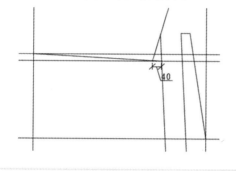

STEP 10 在命令行输入"tr（修剪）"，对图形进行修剪并删除多余的辅助线，如下图所示。

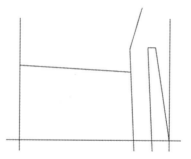

2. 绘制靠背和座面点

STEP 01 在命令行输入"o（偏移）"，将刚绘制的倾斜线向右偏移70，将水平辅助线向上偏移850，如下图所示。

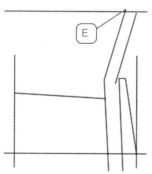

STEP 02 在命令行输入"1（直线）"，过E点绘制一条与偏移直线垂直的直线（F为垂足），结果如下图所示。

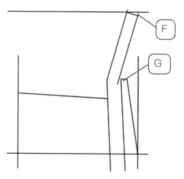

STEP 03 在命令行输入"l（直线）"，连接F、G 两点，如下图所示。

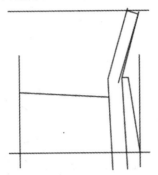

STEP 04 在命令行输入"tr（修剪）"，对图形进行修剪并删除多余的辅助线，如下图所示。

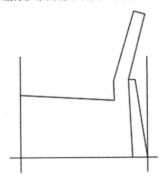

STEP 05 在命令行输入"co（复制）"，将座面的上投影线向下复制100，结果如下图所示。

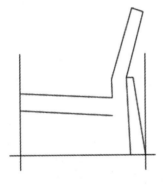

STEP 06 在命令行输入"ex（延伸）"，将上步复制的直线延伸到与后腿相交，如下图所示。

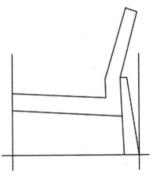

3. 绘制前腿和座旁身档

STEP 01 在命令行输入"o（偏移）"，将左侧竖直辅助线向右偏移20、50、60和100，如下图所示。

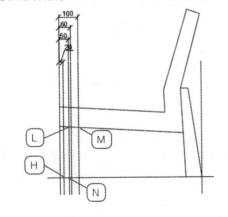

STEP 02 在命令行输入"l（直线）"，连接H、L 和M、N，结果如下图所示。

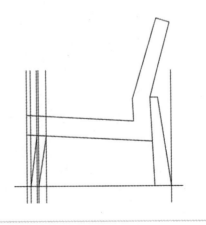

STEP 03 在命令行输入"e（删除）"，将辅助线删除后如下图所示。

STEP 04 在命令行输入"co（复制）"，将座面下投影线向下复制70和80，并将复制后的直线延伸到和后腿相交，如下图所示。

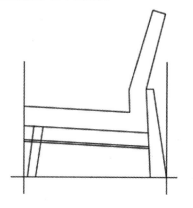

STEP 05 在命令行输入"o（偏移）"，右侧竖直辅助线向左偏移40，结果如下图所示。

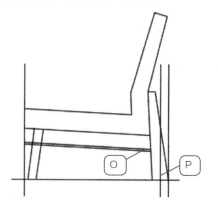

STEP 06 在命令行输入"1（直线）"，连接O、P两点，结果如下图所示。

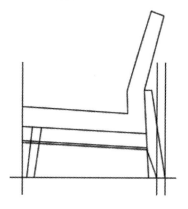

STEP 07 在命令行输入"o（偏移）"，左、右侧竖直辅助线分别向内侧偏移200，如下图所示。

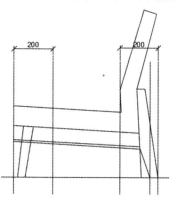

STEP 08 在命令行输入"tr（修剪）"，对图形进行修剪并删除多余的直线，结果如下图所示。

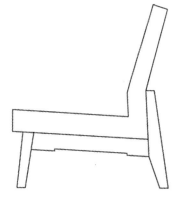

STEP 09 在命令行输入"cha（倒角）"，根据 AutoCAD命令行提示进行如下操作。

> 命令：CHAMFER
> （"修剪"模式）当前倒角距离 1 = 0.0000，距离 2 = 0.0000
> 　　选择第一条直线或 [放弃(U)/多段线(P)/距离(D)/角度(A)/修剪(T)/方式(E)/多个(M)]: d↙
> 　　指定 第一个倒角距离 <0.0000>: 10↙
> 　　指定 第二个倒角距离 <10.0000>:10↙
> 　　选择第一条直线或 [放弃(U)/多段线(P)/距离(D)/角度(A)/修剪(T)/方式(E)/多个(M)]: m↙
> 　　选择第一条直线或 [放弃(U)/……/多个(M)]:
> （选择倒角的直线）
> 　　选择第二条直线，或按住 Shift 键选择直线以应用角点或 [距离(D)/角度(A)/方法(M)]:　　（选择倒角的另一条直线）
> 　　……　　　　（重复倒角）
> 　　选择第一条直线或 [放弃(U)/……/多个(M)]:
> （按空格键结束倒角）

STEP 10 倒角完成后如下图所示。

11.5.2 绘制俯视立面图并给图形添加标注

　　背坐式沙发的俯视立面图绘制和背坐式沙发框架的俯视立面图很相似，只需要确定俯视立面的宽度，然后由侧立面图投影确定靠背、座面以及沙发腿的高度即可，俯视立面图完成后如下图所示。

STEP 01 在命令行输入"l（直线）"，由正立面的各端点为起点绘制直线，然后再绘制一条竖直线，如下图所示。

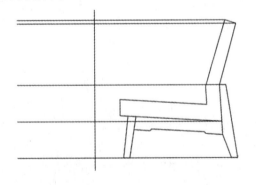

STEP 02 在命令行输入"o（偏移）"，将竖直线向左分别偏移15、50、450、485和500，如下图所示。

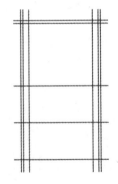

STEP 03 在命令行输入"tr（修剪）"，对偏移后的直线和第1步绘制的直线进行修剪，结果如下图所示。

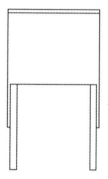

STEP 04 在命令行输入"o（偏移）"，将框架顶端的直线向下偏移60、190和260并进行修剪得到框架的投影，结果如下图所示。

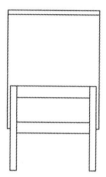

STEP 05 将"标注"层置为当前层给视图添加标注，结果如下图所示。

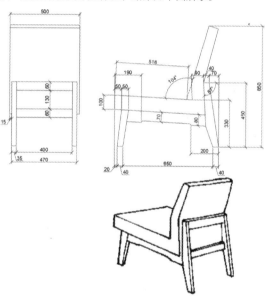

11.6 绘制单人实木沙发

 视频文件：Chapter11\绘制单人实木沙发.avi

实木沙发是由原木经过加工成大小、长短不一的方、圆半成品，再经过组合而成的沙发。实木沙发分很多种，有纯实木的，也有板木结合的，现在市面上的实木沙发，大多数都是板木结合的，只采用了部分的实木原材料，其他部位多数采用高密度板等板材。在价格上纯实木沙发也要比板木结合的贵得多。

市面上的沙发款式各种各样，其中大家接触最多的是实木沙发和布艺沙发，这两种沙发各有各的特点，各有各的好处。

1. 风格对比

实木沙发是一种传统的中式家具，摒弃了复制的雕花和纹路，将其尽量简化，符合现代人的审美观点和精神追求，放置在居室内显得古朴典雅，如下左图所示。

布艺沙发则是一种时尚选择，摆放在居室内，有明亮时尚的感觉，如下右图所示。

2. 清洁保养对比

实木沙发便于打理和日常收拾，但是缺点是表面清凉、款式陈旧。布艺沙发样式新颖，舒适度好，但不宜打理。对于年轻人来说，时尚潮流的布艺沙发好，但是对于家庭主妇和喜爱古典家具的人来说，还是传统式的实木沙发好。

3. 家用和办公用对比

实木沙发显得有底蕴，严肃，适合办公室或公众场合使用，实木沙发家用最好和家具配套使用。布艺沙发特别舒适，而且经济、实用、时尚又美观、很适合家用。因此，家用还是时尚实用的布艺沙发好，实木沙发适用于端庄、严肃的办公或公共场合。

本例中的实木沙发绘制较复杂，为了便于理解和辅助绘图，现将本例中实木沙发的三维图及三维分解图放置如下。

11.6.1 绘制实木沙发正立面图

实木沙发正立面立面图和剖视图结合的方法表达，其中难点是扶手和座面之间的支撑的绘制，在这里采用了断面图的方法表示。正立面图绘制完成后如右图所示。

以"家具制图样板"为模板，创建一个图形文件。

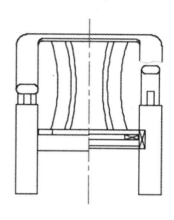

1. 沙发腿、支撑、扶手及搭脑

STEP 01　将"轮廓线"层置为当前层，在命令行输入"rec（矩形）"，绘制一个810×860的矩形，绘制完成后将该矩形分解，如下图所示。	STEP 02　在命令行输入"o（偏移）"，将顶部直线向下偏移24和36，将左右两侧侧边向内偏移120，结果如下图所示。
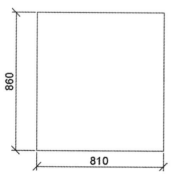	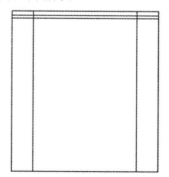

STEP 03 在命令行输入"tr（修剪）"，对偏移后的直线进行修剪，结果如下图所示。

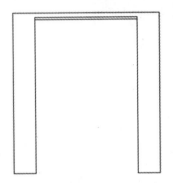

STEP 04 在命令行输入"f（圆角）"，将修剪模式设置为不修剪，圆角半径分别为60和20，如下图所示。

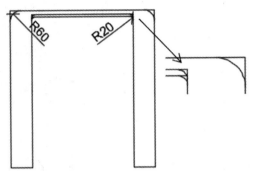

STEP 05 在命令行输入"tr（修剪）"，对圆角进行修剪，结果如下图所示。

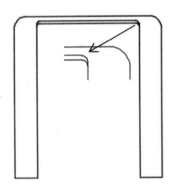

STEP 06 在命令行输入"o（偏移）"，将底部水平直线向上偏移480、560、653和695，将两侧直线分别向内侧偏移10和40，如下图所示。

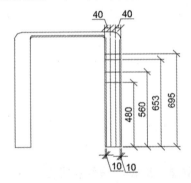

STEP 07 在命令行输入"tr（修剪）"，对偏移后的直线进行修剪，结果如下图所示。

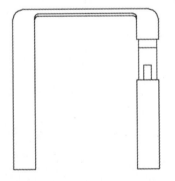

STEP 08 将"细实线"置为当前层，然后在命令行输入"spl（样条曲线）"绘制剖断线，如下图所示。

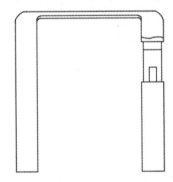

STEP 09 在命令行输入"tr（修剪）"，对剖断位置进行修剪，结果如下图所示。

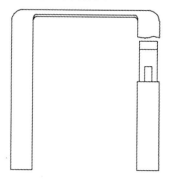

STEP 10 重复步骤4~5，绘制支撑的端面投影，圆角半径为21，结果如下图所示。

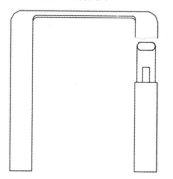

2. 完善扶手及绘制座面

STEP 01 在命令行输入"o（偏移）"，将水平直线向上偏移480、538和590，将两侧直线分别向内偏移10和40，如下图所示。

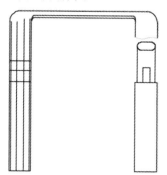

STEP 02 在命令行输入"tr（修剪）"，对偏移后的直线进行修剪，结果如下图所示。

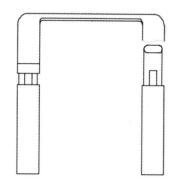

STEP 03 在命令行输入"f（圆角）"，参照前面的操作，进行圆角并修剪，圆角半径为26，如下图所示。

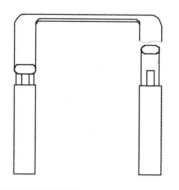

STEP 04 将"中心线"层置为当前层，然后在命令行输入"l（直线）"，给图形添加中心线，如下图所示。

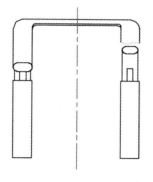

STEP 05 将"轮廓线"置为当前层,在命令行输入"o(偏移)",将最顶端直线向下偏移510、538和623,将左侧直线向右偏移5和80,如下图所示。

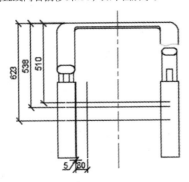

STEP 06 在命令行输入"tr(修剪)",对偏移后的直线进行修剪,结果如下图所示。

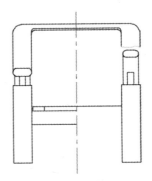

STEP 07 重复步骤5~6,绘制座后身档剖视图,如下图所示。

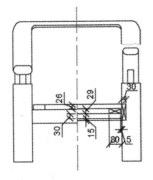

STEP 08 在命令行输入"f(圆角)",将圆角模式设置为修剪,圆角半径设置为5,如下图所示。

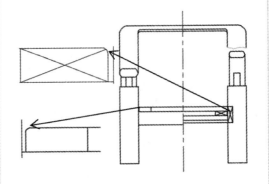

3. 绘制靠背

STEP 01 在命令行输入"o(偏移)",将中心线向右侧偏移105、135和215,如下图所示。

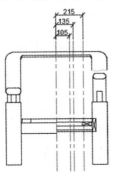

STEP 02 单击"默认>绘图>圆弧>起点、端点、半径"绘制圆弧,绘制三条圆弧,如下图所示。

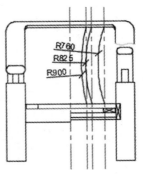

STEP 03　在命令行输入"mi（镜像）"，将绘制的三条圆弧沿中心线镜像到另一侧，然后删除三条偏移的辅助线，结果如右图所示。

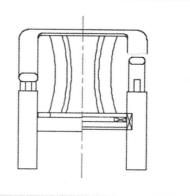

11.6.2　绘制实木沙发侧立面图

绘制实木沙发侧立面图的难点主要是靠背侧立面的弧形不好把握，这个需要用辅助网格，确定一个关键位置的点，然后绘制样条曲线，再调整样条曲线上的点，直到满意为止。

此外，扶手和搭脑的圆弧定位也是侧立面图绘制的难点。

侧立面图绘制完成后如右图所示。

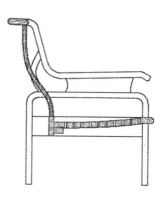

1. 绘制沙发腿和侧身档

STEP 01　在命令行输入"rec（矩形）"，当命令行提示指定第一角点时，用鼠标捕捉沙发腿正立面图的右下端点，然后向右拖动鼠标，如下图所示。

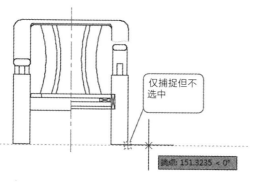

STEP 02　拖动鼠标在合适的位置单击确定第一个角点，然后输入第二个角点（@655，480）。完成后将矩形分解，如下图所示。

STEP 03 在命令行输入 "o（偏移）"，将矩形的顶边和两条两条侧边分别向内偏移30，如下图所示。

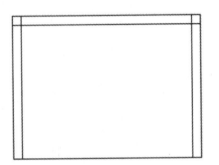

STEP 04 在命令行输入 "f（圆角）"，将圆角模式设置为修剪，圆角半径设置为60和30，圆角后结果如下图所示。

STEP 05 在命令行输入 "l（直线）"，过正立面图侧身档的两个端点绘制两条直线，如下图所示。

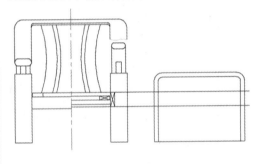

STEP 06 在命令行输入 "tr（修剪）"，对图形进行修剪，结果如下图所示。

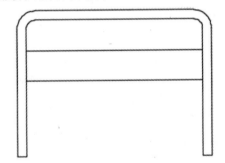

2. 绘制座面和座后身档

STEP 01 在命令行输入 "o（偏移）"，将沙发腿的内侧直线向右偏移90和120，侧身档的上侧直线向下偏移25，如下图所示。

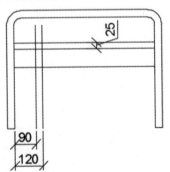

STEP 02 单击 "默认>绘图>圆弧>起点、端点、半径" 绘制圆弧，绘制一条半径为2930的圆弧，如下图所示。

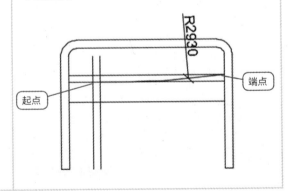

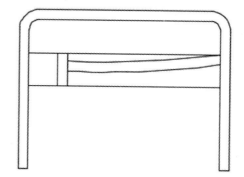

STEP 03 在命令行输入"o（偏移）"，将绘制的直线向下偏移30，如下图所示。

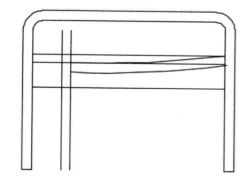

STEP 04 在命令行输入"tr（修剪）"，腿图形进行修剪，结果如下图所示。

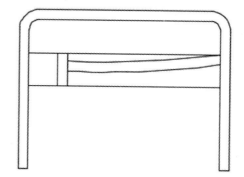

STEP 05 在命令行输入"1（直线）"，绘制椅面超出沙发腿的部分，结果如下图所示。

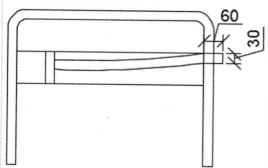

STEP 06 在命令行输入"f（圆角）"，将圆角半径设置为12，给刚绘制的直线进行圆角，如下图所示。

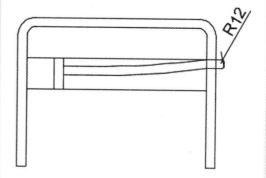

STEP 07 在命令行输入"1（直线）"，过正立面两个后身档的端点绘制两条直线。在命令行输入"o（偏移）"，偏移直线和尺寸见下图。

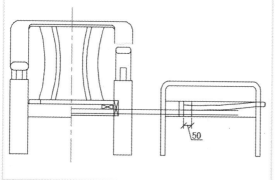

STEP 08 在命令行输入"tr（偏移）"，对图形进行修剪，结果如下图所示。

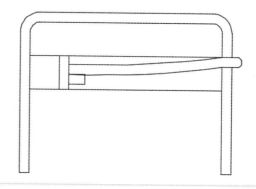

321

3．绘制座面横档

STEP 01 在命令行输入"o（偏移）"，将竖直线向右侧偏移57和66，如下图所示。

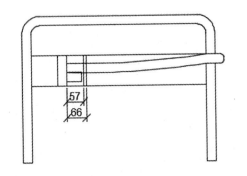

STEP 02 在命令行输入"ar（阵列）"，对偏移后的两条直线进行矩形阵列。阵列列数为10，间距为44，行数为1。结果如下图所示。

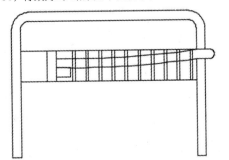

STEP 03 在命令行输入"tr（修剪）"，对阵列后的直线进行修剪，结果如下图所示。

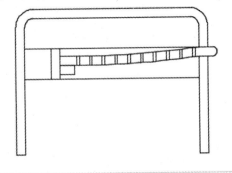

STEP 04 将"剖面线"层设置为当前层，然后在命令行输入"h（填充）"，对视图进行填充，如下图所示。

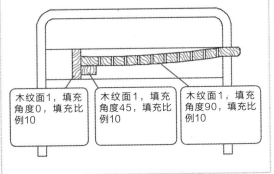

木纹面1，填充角度0，填充比例10

木纹面1，填充角度45，填充比例10

木纹面1，填充角度90，填充比例10

4．绘制扶手和前支撑

STEP 01 将"轮廓线"层置为当前层，然后在命令行输入"l（直线）"，绘制4条定位直线，如下图所示。

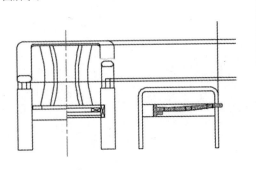

STEP 02 在命令行输入"o（偏移）"，将最上端水平直线向下偏移30，最下侧直线向上偏移10，竖直线向左偏移40、550、630和760，如下图所示。

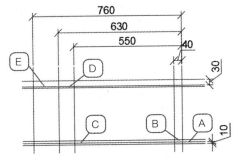

STEP 03 在命令行输入"l（直线）"，连接上图中的A、B、C、D、E点并删除辅助线，如下图所示。

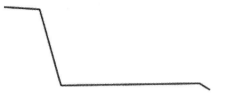

STEP 05 在命令行输入"l（直线）"，给顶端和末端直线封口，结果如下图所示。

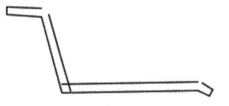

STEP 07 在命令行输入"f（圆角）"，给扶手所有直线相交处圆角，圆角半径如下图所示。

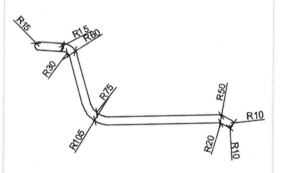

STEP 09 在命令行输入"o（偏移）"，将上步绘制的辅助线向左侧偏移80、95和445，如下图所示。

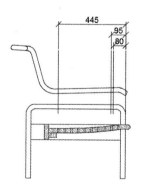

STEP 04 在命令行输入"o（偏移）"，将上步绘制的直线向上侧偏移30，结果如下图所示。

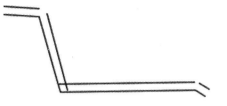

STEP 06 在命令行输入"o（偏移）"，将上端封口的直线向右侧偏移110，如下图所示。

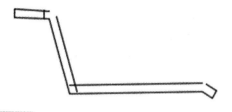

STEP 08 在命令行输入"l（直线）"，过沙发腿的最外侧直线绘制一条竖直辅助线，如下图所示。

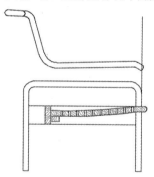

STEP 10 单击"默认>绘图>圆弧>起点、端点、半径"绘制圆弧，圆弧绘制完成后将辅助线删除，结果如下图所示。

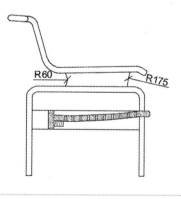

5. 绘制靠背和后支撑

STEP 01 参照上一章用样条曲线绘制扶手椅椅腿的方法绘制靠背，如下图所示。

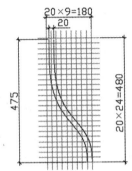

STEP 02 同理用样条曲线绘制后支撑，如下图所示。

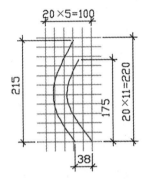

STEP 03 在命令行输入"co（复制）"，捕捉样条曲线相应的点，将它们复制到侧立面图中相应的位置，对应的位置点如下图所示。

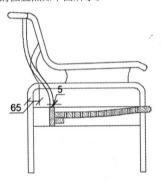

STEP 04 在命令行输入"tr（修剪）"，对复制后的样条曲线进行修剪，将超出扶手的修剪点，将与扶手不相交的延伸到相交，如下图所示。

STEP 05 将"剖面线"层置为当前层，然后在命令行输入"h（填充）"，对扶手和搭脑填充，如下图所示。

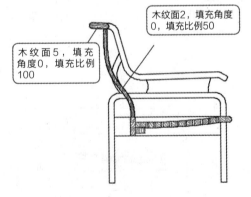

木纹面2，填充角度0，填充比例50

木纹面5，填充角度0，填充比例100

STEP 06 将"剖切符号"层置为当前层，给正立面和侧立面图添加剖切标记，如下图所示。

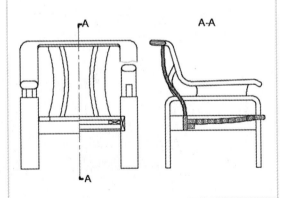

11.6.3 绘制实木沙发平面图

实木沙发的平面图采用半平面和办剖视结合的表达方法，主要表达了扶手、搭脑、支撑、座面以及靠背的形状和位置。靠背在平面图是圆弧，确定圆弧的位置以及相交后修剪是难点，实木沙发平面图绘制完成后如右图所示。

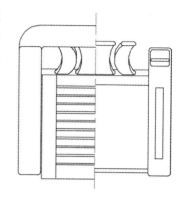

1. 绘制扶手、搭脑和支撑

STEP 01 将"轮廓线"层置为当前层，在命令行输入"ray（射线）"，沿正立面的扶手、中心线的端点绘制几条竖直辅助线，如下图所示。

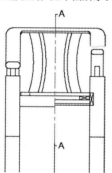

STEP 02 在命令行输入"1（直线）"，绘制几条水平直线和上述射线相交，如下图所示。

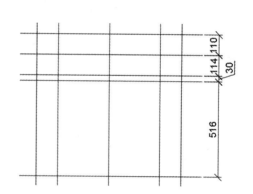

STEP 03 在命令行输入"tr（修剪）"，将绘制的射线和直线进行修剪，如下图所示。

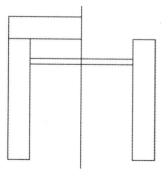

STEP 04 在命令行输入"f（圆角）"，圆角的半径分别为110和15，结果如下图所示。

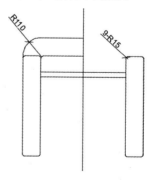

STEP 05 在命令行输入"ray（射线）"，沿正立面的支撑的端点绘制几条竖直辅助线，如下图所示。

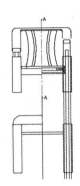

STEP 06 在命令行输入"o（偏移）"，将低端直线依次向上偏移90、455、565、591、603和649，如下图所示。

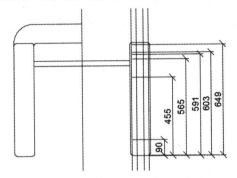

STEP 07 在命令行输入"tr（修剪）"，对偏移后的直线进行修剪延伸，结果如下图所示。

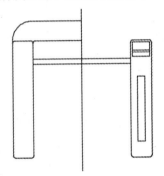

STEP 08 在命令行输入"f（圆角）"，对后支撑的投影进行圆角，圆角半径分别为10和6，如下图所示。

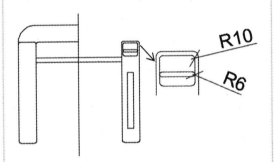

STEP 09 在命令行输入"br（打断）"，对过中心线端点绘制的射线进行打断，结果如下图所示。

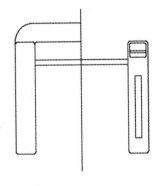

STEP 10 在命令行输入"ma（特性匹配）"，当命令行提示选择源目标对象时选择正立面图的中心线，当命令行提示选择目标对象时选择上步中打断的线，结果如下图所示。

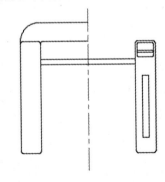

提示 tips

在绘图过程中，如果遇到两个对象特性完全一致时，可以使用"特性匹配（ma/ matchprop）"命令将源对象的特性复制到目标对象。默认情况下，是将所有对象特性进行复制。可应用的特性类型包含颜色、图层、线型、线性比例、线宽、打印样式、透明度和其他指定的特性等。

第10步中修改中心线，除了使用"特性匹配"命令外，也可以使用前面介绍的方法，先选中对象，然后将单击"图层"下拉列表，将其放置到中心线层上，如果线型比例不合适，可以通过"特性"选项板进行修改。

2．绘制座面撑

STEP 01 在命令行输入"o（偏移）"，偏移直线和距离如下图所示。

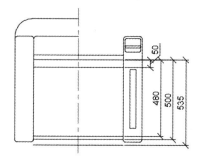

STEP 02 在命令行输入"tr（修剪）"，对偏移后的直线进行修剪，结果如下图所示。

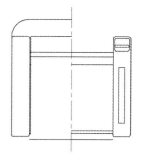

STEP 03 在命令行输入"o（偏移）"，偏移直线和距离如下图所示。

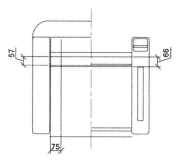

STEP 04 在命令行输入"tr（修剪）"，对偏移后的直线进行修剪，结果如下图所示。

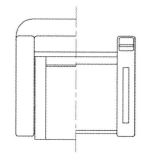

STEP 05 在命令行输入"ar（阵列）"，选择上步中修剪的两条座面撑档为矩形阵列对象，在弹出的"阵列创建"选项板上进行如下设置。

STEP 06 设置完成后单击"关闭"按钮关闭"创建阵列"选项板，结果如下图所示。

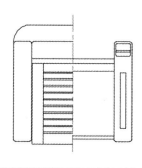

	列数：	1		行数：	10
	介于：	307.5		介于：	-44
	总计：	307.5		总计：	-396
	列			行 ▼	

3. 绘制靠背

STEP 01　在命令行输入"o（偏移）"，座后身档两条直线分别向内偏移5，然后将上侧直线向上偏移123和143，如下图所示。

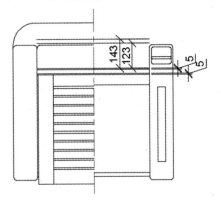

STEP 02　在命令行输入"ray（射线）"，过正立面图中靠背投影圆弧的端点和中点绘制4条射线，如下图所示。

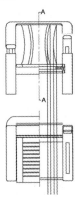

STEP 03　在命令行输入"tr（修剪）"，对偏移的直线和射线进行修剪，结果如下图所示。

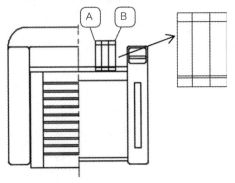

STEP 04　在命令行输入"o（偏移）"，将直线AB向下偏移69.5和89.5，如下图所示。

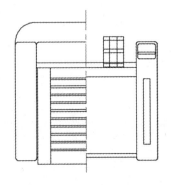

STEP 05　在命令行输入"f（圆角）"，将圆角半径设置为10进行圆角，结果如下图所示。

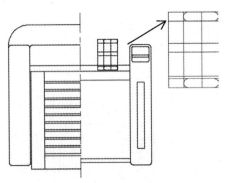

STEP 06　在命令行输入"a（圆弧）"，利用三点画弧，绘制4条圆弧，结果如下图所示。

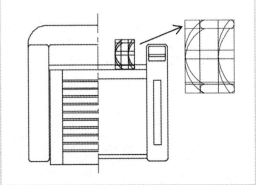

STEP 07 在命令行输入"tr（修剪）"，对绘制的圆弧和辅助线进行修剪，结果如下图所示。

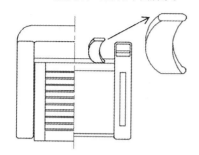

STEP 08 重复前面的操作，绘制中间靠背的右半边水平投影，结果如下图所示。

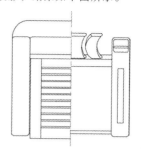

STEP 09 在命令行输入"mi（镜像）"，将上面绘制的靠背平面投影沿中心线进行镜像，结果如下图所示。

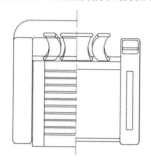

STEP 10 在命令行输入"tr（修剪）"，对镜像后的靠背进行修剪，结果如下图所示。

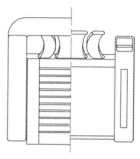

11.6.4 完善图形

三视图绘制完毕后，图形的基本形状和轮廓就已经呈现出来了，但是对于一些细节结构表达的还不是特别清楚，因此，需要添加局部详图以及尺寸标注。

STEP 01 将多重引线"样式2"置为当前，并将"剖切符号"层置为当前层，然后在命令行输入"mld"，给需要详图的位置添加标记，如下图所示。

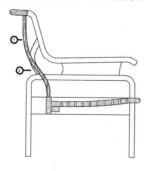

STEP 02 将多重引线"样式2"置为当前，并将"细实线"层置为当前层，然后在命令行输入"mld"，给图形添加材料说明，如下图所示。

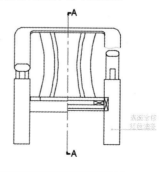

STEP 03 将标注层置为当前层，给图形添加标注，最终所有图形如下图所示。

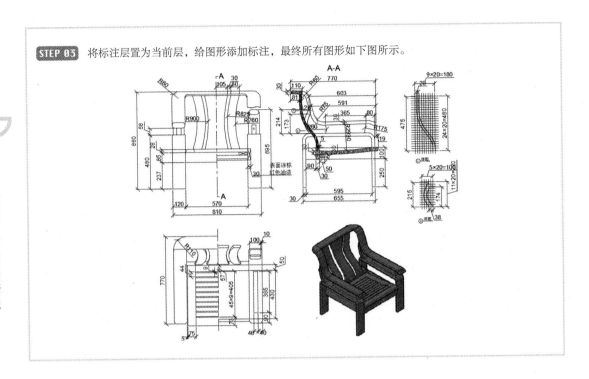

11.7 知识点延伸——沙发软垫的材料

沙发软垫主要是以弹簧或泡沫塑料等软体材料为芯料，以皮革、布料为面料制成。沙发的表面软体剖析透视图如下图所示。我们这节主要介绍其中最通用的海绵、皮革、布料等材料。

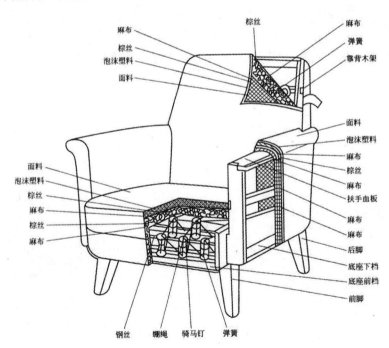

1. 海绵

家具中使用的海绵主要有定型棉、发泡棉、橡胶棉和再生棉等，各种海绵的介绍及图例如下表所示。

海绵的分类

名 称	介 绍	图 例
定型棉	由聚氨酸材料，经发泡剂等多种添加剂混合，压入简易模具加温即可压出不同形状的海绵，适合转椅沙发坐垫、背棉，也有少量扶手用定型棉做。目前，采用为55#~60#材料密度，其弹性较符合国家相关标准	
发泡棉	用聚醚发泡成型，像发泡面包一样。经发泡的棉使用切片机按不同要求切削厚度，发泡棉可调整软硬度。坐垫用棉一般采用25~28kg/m³的棉，其他采用20~22kg/m³密度的棉	
橡胶棉	橡胶棉采用主料是天然乳胶原料发泡而成，它具有橡胶特性、弹力极好、回弹性好、不会变形，但价格不菲，比发泡棉高出3~4倍	
再生棉	再生棉其实是海绵碎料挤接而成。成本极低，但弹性极差，密度不一	

2. 皮革

常用皮革主要有人造革和天然皮革两种。

人造革俗称纺皮，它的本质是高分子塑料PVC、PE、PP等吹膜成型并经过表面喷涂各种色浆。用于沙发转椅人造皮革十分注重手感，应平滑、柔软、有弹性、无异味。外观花纹一般要求纹路细致、均匀，色泽均匀，表面没划伤、龟裂，如上左图所示。

人造革按厚度分，一型（0.9mm~1.5mm）、二型>1.5 mm两种。

天然皮革主要指各种动物皮经过加工而成的皮革。目前，家具中用的最多的是牛皮，它的外观与人造皮革要求一致。

天然皮革的优点是抗张力、撕裂强度均比人造皮革好。缺点是外观花纹不均匀，特别是小牛皮，也有极部疤痕存在，有缺陷的疤周边的皮弹性较差。天然皮如上右图所示。

天然皮革也按厚度分头层和二层皮，头层皮即为动物皮表面，弹性柔软性好，价格较高，厚度为0.8mm~1.5mm之间；二层皮为动物皮削去表面皮之外的皮，厚度2.8mm~3.5mm不等，弹性差，但强度好，抗张力达200N/m^{2}以上。

3. 布料

家具中常用布类分两大类，即人造化纤布和天然纺织布，一般人造化纤布居多。

人造化纤布

人造化纤布的种类有九大类：即聚酰胺、聚酯、聚氨酯、聚尿、聚甲醛、聚丙烯腈、聚乙烯酸、聚氯乙烯及氟类。其实，人造化纤本质是上述九类高分子材料经纺丝编织而成，所有化纤布质量指标分为细度、强度、回弹率、吸湿度和初始模量五个指标，其中，前四个指标为重要质量参数。

细度即为纱线粗细程度，强度指能承受的拉力；回弹率，指拉伸后回到原尺寸比率；初始模量，指拉抻长为原长10%时的拉力。

几种材料适合使用场合介绍如下。

吸湿性低材料：丙纶（聚丙烯）、维纶、涤纶，用此类材料适合潮湿气候及地区。

耐热性好材料：涤纶、腈纶（聚丙烯腈），此类材料适合热带及高温作业环境。

耐光性好材料：腈纶、维纶、涤纶，适应室外环境产品，如：沙滩椅。

抗碱性好材料：聚酰胺纤维、丙纶、氯纶（聚氯烯纤维）。

抗酸性好材料：腈纶、丙纶、涤纶。

不容易发霉：维纶、涤纶、聚酰胺纤维，适应潮湿地方。

耐磨性好材料：氯纶、丙纶、维纶、涤纶、聚酰胺纤维。

伸长率好材料：氯纶、维纶。

目前适合室内转椅材料有维纶、氯纶、丙纶、聚酰胺等，耐光性差材料绝对不能用室外、户外，否则寿命很短。

天然纤维布

天然纤维布有：棉、麻、羊毛、石棉纤维，而适合家具中使用也只有棉、麻两大类，天然纤维布的特点是环保、保温性好、耐磨性好、棉麻耐碱性好但麻耐酸性差，而毛的耐光性也不好。与人造化纤维相比，天然纤维布价格略高。

由于生活需要而持有的物品和用具甚为复杂而且品
种繁多，为了合理安排存放这些物品，建立良好的室内
生活秩序，维护室内视觉效果，就必须做好贮藏工作，
于是就出现了柜类家具。

用于储藏物品的家具统称为柜类家具。柜类家具又
有胴体式家具之称，因为柜类家具就像人体的胸腹腔能
储藏五脏六腑。

Chapter

12

柜类家具设计

12.1 柜类家具设计基础

柜类家具按不同的使用场合分为很多种，常见的有衣柜、抽屉柜、玻璃柜，臂架、间隔、橱柜、文件柜等。由于篇幅原因，我们这里主要介绍衣柜、橱柜和文件柜。但无论哪种柜都是由顶（面）板、底板（脚盘）、旁板、隔板、搁板、背板、抽屉和门板等部件按不同的结合方式装配而成。

12.1.1 衣柜

衣柜根据需要量身定做，在卧室里组合衣柜是那种把一面墙给封闭起来做成的衣柜，衣柜的大小可依自家墙体的长短而定。整体衣柜如下图所示。

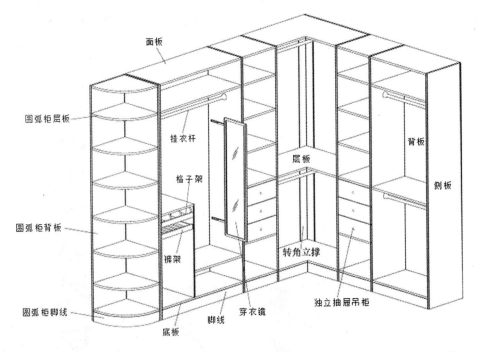

整体衣柜的主要模块包括：直型柜（主要包括叠放柜、挂衣柜、叠放挂衣柜、叠放储物柜、挂衣储物柜、叠储挂衣柜）、转角柜、圆弧柜、顶柜、吊柜和框架柜。各模块的定义及图例如下表所示。

整体衣柜的构成

名　称		定义及解释	图　例
直型柜	叠放柜	主要是叠放毛巾，衣服以及防放置其他东西的柜子，主要是层板结构	顶视图 正立面

名　称	定义及解释	图　例
挂衣柜	主要是挂衣服、裤子，放其他东西的柜子；上下都是挂衣杆结构	顶视图 正立面
叠放挂衣柜	主要是叠放毛巾或衣服，挂衣服、裤子以及放置其他东西的柜子，上面是层板，下面是挂衣杆结构	顶视图 正立面
叠放储物柜	主要是叠放毛巾或衣服，带抽屉或功能配件储放物品的柜子，上面是层板，下面是抽屉或拉篮、格子架等	顶视图 正立面
挂衣储物柜	主要是挂衣服、裤子带抽屉或功能配件储放物品的柜子，上面是挂衣杆，下面是抽屉或拉篮、格子架等	顶视图 正立面
叠储挂衣柜	主要是挂衣服、裤子带抽屉或功能配件储放物品的柜子，上面是层板，下面是挂衣杆，再下面是抽屉或拉篮	顶视图 拉篮 拉篮 正立面

（名称列左侧合并单元格：直型柜）

名　称	定义及解释	图　例
转角柜	转角柜要单独设计成一个独立的柜子，左右两边不能与邻柜共用侧板，在背后转角位置需做两块的立板，用于加固和安装背板。 转角柜的层板是一整块板，然后经过加工而成，柜子结构要注意的是背后的两块立板。 转角柜一般情况下只适合做衣帽间	
圆弧柜	圆弧柜可以是一个独立的柜子，也可以和其他柜组成组合柜，形状成圆弧状	
顶柜	衣柜顶部附设的小柜	顶柜
吊柜	吊柜是被固定在墙壁上的箱式或架式结构，柜体的下侧存在一个自由空间	吊柜
框架柜	框架柜是由立柱、弯管、脚座、层板连接件、层板、推柜、挂衣杆组合而成。有的框架柜还设置有玻璃板托、玻璃层板等	衣架 吊柜 推柜

12.1.2 橱柜

用于厨房进行烹饪、配餐、洗条、贮存及装饰等功能的柜体与组合部件称为橱柜。橱柜设计的总原则概括起来是"实用、美观、时尚、现代"。

1. 橱柜的类型

根据厨房的大小和结构分布，橱柜有以下三种基本形式："一"字形、"L"字形和"U"字形。

"一"字形适合人数较少的家庭或狭长形的厨房，如下左图所示。

"L"字形布置作业面较大，操作线短，空间利用比较合适，是设计中最常用的布置形式，如下中图所示。

"U"字形适合厨房空间较大，家庭用餐人数多的厨房，但必须注意中间距离要保证在1000mm~1200mm，最小距离不小于800mm。"U"字形橱柜如下右图所示。

2. 橱柜的结构型

整体橱柜的主要构成如下图所示。

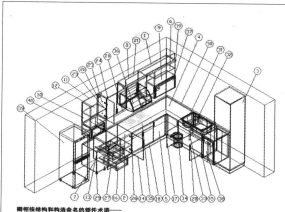

橱柜按结构和构造命名的部件术语——
1- 吊柜 2- 低柜 3- 高柜 4- 台面 5- 转角柜 6- 开放柜 7- 柜体 8- 顶板 9- 底板 10- 侧板 11- 背板 12- 搁板 13- 档板 14- 门板 15- 侧封板 16- 抽屉 17- 调整板 18- 踢脚板 19- 上线板 20- 下线板 21- 封顶板 22- 吊码 23- 柜体连接件 24- 组装连接件 25- 搁板销 26- 铰链 27- 滑轨 28- 拉手 29- 调整脚 30- 后挡水 31- 水槽 32- 水嘴 33- 排水机构 34- 垃圾桶 35- 灶具 36- 吸油烟机 37- 消毒碗柜 38- 洗碗机 39- 冰箱 40- 微波炉

1. 吊柜	15. 侧封板	29. 调整脚
2. 地柜	16. 抽屉	30. 后挡水
3. 高柜	17. 调整板	31. 水槽
4. 台面	18. 踢脚板	32. 水嘴
5. 转角柜	19. 上线板	33. 排水机构
6. 开放柜	20. 下线板	34. 垃圾桶
7. 柜体	21. 封顶板	35. 灶具
8. 顶板	22. 吊码	36. 吸油烟机
9. 底板	23. 柜体连接件	37. 消毒碗柜
10. 侧板	24. 组装连接件	38. 洗碗机
11. 背板	25. 搁板销	39. 冰箱
12. 搁板	26. 铰链	40. 微波炉
13. 挡板	27. 滑轨	
14. 门板	28. 拉手	

橱柜的单元柜一般有地柜、吊柜、高柜、中柜等。地柜又分为：水池柜、灶柜、拉篮柜、抽屉柜等。 地柜一般由台面、侧板、拉手和门板、背板、底板、层板（搁板）、前后拉档、地脚（调整脚）、踢脚板组成； 吊柜：侧板、底板、顶板、拉手和门板、背板、吊码、层板（搁板）组成。地柜和吊柜的组成如右图所示。

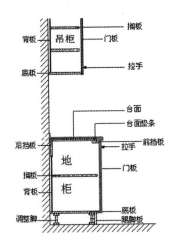

厨房里的矮柜最好做成推拉式抽屉柜，方便取放，视觉也较好。而吊柜一般做成300~400mm宽的多层格子。吊柜与操作平台之间的间隙一般可以用来放取烹饪中所需的用具。

橱柜中常用的一些术语解释及图例如下表所示。

橱柜的构成与定义

名　称	定义及解释	图　例
层板	把柜子空间分成上下两部分的板叫层板（也叫横隔板），有活动的固定两种形式	
竖隔板	把空间分成左右两部分的板叫竖隔板，竖隔板只有固定的形式	
柜身	指地柜除去台面、柜脚和门板的部分；吊柜除去顶板、线条等装饰件及门板部分	
挡水边	台面靠墙高出分面部分的挡板，挡水边材料与台面相同	
台面	指地柜上部放置东西的面板部分，上可放置燃气炉和洗物盆	
柜脚	地柜柜身与地面的连接部分称为柜脚，木类橱柜柜脚分封闭式的塑料可调整脚加地脚板和开放式金属可调脚；木类橱柜柜脚（可调脚）标准高度为110mm。不锈钢柜柜脚称为不锈钢脚，结构与木类橱柜相同，标准高度为100mm、120mm、150mm，柜脚的封板称为踢脚板	

名　称	定义及解释	图　例
顶板	指吊柜顶部装饰板，其最大宽度不超过600mm，最大长度不超过2400mm，伸出部分可装射灯	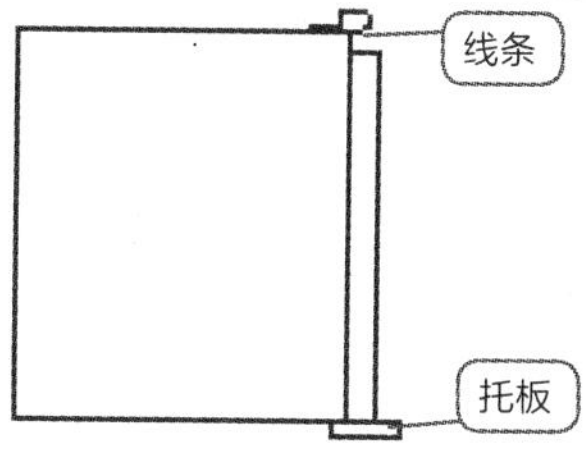
托板/裙边	指安装在吊柜底部的装饰板，横装的叫托板（凸出柜身30mm），坚装的叫裙边（与柜身平）	
线条	指吊柜顶板上方的装饰板条，无墙体的部位和柜体侧板方向均须安装线条	
层架板	指在墙上只做层板（与柜体层板不同，材料不同）而不做门、背板、侧板的结构	
封板	指在转角或门处宽度受限制的装饰要求，材料与门板材料相同	

12.1.3　办公柜

办公柜主要指用于存放文件的柜架、抽屉柜等。办公柜的内部净尺寸要参照文件、文件夹的尺寸来设计分割，办公柜有高低之分，低的一般设在办公桌后，便于转身拿取，设计中应考虑椅后空间的大小，以保证方便适合地使用。在设有隔断屏风的办公环境中，办公柜的高度一般不超过屏风高度，以低矮型为宜。

1. 办公柜的分类

办公区域中按实际用途通常可对柜类家具进行如下分类。

文件柜：常见的有木制文件柜（下左图）、板式文件柜（下中图）、钢制文件柜（下右图）等。其中钢制文件柜因其具备环保、便于长途运输、经久耐用等特点，近年来备受人们的青睐。

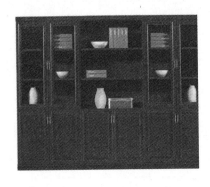

活动柜：又叫可移动文件柜或活动袖箱。活动柜具有易安装、可重复利用、可工业化生产、防火、环保、使用灵活等特点。下图从左至右依次为木质、板式和钢制活动柜。

除上述所介绍的柜类家具之外，在办公区域经常应用到的还有备餐柜、鞋柜、衣柜等，种类繁多，但基本功能相差无几。

2．办公柜的构成

办公柜通常由以下零部件组成，如对页左图所示。

旁板：柜体家具两侧的板件。

中隔板：分隔柜内空间的垂直板件。

搁板：分隔柜内空间的水平板件。

顶板：高于视平线（大于1500mm）的顶板板件。

面板：低于视平线的顶部板件。

底板：柜体底部的板件。

背板：封闭柜体背面的板件。

脚架：由脚和望板构成的，用于支撑家具主题的部件。

抽屉：柜体内可灵活抽出、推入的盛放东西的匣形部件。

除上述部件构成的办公柜之外，还有一种框架类的办公柜，这类家具是用方材做框架，中间嵌装薄板，组成箱体再安装橱柜门而构成，如对页右图所示。

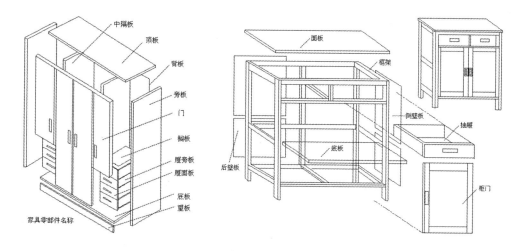

家具零部件名称

3. 板式办公柜的结合方式

板式家具的特点是可拆装，它主要依靠连接件连接，圆榫定位，采用这种结构的家具便于包装和运输等。板式办公柜不同的部位结合方式也不相同，具体接合方式如下。

● 顶面、底板与旁板的接合

板式拆装的柜内家具中，顶板、底板与旁板的结合主要采用连接件连接。

连接件是紧固类配件的主要部分，也是现代拆装家具中零部件结构的主要结合形式，常用的连接件有倒刺连接件、螺旋式连接件、偏心式连接件和拉挂式连接件等。

顶板（或面板）与旁板的布置方式有两种，一是顶板置于旁板之间，如下左图所示；二是顶板置于旁板之上，如下右图所示（顶板、底板与旁板结合方式）。

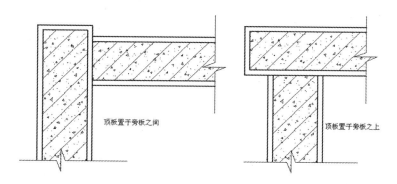

顶板置于旁板之间   顶板置于旁板之上

● 搁板与中隔板的结合

隔板是指水平设置于柜体内的板件，用做水平分割柜内空间和放置物品。中隔板指垂直设置于柜内的板件，用做垂直分割柜内空间，可分为固定和活动两种。

上述连接件接合的方式，既适用于旁板与顶、底板的连接方式，也适用于搁板与旁板的连接。通常情况下每块搁板用4个偏心连接件和4个圆棒榫定位，偏心连接件在搁板连接件中有隐蔽而牢靠的优点。如下左图所示。

中隔板与顶、底板的连接，可采用旁板与顶、底板的连接方式，中隔板与隔板的连接还可采用双连接杆偏心连接件连接，下右图所示。

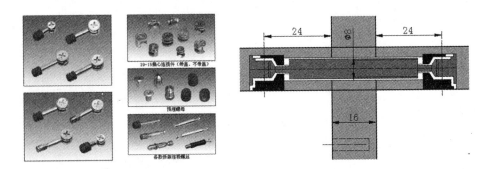

● 背板的结合

柜内家具的背板主要用于封闭柜体、增加柜体的强度以确保家具的柜体不变形。

背板的结合主要有裁口结合、双裁口结合、嵌装结合、辅助木条、连接件连接、拉挂式连接件6种形式。

12.2 柜类家具尺寸与人体功能尺度

柜类家具的设计要求以能存放数量充分、存放方式合理、存取方便、容易清理整理、占据室内空间小为原则，因此我们需要对存放物品的规格尺寸、存放方式、物品使用要求及使用过程中人体活动规律等有充分的了解，以便于设计。柜类家具的基本尺度如下图所示（以衣柜为例，其他柜类推）。

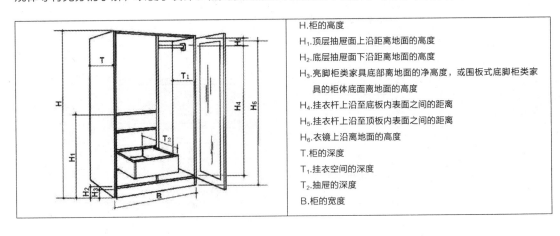

H.柜的高度

H_1.顶层抽屉面上沿距离地面的高度

H_2.底层抽屉面下沿距离地面的高度

H_3.亮脚柜类家具底部离地面的净高度，或围板式底脚柜类家具的柜体底面离地面的高度

H_4.挂衣杆上沿至底板内表面之间的距离

H_5.挂衣杆上沿至顶板内表面之间的距离

H_6.衣镜上沿离地面的高度

T.柜的深度

T_1.挂衣空间的深度

T_2.抽屉的深度

B.柜的宽度

12.2.1 柜类家具的高度

柜类家具的高度主要是根据人体高度来确定的。柜类家具与人体的尺度关系是以人站立时，手臂的上下动作的幅度为依据，通常分为3个区域：从地面到人站立时手臂垂下指尖的垂直距离为第一区域；从手臂垂下的指尖到手臂向上伸展的最大距离为第二区域；第二区域以上空间为第三区域。家具的尺度分区如下右图所示。

按我国平均人体身高，650mm以下为第一区域，一般存放较重的不常用的物品，这一区域常用扇开门或推拉门形式。

650mm~1850mm为第二区域，这是两手最便于到达的高度，也是两眼视线最好的范围，因此常用的物品就应存放在这一区域，如衣物、碗、筷、叉、勺、酱料、文具、书报、电视音响等。此区域采用各种结构都合适，如扇开门、推拉门、抽屉等。

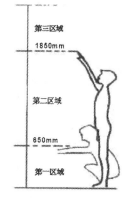

1850mm以上为第三区域，这个区域使用不方便，视线也不理想，但能扩大存放空间，节约占地面积，一般存放较轻的过季节的物品，如棉絮、备用食品和餐具、消耗库存品等。此区域可采用扇开门、推拉门，此区域不适合采用抽屉。

柜类家具的高度与人体的高度是否协调，主要是通过设计家具各部件的高度得以体现，柜类家具部件的极限尺度如下图所示。

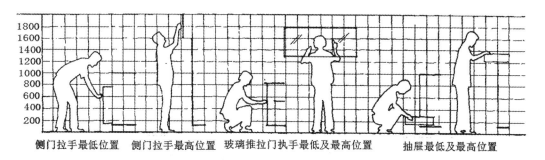

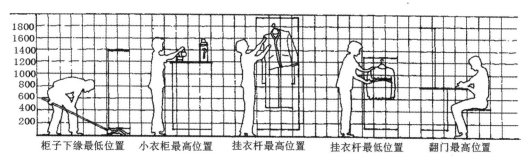

搁板的高度如下图所示。

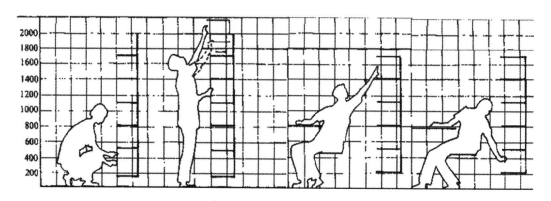

12.2.2　柜类家具的宽度和深度

柜子的宽度是根据存放物品的种类、大小、数量和布置方式决定的，对于载荷较大的物品柜，如电视柜、书柜等，还要根据搁板的载荷能力来控制其宽度。

柜子的深度主要是按搁板的深度而定，另加上门板与搁板之间的间隙。搁板的深度要根据存放物品的规格尺寸而定。除此之外，如果柜门反面要挂放伞、镜框、领结之类的物品时，柜子还需要适当增加深度。一般柜深不超过600mm，否则存取物品不方便，柜内光线也差。

设计柜类家具宽度和深度时，除了考虑以上因素外，人造板材的合理裁割与设计家具系列化问题也要考虑。另外，柜子体积给人的视觉感也应考虑，从单体家具看，过大的柜体不仅占用室内空间较多，而且与人的感觉较疏远，在视觉上犹如一道墙。

12.2.3　存放物品的规格尺寸

各类物品有不同的规格尺寸，有的比较单调固定，有的却多种多样，而且经常变化。所以我们在设计柜子时要以常用的、有规律的物品的尺度为参考，并结合存放物品的存放方式来设计。

衣服的存放尺度如右图所示。

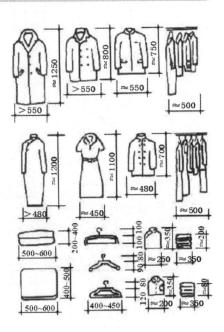

常见纸张、书籍及文件夹的尺寸如下表所示。

常见纸张、书籍及文件夹的尺寸

名　称	长×宽×高（单位：mm）	名　称	长×宽×高（单位：mm）
A4纸	297×210	A4双强力文件夹	314×236×20
A5纸	210×148	A4双打孔文件夹	315×285×55
B4纸	364×257	A4塑料档案盒	322×242×40
B5纸	257×182	A4牛皮纸档案袋	335×240×0.5
16开	260×184	A4透明文件袋（按扣）	330×250×2.6
32开	184×130	A4透明文件袋（拉链）	346×250×3.6
大32开	203×140	A4插袋文件夹	315×275×75

不同厂家不同型号的文件夹、档案袋的尺寸也不一样，我们这里只列出了某个品牌的单个型号的规格尺寸，仅作参考。

12.3 绘制组合衣柜

Chapter12\绘制组合衣柜.avi

本章绘制的衣柜为组合衣柜，在绘制过程中可先绘制单个的独立衣柜，然后将各个衣柜进行组合，最后再绘制组合衣柜的侧立面图以及剖面图。组合衣柜绘制完成后如下图所示。

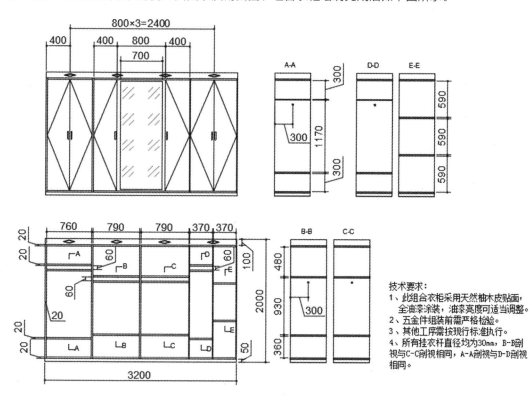

12.3.1 绘制组合衣柜正立面图

衣柜通常形状比较规则，绘制也比较简单。衣柜正立面绘制完成后如右图所示。

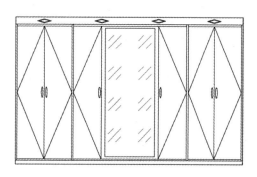

以"家具制图样板"为模板，创建一个图形文件。

1．绘制左侧柜体和门板

STEP 01 将"轮廓线"层置为当前层，在命令行输入"rec（矩形）"，绘制一个3200×2000的矩形，然后将绘制的矩形分解，如下图所示。

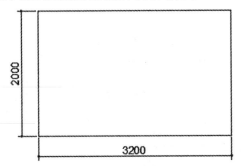

STEP 02 在命令行输入"o（偏移）"，将顶部直线向下偏移100和120，底部直线向上偏移50和70，将左侧直线向右偏移20、780和800，如下图所示。

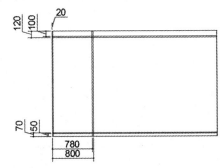

STEP 03 在命令行输入"tr（修剪）"，对偏移后的直线进行修剪，柜体完成后如下图所示。

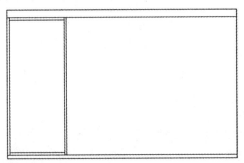

STEP 04 在命令行输入"l（直线）"，连接图中各直线的中点绘制5条直线，如下图所示。

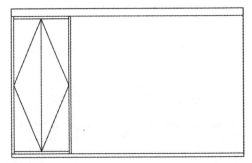

STEP 05 在命令行输入"mi（镜像）"，选中左侧门及顶板、底板和侧板沿中心线进行镜像，如下图所示。

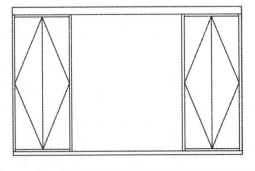

STEP 06 在命令行输入"o（偏移）"，将顶部直线向下偏移120，底部直线向上偏移70，两侧直线分别向内偏移400，如下图所示。

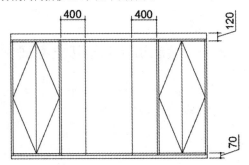

STEP 07 在命令行输入"tr（修剪）"，对偏移后的直线进行修剪，结果如下图所示。

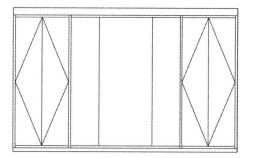

STEP 08 在命令行输入"l（直线）"，连接图中各直线的端点和中点绘制4条直线，如下图所示。

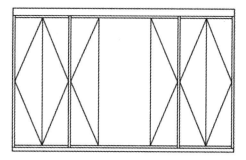

STEP 09 在命令行输入"rec（矩形）"，绘制镜子，如下图所示。

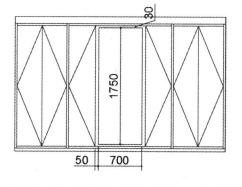

STEP 10 将剖面线层置为当前层，然后在命令行输入"h（填充）"，给镜子填充剖面线，如下图所示。

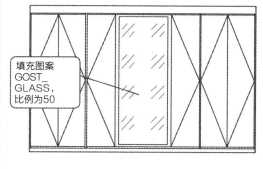

填充图案GOST_GLASS，比例为50

2. 绘制把手和饰件

STEP 01 将"轮廓线"层置为当前层，在命令行输入"o（偏移）"，将上下两条水平直线分别向中间偏移840，竖直线向左侧偏移30，如下图所示。

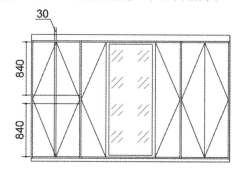

STEP 02 在命令行输入"c.（圆）"，在直线交点处绘制两个半径为5的圆，结果如下图所示。

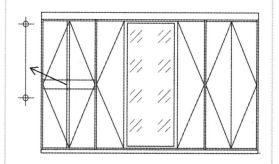

STEP 03 单击"默认>绘图>圆弧>起点、端点、半径"绘制两条圆弧,如下图所示。

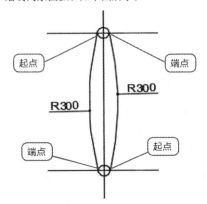

STEP 05 在命令行输入"co(复制)",将把手复制到图中相应的位置,如下图所示。

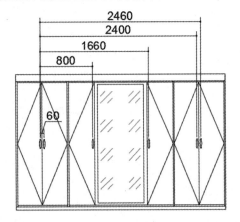

STEP 07 装饰图案绘制完成后结果如下图所示。

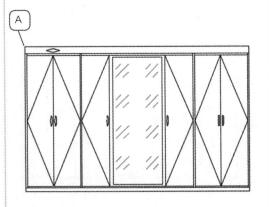

STEP 04 在命令行输入"tr(修剪)",圆弧和圆进行修剪,并将第1步偏移的辅助线都删除,如下图所示。

STEP 06 在命令行输入"pl(多段线)"绘制装饰图案,AutoCAD命令提示操作如下。

```
命令: PLINE
指定起点: fro
基点:                    (捕捉图中A点)
<偏移>: @400,-24
当前线宽为 0.0000
指定下一个点或 [圆弧(A)/半宽(H)/长度(L)/
放弃(U)/宽度(W)]: @100<195
指定下一点或 [圆弧(A)/闭合(C)/半宽(H)/长
度(L)/放弃(U)/宽度(W)]: @100<-15
指定下一点或 [圆弧(A)/闭合(C)/半宽(H)/长
度(L)/放弃(U)/宽度(W)]: @100<15
指定下一点或 [圆弧(A)/闭合(C)/半宽(H)/长
度(L)/放弃(U)/宽度(W)]: c
```

STEP 08 在命令行输入"o(偏移)",将上步绘制的多段线向内侧偏移5,结果如下图所示。

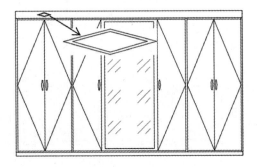

STEP 09 在命令行输入"ar（阵列）"，对装饰图案进行矩形阵列，阵列设置如下。

列数:	4	行数:	1
介于:	800	介于:	77.6457
总计:	2400	总计:	77.6457
列		行 ▾	

STEP 10 单击"关闭阵列"按钮，结果如下图所示。

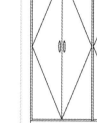

12.3.2 绘制层板和挂衣杆

　　层板和挂衣杆在柜体内部，为了清晰表达层板和挂衣杆，可以将正立面图的门、把手和镜面都拿掉，只画柜体和柜体内部情况。

　　绘图时可以将正立面图复制到合适位置，然后将门、把手和镜面都删除，然后在此基础上绘制层板和挂衣杆，绘制完成后如右图所示。

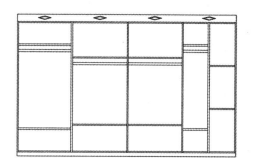

STEP 01 在命令行输入"co（复制）"，将绘制的正立面图复制到合适的位置，然后将门、把手和镜面都删除，结果如下图所示。

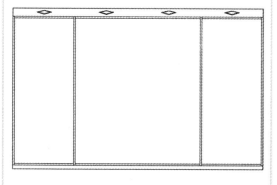

STEP 02 在命令行输入"co（复制）"，将中间的两个竖直隔板分别向右复制810和390，结果如下图所示。

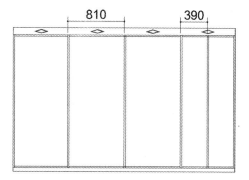

STEP 05 在命令行输入"tr（修剪）"，对偏移后的隔板和上下顶板相交处进行修剪，如下图所示。

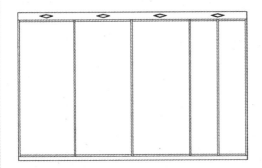

STEP 05 重复偏移命令，将中间柜体的顶板向下偏移480、500、560、590、1430和1450，如下图所示。

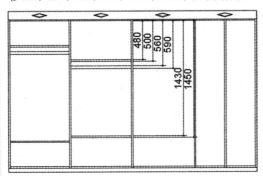

STEP 07 在命令行输入"tr（修剪）"，对偏移后的层板和挂衣杆处进行修剪，如下图所示。

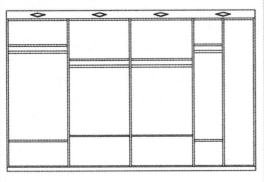

STEP 04 在命令行输入"o（偏移）"，将左侧柜体顶板直线向下偏移300、320、380、410、1490和1510，如下图所示。

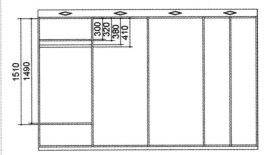

STEP 06 在命令行输入"mi（镜像）"，将步骤4~5偏移的结果沿柜体的中心线进行镜像，如下图所示。

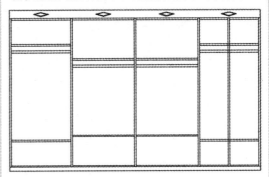

STEP 08 在命令行输入"o（偏移）"，将右侧柜体的顶板直线向下偏移，如下图所示。

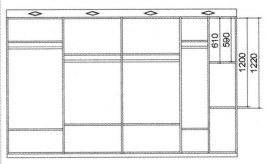

12.3.3 绘制剖视图

层板和挂衣杆的高度虽然确定了，但是层板的宽度和挂衣杆的形状并未确定，因此，需要对柜体进行剖视来表达层板的宽度和挂衣杆的形状及位置。剖视后各柜体层板的宽度和挂衣杆的位置形状如右图所示。

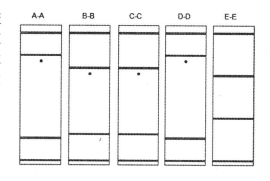

STEP 01 将"剖切符号"层置为当前层，然后添加层板和挂衣杆的剖切位置和符号，结果如下图所示。

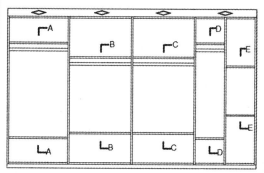

STEP 02 将"轮廓线"置为当前层，在命令行输入"rec（矩形）"，当命令行提示指定第一个角点时，捕捉柜体的右下端点但不选中，如下图所示。

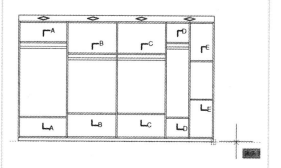

STEP 03 向右拖动鼠标，在合适的位置单击确定矩形的第一个角点，然后输入"@600,2000"作为矩形的第二个角点。然后将绘制的矩形分解，如下图所示。

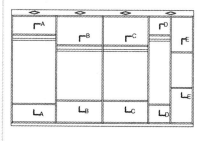

STEP 04 绘制A-A剖视图。在命令行输入"ray（射线）"，过左侧柜体的各端点绘制射线，如下图所示。

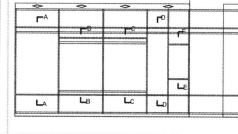

STEP 05 在命令行输入"tr（修剪）"，对绘制的射线进行修剪，结果如下图所示。

STEP 07 在命令行输入"c（圆）"，以上步偏移线的交点为圆心，绘制一个半径为15的圆，绘制完成后将辅助线删除，如下图所示。

STEP 09 重复上述步骤绘制其他剖视图，结果如下图所示。

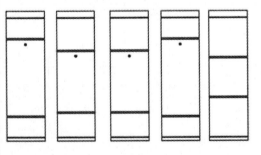

STEP 06 在命令行输入"o（偏移）"，将挂衣杆的上端投影线向下偏移15，将左边竖直线向右偏移300，如下图所示。

STEP 08 将"剖面线"置为当前层，在命令行输入"h（填充）"，对层板和挂衣杆进行填充，填充图案和比例如下。

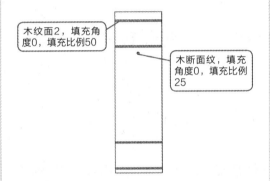

木纹面2，填充角度0，填充比例50

木断面纹，填充角度0，填充比例25

STEP 10 将"剖切符号"置为当前层，给剖视图添加剖切标记，结果如下图所示。

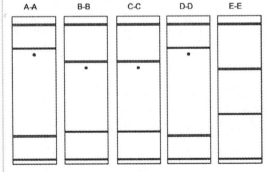

12.3.4　给图形添加标注

因为该图形的外形尺寸比较大，按模板设置的箭头和比例标注将会显得模糊不清，因此，在标注之前先要对标注样式的箭头和比例进行重新设置。

STEP 01　在命令行输入"d（标注样式管理器）"，在弹出的标注样式管理器中选择"家具"标注样式，然后单击修改按钮，在"符号和箭头"选项卡下进行如下设置。

STEP 02　单击"调整"选项卡，在"调整选项"中勾选"若箭头不能放在尺寸界线内，则将其取消"。然后将"标注特征比例"改为50，如下图所示。

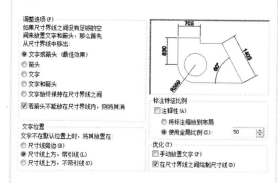

STEP 03　设置完成后将新的家具标注样式设置为当前，然后将"标注"层置为当前层对图形进行标注并添加技术要求，结果如下图所示。

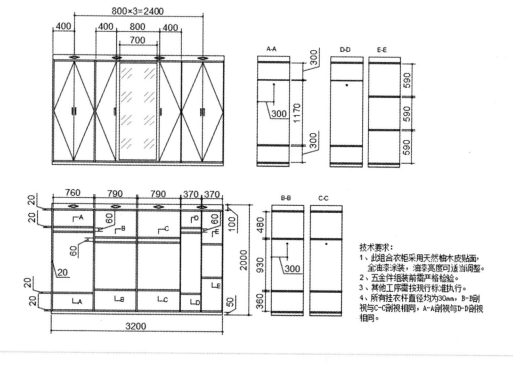

12.4 绘制抽屉柜

 Chapter12\绘制抽屉柜.avi

抽屉柜的正面是一个弧形，在绘制侧立面图时，需要正立面和平面图结合确定在护面上的投影形状、大小及位置，抽屉柜绘制完成后如下图所示。

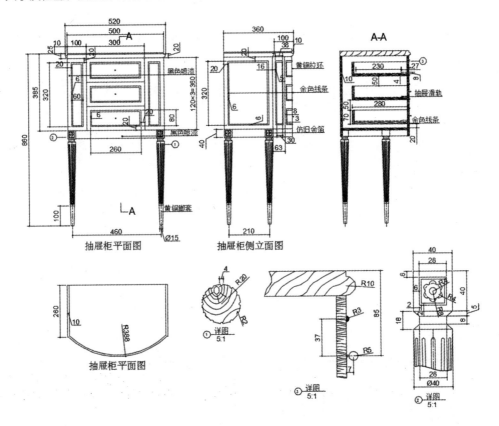

12.4.1 绘制抽屉柜正立面图

抽屉柜的柜体立面比较简单，难点在柜脚，因此我们把抽屉柜由易到难分两步来绘制，先绘制柜体，然后再绘制柜脚。抽屉柜正立面绘制完成后如右图所示。

以"家具制图样板"为模板，创建一个图形文件。

1. 绘制柜体正立面

STEP 01 将"轮廓线"层置为当前层，在命令行输入"rec（矩形）"，绘制一个500×385的矩形，然后将绘制的矩形分解，如下图所示。

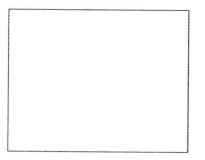

STEP 02 在命令行输入"o（偏移）"，将抽屉柜顶板线向下偏移5和25，将左右两条竖直线分别向内偏移100，结果如下图所示。

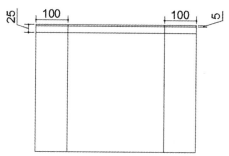

STEP 03 在命令行输入"tr（修剪）"，对偏移后的直线进行修剪，结果如下图所示。

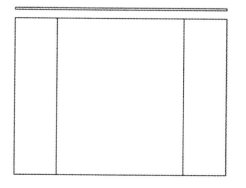

STEP 04 在命令行输入"f（圆角）"，然后选择两条平行直线，结果如下图所示。

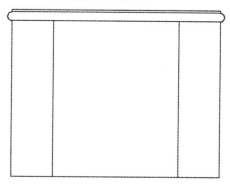

STEP 05 在命令行输入"div（定数等分）"，将中间两条竖直线3等分，然后步骤节点绘制两条水平直线，结果如下图所示。

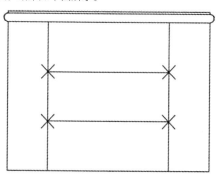

STEP 06 在命令行输入"rec（矩形）"，绘制一个260×80的矩形，然后将绘制的矩形向内侧偏移6，并将等分点删除，如下图所示。

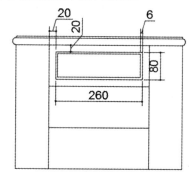

STEP 07 在命令行输入"c（圆）"，在抽屉面板的中间绘制一个半径为5的黄铜拉环，如下图所示。

STEP 08 在命令行输入"co（复制）"，将矩形和拉环一起向下复制120和240的距离，如下图所示。

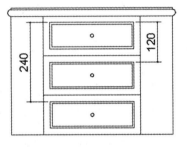

STEP 09 在命令行输入"rec（矩形）"，绘制一个320×60的矩形，然后将绘制的矩形向内侧偏移6，结果如下图所示。

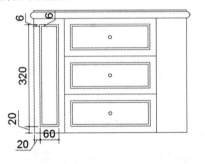

STEP 10 在命令行输入"mi（镜像）"，将上步绘制的两个矩形沿柜体的竖直中心线进行镜像，结果如下图所示。

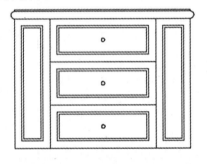

提示 tips 圆角的对象如果是两条平行线，那么不论设置的圆角半径是多大，AutoCAD都会自动以平行线间距的一半为圆角半径进行圆角，圆角的结果是在平行线的端部形成一个半圆。

2. 绘制柜脚上部

STEP 01 在命令行输入"rec（矩形）"，绘制一个40×40的矩形，如下图所示。

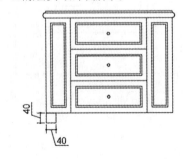

STEP 02 参照上面绘制黄铜拉环的方法在矩形中心绘制一个半径为4的圆，如下图所示。

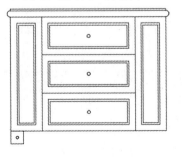

STEP 03 在命令行输入"o（偏移）"，将绘制的矩形向内偏移6和8，将绘制的圆向外偏移4，结果如下图所示。

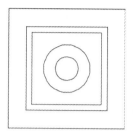

STEP 04 在命令行输入"div（定数等分）"，将偏移后的圆6等分，结果如下图所示。

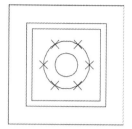

STEP 05 单击"默认>绘图>圆>两点"，选择相邻的两个等分点绘制圆，结果如下图所示。

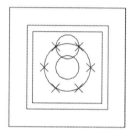

STEP 06 在命令行输入"ar（阵列）"，将刚绘制的圆以R4圆的圆心为基点进行环形阵列，阵列个数为6，结果如下图所示。

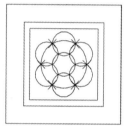

STEP 07 在命令行输入"tr（修剪）"，将阵列后的6个圆的大圆内的部分修剪掉，并删除大圆和等分点，结果如下图所示。

STEP 08 将第1步绘制的矩形分解，然后将底边向下偏移5、13和18，结果如下图所示。

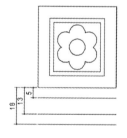

STEP 09 在命令行输入"l（直线）"，捕捉第2个矩形两侧的端点向下绘制两条直线，再捕捉交点绘制两条斜线，如下图所示。

STEP 10 在命令行输入"tr（修剪）"，对偏移和绘制的直线进行修剪，结果如下图所示。

3. 绘制柜脚下部

STEP 01 将"中心线"层置为当前层，以柜脚底边的直线的中点为起点，绘制一条中心线，如下图所示。

STEP 03 将"轮廓线"层置为当前层，在命令行输入"1（直线）"，连接端点和交点绘制两条斜线，如下图所示。

STEP 02 将最底边直线向下偏移317和417，将中心线向两侧分别偏移7.5，如下图所示。

STEP 04 在命令行输入"tr（修剪）"，将超出斜线的部分修剪掉，并将两条偏移的中心线删除，结果如下图所示。

4. 绘制柜脚下部纹饰

STEP 01 在命令行输入"o（偏移）"，将中心线向左侧偏移2、8.5和16，将柜脚上部的底边直线向下偏移8，结果如下图所示。

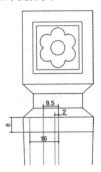

STEP 02 单击"默认>绘图>圆>相切、相切、半径"，绘制三个半径分别为2、1.5和1的圆，结果如下图所示。

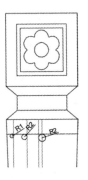

STEP 03 在命令行输入"mi（镜像）"，将R1和R2的圆沿中心线镜像到另一侧，删除辅助线后结果如下图所示。

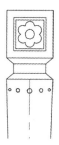

STEP 04 在命令行输入"o（偏移）"，将中心线向左侧偏移1.5、4和8.5，将柜脚黄铜包角线向上偏移8，结果如下图所示。

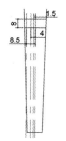

STEP 05 单击"默认>绘图>圆>相切、相切、半径"，绘制三个半径分别为1.5、1和0.5的圆，结果如下图所示。

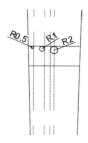

STEP 06 在命令行输入"mi（镜像）"，将R0.5和R1的圆沿中心线镜像到另一侧，删除辅助线后结果如下图所示。

STEP 07 在命令行输入"l（直线）"，连接上下相对应的两个圆的切点，结果如下图所示。

STEP 08 在命令行输入"tr（修剪）"，将圆与相切线相交的内侧部分删除，如下图所示。

STEP 09 在命令行输入"mi（镜像）"，将绘制好的整个柜脚沿柜体的竖直中心线镜像到另一侧，结果如下图所示。

STEP 10 在命令行输入"l（直线）"，捕捉40×40矩形下方的端点绘制一条水平线（即望板的立面轮廓线），结果如下图所示。

12.4.2　绘制抽屉柜剖面图

剖面图不难，只是细节处比较繁琐，比如金色线条的绘制、拉环的绘制、滑轨即轨道的绘制等。抽屉柜剖面绘制完成后如右图所示。

1．绘制柜体剖面

STEP 01　在命令行输入"co（复制）"，将正立面沿水平方向复制，然后将复制的图形的抽屉、两边的矩形以及腿脚的雕花删除，如下图所示。

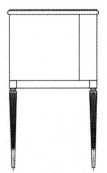

STEP 02　在命令行输入"ex（延伸）"，将内部的竖直线延伸到与顶部水平线和望板水平线相交，如下图所示。

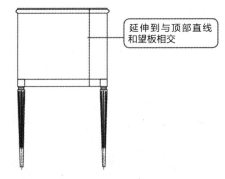

延伸到与顶部直线和望板相交

STEP 03　在命令行输入"m（移动）"，将延伸后的竖直线向左移250，将左侧柜脚移到和它相对齐的位置，最后将右侧柜脚向左移100，如下图所示。

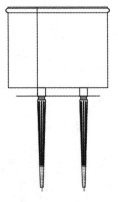

STEP 04　在命令行输入"tr（修剪）"，对图形进行修剪，结果如下图所示。

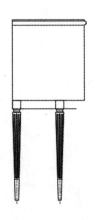

STEP 05 在命令行输入"ex（延伸）"，将最右侧的竖直线和望板延伸到相交，结果如下图所示。

STEP 06 在命令行输入"o（偏移）"，将左右两侧的竖直线向内偏移10，将柜体的底部直线向下偏移10，结果如下图所示。

STEP 07 在命令行输入"tr（修剪）"，修剪掉材料厚度（10mm）内的直线，并删除多余的直线，结果如下图所示。

STEP 08 将"剖面线"层置为当前层，然后在命令行输入"h（填充）"，对材料厚度进行填充，结果如下图所示。

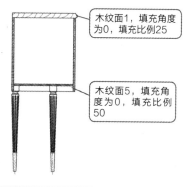

木纹面1，填充角度为0，填充比例25

木纹面5，填充角度为0，填充比例50

2．绘制抽屉剖面

STEP 01 在命令行输入"o（偏移）"，将柜体底板厚度的上边直线向上偏移20、30和90，侧板厚度的内直线向右偏移50和60，如下图所示。

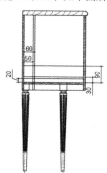

STEP 02 在命令行输入"tr（修剪）"，对偏移后的直线进行修剪，得到抽屉的剖视图，结果如下图所示。

STEP 03 在命令行输入"o（偏移）"，将抽屉上边沿直线向上偏移7，向下偏移29、30、31和67，将最右侧直线向右偏移7，如下图所示。

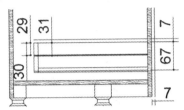

STEP 05 将"轮廓线"层置为当前层，然后在命令行输入"c（圆）"，在延伸后直线的交点处绘制两个半径为3金色线条剖面和一个半径为5的黄铜拉手，如下图所示。

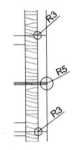

STEP 04 在命令行输入"ex（延伸）"，将偏移后的水平直线延伸到偏移后的竖直线，结果如下图所示。

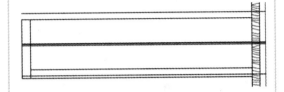

STEP 06 在命令行输入"tr（修剪）"，对偏移后的直线和刚绘制的圆进行修剪，结果如下图所示。

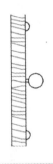

3. 绘制滑轮、滑轨和添加剖面线

STEP 01 在命令行输入"o（偏移）"，将抽屉底板向上偏移6，前板向内偏移15，如下图所示。

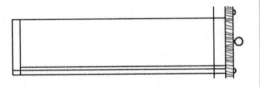

STEP 03 在命令行输入"tr（修剪）"，对圆和相交的直线进行修剪，结果如下图所示。

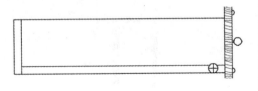

STEP 02 在命令行输入"c（圆）"，以上步偏移直线的交点为圆心，绘制一个半径为6的圆，如下图所示。

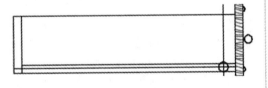

STEP 04 在命令行输入"ro（旋转）"，将两条直线以圆心为基点旋转45°，如下图所示。

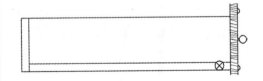

STEP 05 将"虚线"层置为当前层，然后在命令行输入"pl（多段线）"绘制滑轨，AutoCAD命令行提示操作如下。

> 命令: PLINE　指定起点:　（捕捉A点）
> 当前线宽为 0.0000
> 指定下一个点或 [圆弧(A)/……/宽度(W)]:
> @9,4↙
> 指定下一点或 [圆弧(A)/……/宽度(W)]:
> @230,0↙
> 指定下一点或 [圆弧(A)/……/宽度(W)]:
> @4,4↙
> 指定下一点或 [圆弧(A)/……/宽度(W)]:
> （捕捉垂足）
> 指定下一点或 [圆弧(A)/……/宽度(W)]:
> （按空格键结束命令）

STEP 06 滑轨绘制完成后如下图所示。

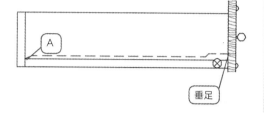

STEP 07 在命令行输入"co（复制）"，将绘制的抽屉剖视、金线条剖视、黄铜拉环、滑轮和滑轨一同向上复制120和240，如下图所示。

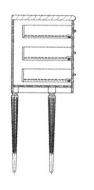

STEP 08 将"剖面线"层置为当前层，然后在命令行输入"h（填充）"，对抽屉和金线条进行填充，结果如下图所示。

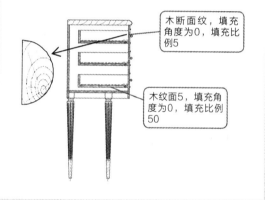

木断面纹，填充角度为0，填充比例5

木纹面5，填充角度为0，填充比例50

12.4.3　绘制抽屉柜平面图

　　抽屉柜的平面图比较简单，因为抽屉柜的正面是个弧形，在绘制抽屉柜的侧立面图时，需要结合正立面和平面图投影确定侧立面图中金线条的位置和大小，所以在绘制侧立面图之前，必须先绘制抽屉柜的平面图。抽屉柜平面图绘制完成后如右图所示。

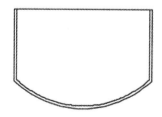

STEP 01 将"轮廓线"层置为当前层，在命令行输入"rec（矩形）"，参照组合衣柜剖视图的绘制方法，在正立面下方绘制一个和它等宽的矩形，然后将绘制的矩形分解，如下图所示。

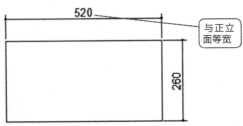

STEP 02 单击"默认>绘图>圆弧>起点、端点、半径"绘制一条半径为388的圆弧，如下图所示。

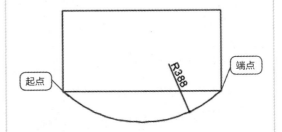

STEP 03 在命令行输入"o（偏移）"，将圆弧和分解后的两条竖直线向内偏移10，如下图所示。

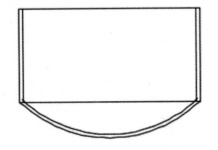

STEP 04 在命令行输入"tr（修剪）"，对偏移后的圆弧和直线相交的部分进行修剪，如下图所示。

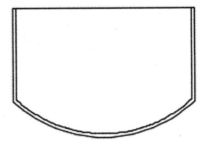

12.4.4 绘制抽屉柜侧立面图

　　绘制侧立面图时，可以将剖面图复制一份，在剖面图的基础上绘制侧立面，可以提高绘图效率。抽屉柜侧立面绘制完成后如右图所示。

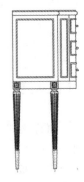

1. 绘制柜体前端方形部分投影

STEP 01 在命令行输入"co（复制）"，将剖面图复制一份，然后将剖面图上抽屉、板厚、剖面线等都删除，如下图所示。

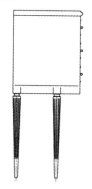

STEP 02 在命令行输入"ex（延伸）"，把图中不相交的直线延伸到相交，并过顶部圆弧处添加一条水平直线，结果如下图所示。

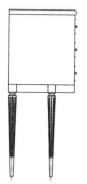

STEP 03 在命令行输入"co（复制）"，将柜脚上方的图案从正立面图上复制过来，如下图所示。

STEP 04 重复复制命令，将柜子右边的轮廓线向左复制100，结果如下图所示。

STEP 05 在命令行输入"rec（矩形）"，绘制一个，结果如下图所示。

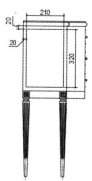

STEP 06 在命令行输入"o（偏移）"，将上步绘制的矩形向内侧偏移6，结果如下图所示。

2. 绘制柜体后端弧形部分投影

STEP 01　在命令行输入"ray（射线）"，过正立面图相应的位置绘制射线，并测量出它们在平面图上的距离，如下图所示。

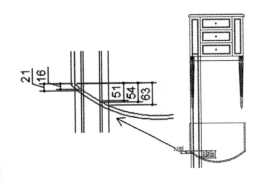

STEP 02　在命令行输入"o（偏移）"，根据测量出来的距离在侧立面上进行相应的偏移，如下图所示。

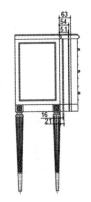

STEP 03　在命令行输入"ray（射线）"，过正立面图相应的位置绘制射线，确定投影高度，如下图所示。

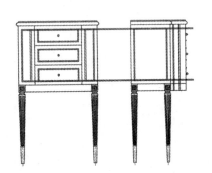

STEP 04　在命令行输入"tr（修剪）"，对偏移的直线和射线进行修剪，结果如下图所示。

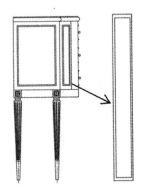

STEP 05　重复步骤1，过抽屉正立面绘制射线，并测量出它们在平面图上的高度，如下图所示。

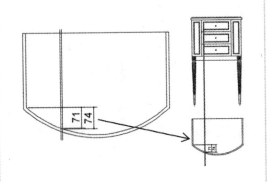

STEP 06　在命令行输入"o（偏移）"，根据测量出来的距离在侧立面上进行相应的偏移，如下图所示。

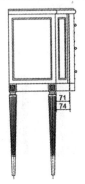

STEP 07 在命令行输入"l（直线）"，过右侧金色线条（半圆）的两个端点绘制直线，如下图所示。

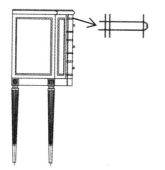

STEP 08 在命令行输入"tr（修剪）"，对金色线条进行修剪，结果如下图所示。

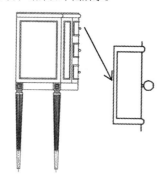

12.4.5 完善图形

视图绘制完毕后，接下来给视图添加剖切标记、详图标记、表面处理说明以及添加标注等。在绘制柜脚断面详图时要注意，因为柜脚是一个圆台体，所以截取的位置不同，断面形状也不相同，因此，只能截取某一位置作为代表，而柜脚每一截面的刻痕形状和深度都是相同，正立面图中刻痕之所以出现多种半径，是因为圆柱形状投影到平面的缘故。

STEP 01 将"剖切符号"层置为当前层，利用多段线和文字给视图添加剖切标记，如下图所示。

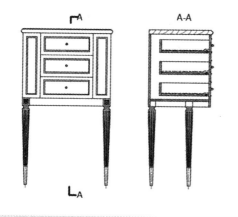

STEP 02 在命令行输入"mls（创建多重引线样式）"，将"样式2"置为当前。在命令行输入"mld（多重引线）"给视图添加详图标记，如下图所示。

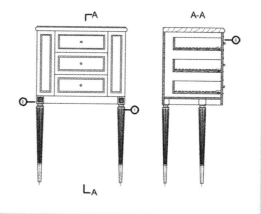

STEP 03 将"轮廓线"层置为当前层,在命令行输入"c(圆)",绘制"详图1"处的断面图,如下图所示。

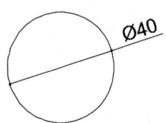

STEP 04 在命令行输入"l(直线)",绘制一条过圆心的直线,如下图所示。

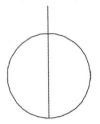

STEP 05 在命令行输入"o(偏移)",将绘制的直线向两侧分别偏移2,结果如下图所示。

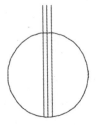

STEP 06 单击"默认>绘图>圆>两点",选择偏移后两直线和圆的交点,结果如下图所示。

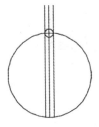

STEP 07 在命令行输入"ar(阵列)",将刚绘制的圆以Φ40圆的圆心为基点进行环形阵列,阵列个数为12,删除之后如下图所示。

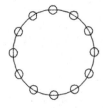

STEP 08 在命令行输入"tr(修剪)",将小圆和大圆相交的部分以及大圆外侧的小圆部分修剪掉,结果如下图所示。

STEP 09 将"剖面线"层置为当前层,然后输入"h(填充)",选择"木断面纹"为填充图案,填充比例为50,角度为0,如下图所示。

STEP 10 在命令行输入"sc(缩放)",将断面图连同填充图案以大圆圆心为基点放大5倍。添加上详图标记和比例后如下图所示。

① 详图
5:1

STEP 11 参照上面详图的绘制，绘制其他详图然后给图形添加表面处理说明和尺寸标注，结果如下图所示。

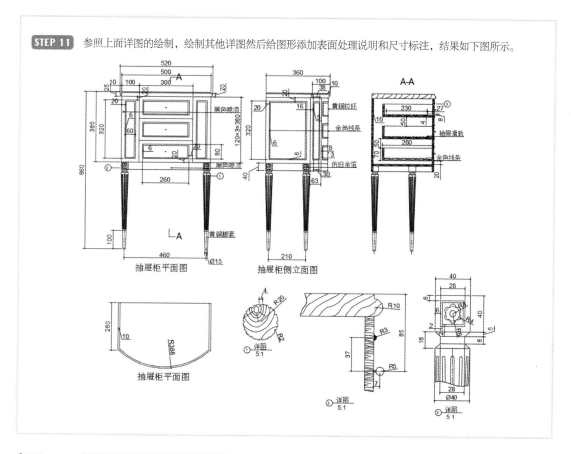

 详图虽然放大了5倍，但是标注尺寸时，必须按实际尺寸标注。为了标注方便，可以在"家具"标注的基础上创建一个新的标注样式，将"主单位"选项卡下的"测量单位比例"改为0.2即可。如果标注时，箭头符号太大，可以参照"组合衣柜"中对尺寸标注样式的设置进行修改。

12.5 绘制文件柜

视频文件：Chapter12\绘制文件柜.avi

文件柜的主要作用是放置文件、资料等办公柜，主要用在办公室、档案室、资料室、存储室或个人书房等。

文件柜按照功能详细来分一般包含资料柜，密集柜，图纸柜等，下图从左至右依次为资料柜、密集柜和图纸柜。

密集柜是适用于机关、企事业单位图书资料室、档案室、样品室等存放图书资料、档案、货架、档案财务凭证、货物的新型装具，与传统式书架、货架、档案架相比，储存量大，节省空间且更有传统性。

本例文件柜绘制完成后如下图所示。

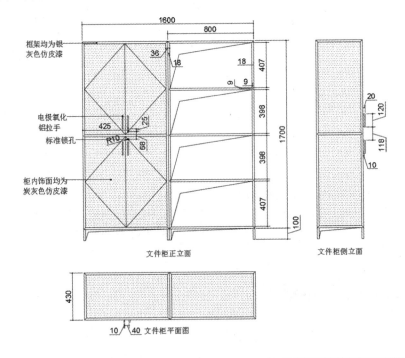

文件柜正立面   文件柜侧立面

文件柜平面图

12.5.1 绘制文件柜正立面图

文件柜正立面宽1600mm，高1700mm，可以先用矩形绘制出外轮廓，然后将矩形分解，再通过"偏移"和"修剪"等命令确定各部件立面的位置。

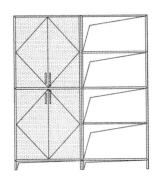

以"家具制图样板"为模板，创建一个图形文件。

1. 绘制柜体

STEP 01 将"轮廓线"层置为当前层，在命令行输入"rec（矩形）"，绘制一个1600×1700的矩形，如下图所示。

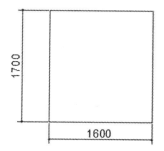

STEP 02 在命令行输入"o（偏移）"，将绘制的矩形向内偏移18，然后将两个矩形都分解，结果如下图所示。

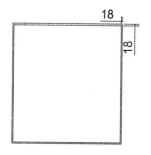

STEP 03 在命令行输入"l（直线）"，绘制内侧矩形的两条中心线和两个矩形角点的连线，如下图所示。

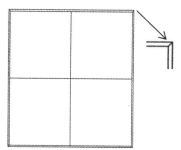

STEP 04 在命令行输入"o（偏移）"，将竖直中心线向左侧400，然后再将竖直中心线向两侧偏移18（板厚），水平中心线向两侧偏移9，如下图所示。

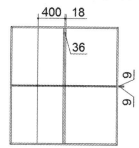

STEP 05 在命令行输入"l（直线）"，AutoCAD命令行提示如下操作。

```
命令:LINE  指定第一个点:    （指定图中A点）
指定下一点或 [放弃(U)]: @9,9↙
指定下一点或 [放弃(U)]:    （指定图中B点）
指定下一点或 [闭合(C)/放弃(U)]:  （空格键
结束命令）
命令: LINE  指定第一个点:    （指定图中C点）
指定下一点或 [放弃(U)]: @18,18↙
指定下一点或 [放弃(U)]:    （指定图中D点）
指定下一点或 [闭合(C)/放弃(U)]:  （空格键
结束命令）
命令: LINE  指定第一个点:    （指定图中E点）
指定下一点或 [放弃(U)]: @-9,-9↙
指定下一点或 [放弃(U)]:    （指定图中F点）
指定下一点或 [闭合(C)/放弃(U)]: （空格键
结束命令）
```

STEP 06 直线绘制完毕后如下图所示。

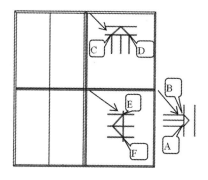

STEP 07 在命令行输入"co（复制）"，将上步绘制的直线分别复制到其他相应的地方，然后讲中间的隔板向上和向下分别复制416，如下图所示。

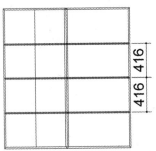

STEP 08 在命令行输入"o（偏移）"，将外侧矩形的底边向下偏移100（柜脚），如下图所示。

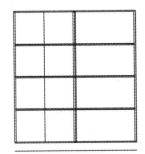

STEP 09 在命令行输入"ex（延伸）"，将柜体的侧板和搁板延伸到偏移的直线，如下图所示。

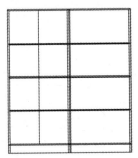

STEP 10 在命令行输入"tr（修剪）"，对柜体的隔板和搁板进行修剪，结果如下图所示。

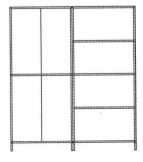

提示 柜体最后的修剪比较繁琐，读者可以参考随书附带的图形文件或视频文件进行修剪。

2. 绘制门、门锁及把手

STEP 01 在命令行输入"rec（矩形）"，绘制一个10×120的矩形，位置如下图所示。

STEP 02 在命令行输入"ar（阵列）"，将上步绘制的矩形进行矩形阵列，阵列设置如下。

列数	2	行数	2
介于	-50	介于	-238
总计	-50	总计	-238
列		行 ▼	

STEP 03 阵列后的把手如下图所示。

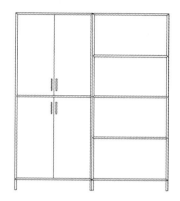

STEP 05 在命令行输入"l（直线）"，过缩孔绘制一条直线（锁眼），直线长度不做要求，如下图所示。

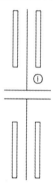

STEP 07 在命令行输入"l（直线）"，绘制柜门，结果如下图所示。

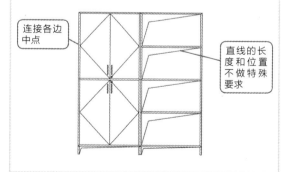

连接各边中点

直线的长度和位置不做特殊要求

STEP 04 在命令行输入"c（圆）"，绘制一个半径为10的圆（缩孔），位置如下图所示。

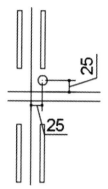

STEP 06 在命令行输入"co（复制）"，将刚绘制锁及缩孔向下复制68，结果如下图所示。

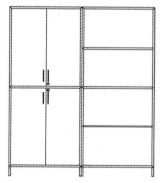

STEP 08 将"剖面线"层置为当前层，然后在命令行输入"h（填充）"，填充左侧柜门，如下图所示。

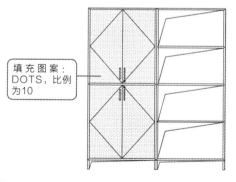

填充图案：DOTS，比例为10

12.5.2 绘制文件柜侧立面图

文件柜侧立面绘制方法与正立面基本相同，主要是柜体隔板与侧板相交处的处理比较繁琐。文件柜侧立面绘制完成后如右图所示。

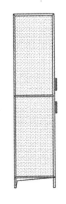

STEP 01 将"轮廓线"置为当前层，在命令行输入"rec（矩形）"，绘制一个和正立面等高平齐的矩形，并将绘制的矩形向内偏移18，如下图所示。

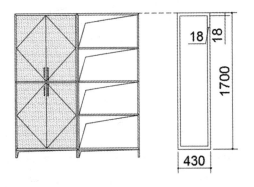

STEP 02 在命令行输入"x（分解）"，将两个矩形分解。然后输入"l（直线）"，过外矩形中点绘制一条直线，如下图所示。

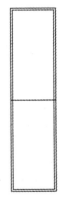

STEP 03 在命令行输入"o（偏移）"，将中心线向下偏移950，然后再将它向两侧偏移9，如下图所示。

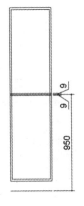

STEP 04 在命令行输入"l（直线）"，参照正立面图中隔板与侧板相交绘制直线的方法绘制直线，并连接内外两个矩形的角点，如下图所示。

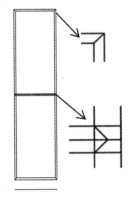

STEP 05　在命令行输入"tr（修剪）"，对隔板与侧板相交处进行修剪，并将两侧板延伸到柜脚处（向下偏移的100直线处），结果如下图所示。

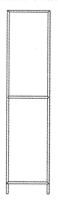

STEP 06　在命令行输入"l（直线）"，绘制的直线只要端点在柜脚端点和隔板与侧板的交点处即可，其他长度和位置不做特殊要求，结果如下图所示。

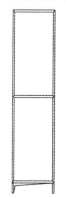

STEP 07　在命令行输入"rec（矩形）"，绘制两个20×120的矩形（把手），位置与正立面图中把手等高平齐，如下图所示。

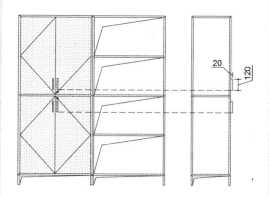

STEP 08　将上步绘制的矩形分解，然后在命令行输入"o（偏移）"，将矩形的上下边和右侧边向内偏移10，结果如下图所示。

STEP 09　在命令行输入"tr（修剪）"，对偏移后的直线进行修剪，结果如下图所示。

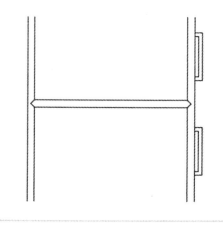

STEP 10　将"剖面线"层置为当前层，然后在命令行输入"h（填充）"，对文件柜侧立面进行填充，结果如下图所示。

填充图案：DOTS，比例为10

12.5.3 绘制文件柜平面图

文件柜侧平面图的绘制很简单，绘制方法与正立面基本相同。文件柜平面图绘制完成后如右图所示。

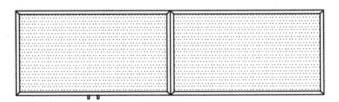

STEP 01 将"轮廓线"置为当前层，在命令行输入"rec（矩形）"，绘制一个和正立面等宽平齐的矩形，如下图所示。

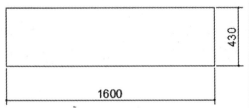

STEP 02 在命令行输入"o（偏移）"，将绘制的矩形向内侧偏移18，结果如下图所示。

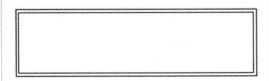

STEP 03 在命令行输入"l（直线）"，连接外侧矩形上下两条边的中点，结果如下图所示。

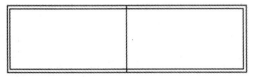

STEP 04 在命令行输入"o（偏移）"，将绘制的中心线向两侧偏移18，结果如下图所示。

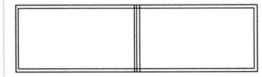

STEP 05 在命令行输入"l（直线）"，参照正立面图中隔板与侧板相交绘制直线的方法绘制直线，并连接内外两个矩形的角点，如下图所示。

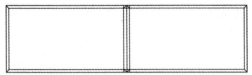

STEP 06 在命令行输入"tr（修剪）"，对绘制的直线进行修剪，结果如下图所示。

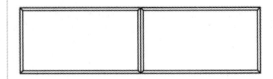

STEP 07 在命令行输入"rec（矩形）"，绘制两个10×20的矩形（把手），位置与正立面图中把手等宽平齐，如下图所示。

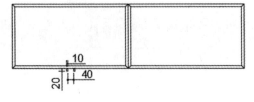

STEP 08 将"剖面线"层置为当前层，然后在命令行输入"h（填充）"，对文件柜侧平面进行填充，结果如下图所示。

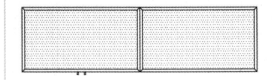

12.5.4　完善图形

视图绘制完毕后，接下来给视图添加视图名称、表面处理说明以及添加标注等。

STEP 01　将"粗实线"层置为当前层，利用单行文字给图形添加名称，如下图所示。

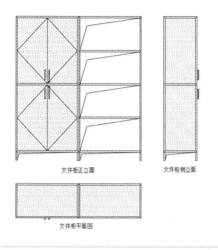

STEP 02　将"细实线"层置为当前层，将多重引线"样式1"置为当前。在命令行输入"mld（多重引线）"给文件柜添加表面处理说明，如下图所示。

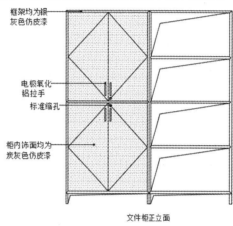

STEP 03　将"标注"置为当前层，给文件柜添加标注，结果如下图所示。

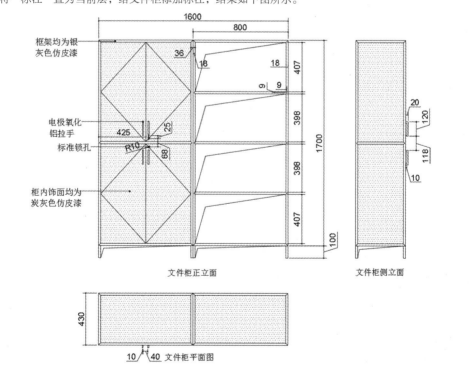

12.6 知识点延伸——衣柜趟门安装及计算方法

趟门主要是靠滑轮在轨道上滚动来开启或关闭柜门，趟门因开启时无噪声、无门槛，美观，大方而应用广泛。趟门衣柜的结构和趟门衣柜如下图所示。

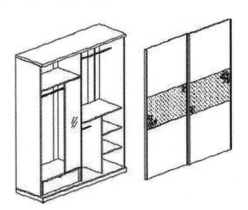 

趟门的安装形式主要有一字形、L形和U形3种，各种趟门的标准安装形式和计算方法如下。

1. 一字形

一字形衣柜趟门的标准安装形式如下图所示。

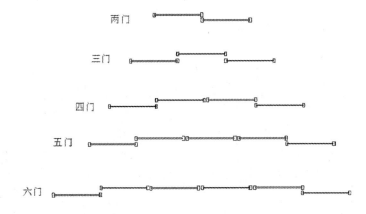

趟门的高度=门洞的高度-40mm（安装上下轨道的余量）

趟门的宽度=（门洞宽度-防撞条+门重叠位尺寸）/趟门数量

门洞的高度字柜上顶到底板之间的距离，门洞宽度是指衣柜两边侧板间的距离。趟门重叠位是指趟门完全关闭时相交重合的部分，正常应为竖框的宽度。

防撞条的尺寸和重叠位数量如下表所示。

防撞条的尺寸和重叠位数量

趟门数量	2门	3门	4门	5门	6门
防撞条尺寸（单位：mm）	6	6	12	18	24
重叠位	重叠一个竖框位	重叠两个竖框位			

趟门主要铝材竖框的宽度与槽深如下表所示。（单位：mm）

趟门主要铝材竖框的宽度与槽深

名 称	YL320	YL360A/B	YL340	YL620	YL660	YL822	YL823	YL940	YL640	YL960
宽 度	35	50	40	20	53	50	80	63	25	60
槽 深	15	15/8	8	8	18/10	15	15	11	5	15

2. L形

L形衣柜趟门的标准安装形式如下图所示。

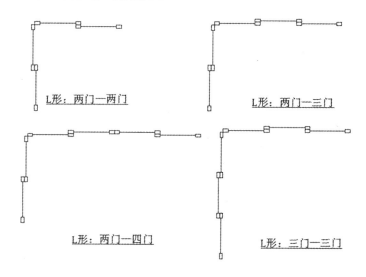

趟门的高度=门洞的高度-40mm（安装上下轨道的余量）

趟门的宽度=（门洞宽度-防撞条+门重叠位尺寸+1个重合位+趟门伸进导轨后导槽量）/趟门数量

重合位是指L形衣柜或U形衣帽间不同立面的两扇或多扇趟门闭合交会时竖框间形成的重合部位（竖框面或弧形结构时才会形成）。

另外，是否加伸进导槽量与L形趟门的重合方式有关。L形衣柜趟门的重合方式有"靠外重合（如下左图）"和"靠内重合（如下右图）"两种。

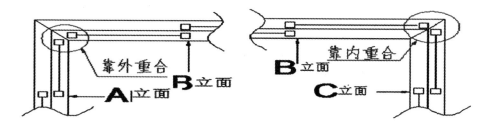

所谓靠外重合是指两扇重合的门均安装在靠外的轨道上，此时不需要加趟门伸进导轨后导槽量。靠内重合则与靠外重合相反，是指两扇重合的门均安装在靠内的轨道上，此时要加上趟门伸进导轨后导槽量。

常用竖框的重合位如下表所示。（单位：mm）

常用竖框的重合位

名 称	YL320	YL360	YL340	YL620	YL660	YL822	YL920	YL960	YL640
重合位	4	12	2	8	6	7	0	12	2

3. U形

U形衣柜趟门的标准安装形式如下图所示。

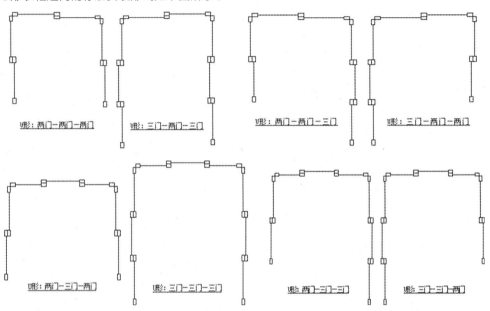

U形衣帽间趟门门宽的计算比较复杂，需要根据各立面趟门的重合方式和趟门数量而定，具体有如下情形。

（1）当U形衣帽间B立面为两扇趟门时（如下图所示），各立面趟门的门宽计算方法如下。

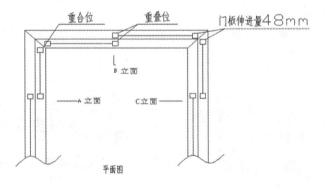

从图中可以看出A立面的趟门为靠外重合，因此：

A立面趟门宽度=（A立面门洞宽-防撞条+重叠位+1个重合位）/A立面趟门数

B立面趟门有一边为靠内重合，且无防撞条位，因此：

B立面趟门宽度=（B立面门洞宽+重叠位+2个重合位+趟门伸进导轨后导槽量48mm）/B立面趟门数

C立面趟门也有一边为靠内重合，但有防撞条位，因此：

C立面趟门宽度=（C立面门洞宽-防撞条+重叠位+1个重合位+趟门伸进导轨后导槽量48mm）/C立面趟门数

（2）当U形衣帽间B立面为三扇以上趟门时，各趟门的门宽计算方法如下。

● 当B立面趟门与两侧立面趟门重合方式为靠外重合时（如下图所示）。

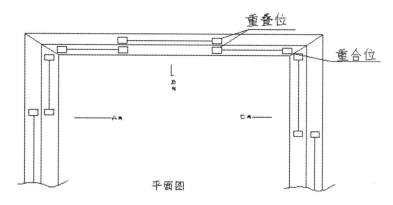

平面图

A立面趟门宽度=（A立面门洞宽-防撞条+重叠位+1个重合位）/A立面趟门数

B立面趟门宽度=（B立面门洞宽-防撞条+重叠位+2各重合位）/B 立面趟门数

C立面趟门宽度=（C立面门洞宽-防撞条+重叠位+1各重合位）/C 立面趟门数

提示

1. 当U形衣帽间两侧柜（即图中的A、C面）为两门或三门时，防撞条减3mm、四门时减9mm、五门时减12mm、六门时减18mm；

2. 当U形衣帽间B立面为两门或三门时不减防撞条位，四门时减6mm、五门减12mm、六门减18mm；

3. 当A、B、C立面分别为两扇门时重叠一个竖框位、当分别为三扇以上门时各重叠两条竖框位；

4. 无论A、B、C立面有几扇门，A向和C向只有一个重合位，B向为两个重合位。

● 当B立面趟门与两侧趟门（及A、C立面）重合方式为靠内重合时（如下图所示）。

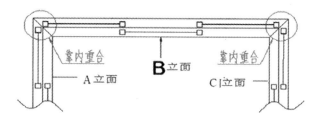

A立面趟门宽度 =（A立面门洞宽 - 防撞条 + 重叠位 + 1个重合位 + 趟门伸进导轨后导槽量48mm）/A立面趟门数

B立面趟门宽度 =[B立面门洞宽+重叠位 + 2个重合位 +（趟门伸进导轨后导槽量48mm×2）]/B立面趟门数

C立面趟门宽度 =（C立面门洞宽 - 防撞条 + 重叠位 + 1个重合位 + 趟门伸进导轨后导槽量48mm）/C立面趟门数

床的历史比任何家具都悠久，距今已有六七千年的历史了。床对于人类来说，比任何家具都密切，因为我们一生有1/3的时间都要在床上度过，因此，床的基本功能要求是使人在床上能舒适地睡眠休息，以消除每天的疲劳，恢复工作精力和体力。

Chapter

13

床类家具设计

13.1 床类家具设计基础

床的形式多种多样，有单人床、双人床、儿童床等。设计上，床不但要满足人们的使用要求，还要考虑与室内环境相协调，形成一个完整的睡眠休息空间。

13.1.1 床的分类

按使用功能床可分为单人床、双人床、双层床、沙发床和儿童床。

各种分类下的床的定义及图例如下表所示。

床的分类

名 称	定义及解释	图 例
单人床 双人床	只供一人使用的床是单人床。双人床比单人床宽，供两人睡眠使用	
双层床	双层床是上下两层床铺，供两人使用，主要是为节省面积，学生宿舍大部分都是双人床。因居住空间局促，现在很多家庭的客房也采用双层床	
沙发床	沙发床具有沙发和床两种使用功能的家具。白天作为沙发，供人休息会客用，晚上通过各种变形展开形成床。根据展开方式，有滑道式、推拉式、展开式和移动式	
儿童床	儿童床由可分为摇篮床、婴儿床和幼儿床。无论哪种儿童床都要要求安全性第一，结构要牢靠稳定，床表面光滑无毛刺，拐角圆滑，床头有软垫，床栏高度要保证小孩站在里面不能翻出来	

13.1.2 床的构成

床的主要构件是床架和床面，床架是支撑床面的，床面用材不同可分硬板和软垫两种。

1. 单层床构成

单层床主要有固定式、伸长式和收藏式，其中固定式最多。

固定式是一种结构固定形成一个完整不变的造型，我们实际生活中见到的大多都是固定式的，因此这里不再赘述。

伸长式床在使用时可长可短，构成如下左图所示。两翼床头和床尾板可伸长，床架两边各开4个孔，以便于用螺栓与床头、床尾连接，一般设计每边可增加300mm，全部伸长后总长为1900mm。此外，床的下面可放一个大抽屉，用以存放被褥杂物。

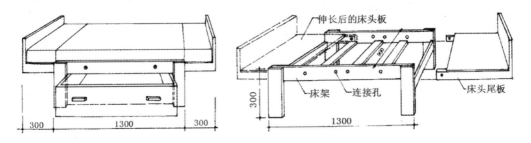

收藏式床由床和橱柜构成，当白天不使用时，可把床褥翻起折进橱柜里，晚间放下即成一张床，如下左图所示。收藏式床还有另一种做法，就是把小一点的床铺收藏在大床的下边，到应用时床铺就像抽屉一样拉出来，可供两个儿童使用，白天推进就可以空出空间做其他用途，床头部位可做书架，如下右图所示。

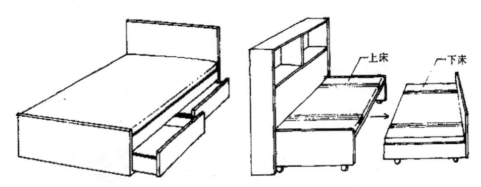

2. 双层床构成

双层床是由上下两个床铺及床架构成，构成形式有固定式、组合式、支架式。固定式应用最广，形式最多，有上下床平行布置，也有在双人床上布置小床的，也可以在床下装储藏用的抽屉。

组合式是由高低不同的两个床铺及橱柜组合而成，组合形式有上下平行布置、阶梯形布置、加橱柜平行组合、加橱柜垂直组合四种形式，各种组合形式如下图所示。

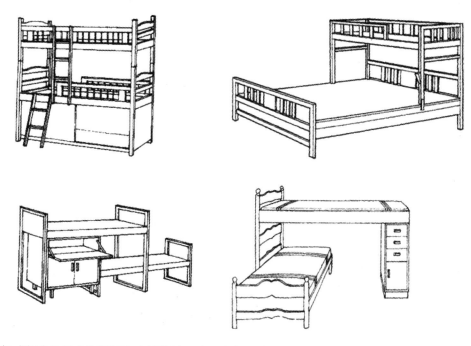

　　支架式组合是用金属柜架和床铺连接而成，支架本身可作为梯子供上床用，其一端可装有橱柜供存放书籍用，也可以在下边装储藏用的抽屉，如下图所示。

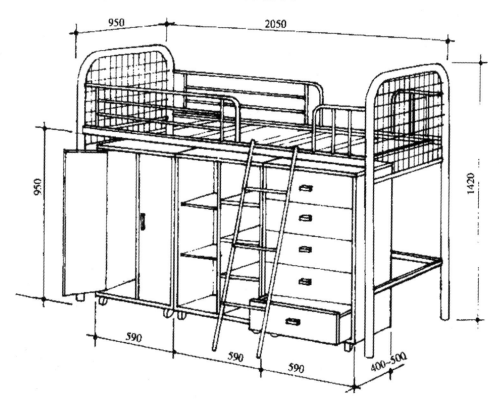

13.2 床类家具尺寸与人体功能尺度

床的基本作用就是供人休息睡眠用的，因此，床的外形尺度应该根据人体功能尺度来设计。单层床和双层床的基本尺度如下图所示。

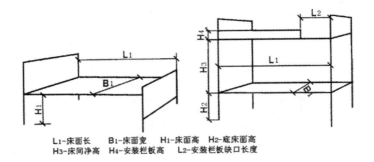

L1-床面长　　B1-床面宽　　H1-床面高　　H2-底床面高
H3-床间净高　　H4-安装栏板高　　L2-安装栏板缺口长度

1. 床长

床的长度指床板两头或床架内的距离。床的长度是以人体仰卧为基准，在人体平均身高的基准上再增加5%，另增加头部放置枕头的尺寸，脚端折被尺寸以及必要的活动空隙，所以床内长度计算公式为：$L_1 = (1+0.05)h + C_1 + C_2$

式中：h为人体平均身高，C_1为头部放枕头的尺寸；C_2为脚端折被余量。

2. 床宽

床宽指两床挺内侧间的尺寸，床宽的尺寸常以仰卧姿势作基准，床宽为成年男子仰卧时肩宽的2.5~3倍。成年男子平均肩宽为410mm，所以单人床的宽度在1025mm~1230mm之间最为理想，宽度可以适当增减，但是不能小于700mm。

3. 床高

床的高度指床面到地面的垂直距离，床面的高度既要满足人们穿衣、脱鞋、就寝、起床等基本活动外，还要为人们坐在床面上创造便利条件。对于双层床，应考虑两层之间的净高尺度，必须满足下层使用者较方便地完成睡眠前和起床的一系列动作。

单层床的基本尺寸如下表所示。（单位：mm）

单层床的基本尺寸

类 型	床面长（L_1）	床面宽（B_1）	床面高（H_1）	
			不放置床垫	放置床垫
单人床	1900/1920	720/800/900	240~280	400~440
	1950/1970	1000/1100		
双人床	2000/2020	1350/1500		
	2100/2120	1500/1800		

双层床的基本尺寸如下表所示。（单位：mm）

双层床的基本尺寸

床面长（L_1）	床面宽（B_1）	底床面高（H_2）		层间净高（H_3）		安全栏板缺口长度（L_2）	安全栏板高度（H_4）	
		不放置床垫	放置床垫	不放置床垫	放置床垫		不放置床垫	放置床垫
1920	720							
1970	800	240~280	400~440	≥1150	≥990	500~600	≥380	≥200
2020	900/1000							

13.3 绘制双层床

 Chapter13\绘制双层床.avi

双层床在举步维艰的房间里可以节省相当大的空间，也为朋友留宿提供方便。而在大多数学校，学生宿舍内统一采用双层床更是普遍。

双层床常用的材质有钢制、钢木混制和纯木质，下图从左至右依次为这3种材质的双人床。

双层床主要是为了节省空间，我们最常见的有儿童双层床、学生双层床和隐形双层床。

常见双层床特点与图例

名　称	特点及使用注意事项	图　例
儿童双层床	儿童双层床也有称母子床。尤其是家里面积比较小，又想给孩子一个独立的空间，那么就使用儿童双层床，立刻让房间看起来大了一倍。不过，要到了一定的年龄才可以使用儿童床，对于太小的宝宝，双层床是不安全的	
学生双层床	铁床部分焊接采用二氧化碳保护焊接，使铁床更加美观、耐用、扎实。钢管表面经除油，去锈，磷化后防静电喷粉、高温固化后不易脱漆生锈	

（续 表）

名 称	特点及使用注意事项	图 例
隐形双层床	隐形双层床在白天变成折叠桌子或者沙发，如果你的双腿想要更多的活动空间，也可以通过收折将其隐藏在床板中，还可在床头柜内放置衣物或者书籍。 隐形双层床需要定制，安装好隐形床板，要注意床板质量和衔接安全，因为隐形双层床上面那层，没有支架撑住，仅靠衔接来保持稳定，如果安装不当或质量不好，睡梦中床板掉下来可不是好玩的。 采用抽拉式抽屉设计，在更多收纳物品的同时节省空间，拉开时可以当做桌面，安放一些物品	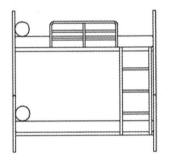

13.3.1 绘制双层床正立面图

双层床的上下铺相同，可以先绘制下层结构，然后将它复制到上层。最后再绘制护栏和攀梯。绘制完成后如右图所示。

以"家具制图样板"为模板，创建一个图形文件。

1. 绘制下铺床架

STEP 01 将"轮廓线"层置为当前层，在命令行输入"rec（矩形）"，绘制一个38×770的矩形，如下图所示。

STEP 02 在命令行输入"f（圆角）"，设置圆角半径为19，对矩形上端进行圆角，结果如下图所示。

STEP 03 在命令行输入"co（复制）"，将圆角后的矩形沿水平线向右侧复制1958，如下图所示。

STEP 04 在命令行输入"l（直线）"，连接两矩形底端中间两端点，如下图所示。

STEP 05　在命令行输入"o（偏移）"，将绘制的直线向上偏移220、270和420，最后删除上步绘制的直线，结果如下图所示。

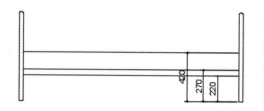

STEP 06　在命令行输入"f（圆角）"，将圆角半径设置为10，将修剪模式设置为不修剪，圆角后如下图所示。

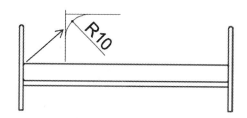

STEP 07　在命令行输入"tr（修剪）"，对圆角后的多余线段进行修剪，修剪时注意只修剪上面两个，下面两个不修剪，如下图所示。

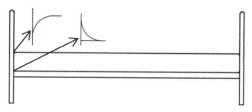

STEP 08　单击"默认>绘图>圆>相切、相切、半径"绘制圆，如下图所示。

2. 绘制上铺床架、护栏和攀梯

STEP 01　将两边的矩形框架分解，然后输入"o（偏移）"，将底边直线向上偏移1920，如下图所示。

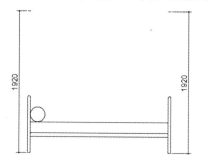

STEP 02　在命令行输入"ex（延伸）"，将双层床的两条竖直边延伸到偏移后的直线，如下图所示。

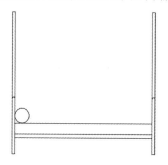

STEP 03 在命令行输入"co（复制）"，将下层的床板、被褥、枕头向上复制1150，结果如下图所示。

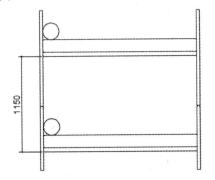

STEP 05 在命令行输入"tr（修剪）"，将对偏移后的直线进行修剪，结果如下图所示。

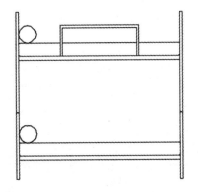

STEP 07 在命令行输入"tr（修剪）"，对复制后的直线进行修剪，结果如下图所示。

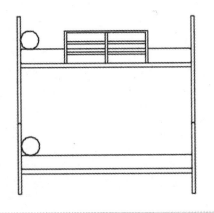

STEP 04 在命令行输入"o（偏移）"，将两侧框架内侧的竖直线分别向内偏移490和515，上铺床板水平直线向上偏移325和350，如下图所示。

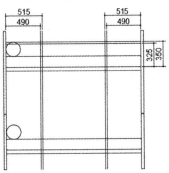

STEP 06 在命令行输入"co（复制）"，将修剪后的护栏的上两条直线向下复制120和230，左侧两条直线向右复制457.5，如下图所示。

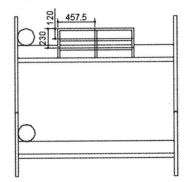

STEP 08 在命令行输入"f（圆角）"，将修剪模式设置为修剪，对护栏的内外框架分别进行50和25的圆角，结果如下图所示。

STEP 09 在命令行输入"o（偏移）"，将右侧竖直框架的内侧直线向左偏移20、58、432和470，将上铺的底边直线向下偏移235、260、535、560、835和860，如下图所示。

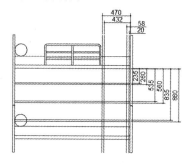

STEP 10 在命令行输入"tr（修剪）"，对上步偏移后的直线进行修剪，结果如下图所示。

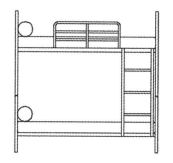

13.3.2 绘制双层床侧立面图

　　双层床侧立面图的绘制方法和正立面绘制方法相同，先绘制下铺床架及护栏，然后再绘制上铺的床架和护栏，最后绘制攀梯，侧立面图完成后如右图所示。

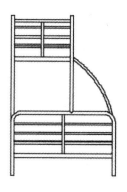

1. 绘制下铺床架及护栏

STEP 01 在命令行输入"rec（矩形）"，绘制一个底边和正立面底边平齐的矩形，如下图所示。

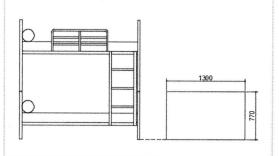

STEP 02 将矩形分解，然后在命令行输入"f（圆角）"，对矩形进行圆角，圆角半径设置为120，如下图所示。

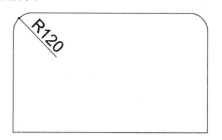

STEP 03 在命令行输入"o（偏移）"，将矩形的竖直边、顶边和圆弧向内侧偏移38，如下图所示。

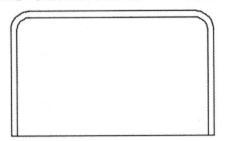

STEP 04 在命令行输入"tr（修剪）"，对矩形的底边进行修剪，结果如下图所示。

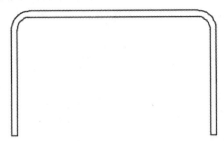

STEP 05 在命令行输入"ray（射线）"，过下铺的床板和床垫绘制三条射线，如下图所示。

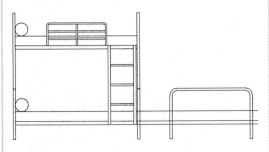

STEP 06 在命令行输入"tr（修剪）"，对上步绘制的射线进行修剪，得到床板和床垫的投影，如下图所示。

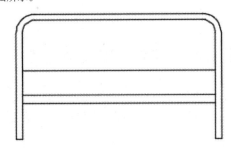

STEP 07 在命令行输入"f（圆角）"，参照正立面图中圆角方法对床垫进行R10圆角，如下图所示。

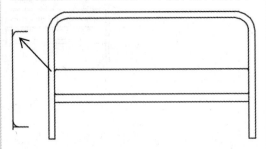

STEP 08 在命令行输入"l（直线）"，连接床架下侧边和床板上部的中点绘制一条直线，如下图所示。

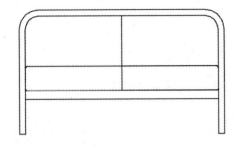

STEP 09 在命令行输入"o（偏移）"，将中心线向两侧偏移12.5后删除。将床板底部直线向上偏移160、185、275、300、390和415，如下图所示。

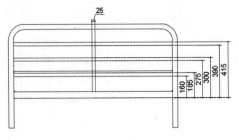

STEP 10 在命令行输入"tr（修剪）"，对偏移后的直线进行修剪，结果如下图所示。

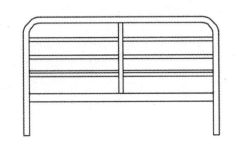

2．绘制上铺床架

STEP 01 在命令行输入"ray（射线）"，过正立面上铺框架的最高点绘制一条射线，如下图所示。

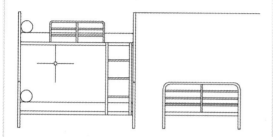

STEP 02 在命令行输入"ex（延伸）"，将侧立面下铺的左侧框架延伸到与射线相交，如下图所示。

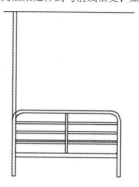

STEP 03 在命令行输入"o（偏移）"，把侧立面最左侧的直线向右偏移738和776，如下图所示。

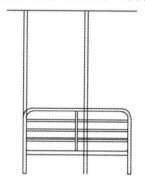

STEP 04 在命令行输入"tr（修剪）"，对延伸、偏移后的直线以及射线进行修剪，如下图所示。

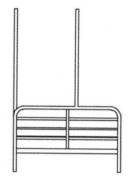

STEP 05 在命令行输入"l（直线）"，绘制两条直线，如下图所示。

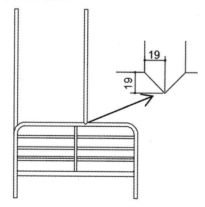

STEP 06 在命令行输入"f（圆角）"，在上步绘制的两直线的交点处进行R5的圆角，如下图所示。

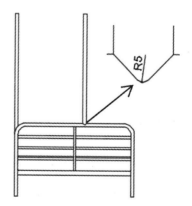

3. 绘制上铺护栏和攀梯

STEP 01 在命令行输入"co（复制）"，将下铺床板、护栏和床垫一起向上复制1150，如下图所示。

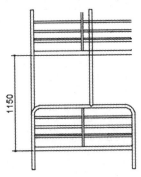

STEP 02 在命令行输入"tr（修剪）"，对复制后的图形进行修剪，结果如下图所示。

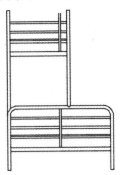

STEP 03 在命令行输入"o（偏移）"，将上铺的床板向上偏移462和500，如下图所示。

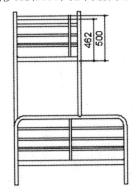

STEP 04 在命令行输入"tr（修剪）"，对超出偏移直线的部分进行修剪，结果如下图所示。

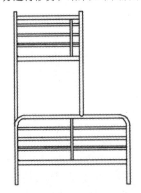

STEP 05 在命令行输入"s（拉伸）"，从右至左框选上铺整个护栏，然后向左拉伸262，结果如下图所示。

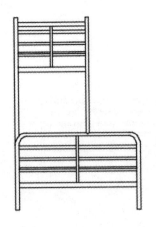

STEP 06 在命令行输入"mi（镜像）"，选中上铺床垫的圆角，以上铺床板中心线为镜像线将它们镜像到另一侧，结果如下图所示。

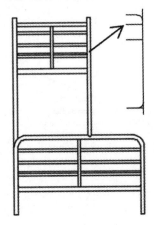

STEP 07 在命令行输入"l（直线）"，过上铺床板的上边右端点绘制一条直线，如下图所示。

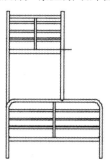

STEP 08 单击"默认>绘图>圆弧>起点、端点、半径"绘制半径为1100的圆弧，如下图所示。

STEP 09 在命令行输入"o（偏移）"，将上步绘制的圆弧向左偏移30，结果如下图所示。

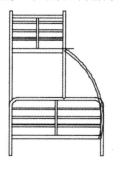

STEP 10 在命令行输入"tr（修剪）"，修剪掉多余的圆弧并将第1步绘制的辅助线删除，如下图所示。

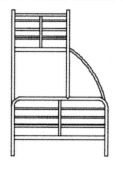

13.3.3　完善图形

图形绘制完毕后，最后给图形表面进行填充、文字说明以及标注等。

STEP 01 在命令行输入"la（图层管理器）"，将"剖面线"层的颜色改为253，如下图所示。

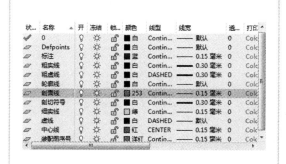

STEP 02 在命令行输入"mls（多重引线标注样式管理器）"，将"Standard"样式"置为当前"，对箭头、基线和文字进行如下设置。

STEP 03 将"剖面线"层置为当前层，在命令行输入"h（填充）"，对框架、护栏和攀梯进行填充，填充图案为DOTS，比例为10，如下图所示。

STEP 04 将"细实线"层置为当前层，在命令行输入"mld（多重引线）"，给图形添加文字注释，如下图所示。

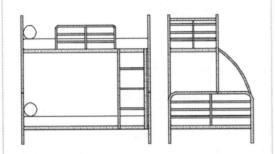

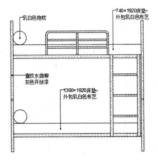

STEP 05 将"标注"层置为当前层，然后给图形添加标注，结果如下图所示。

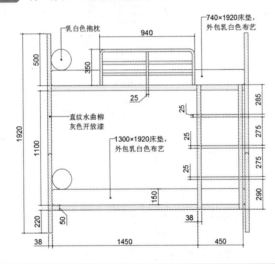

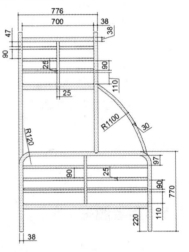

13.4 绘制豪华双人床

  Chapter13\绘制豪华双人床.avi

本节绘制的豪华双人床非常复杂，我们重点对双人床的四个柱脚进行绘制，然后通过插入图块的方式插入床的上下屏。豪华双人床绘制完成后如下图所示。

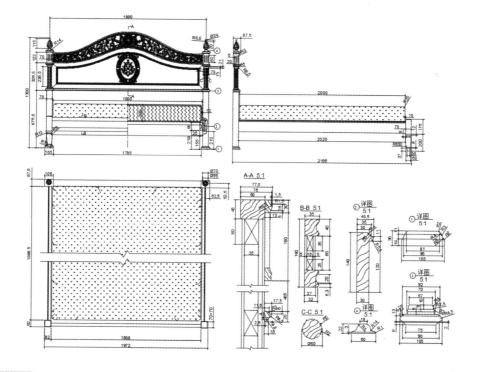

13.4.1 绘制双人床后柱脚正立面

　　后柱脚正立面结构比较复杂，绘制过程中主要用到偏移、修剪、圆弧、圆角等命令，后柱脚正立面绘制完成后如右图所示。

　　以"家具制图样板"为模板，创建一个图形文件。

1. 绘制后柱脚下半部分正立面

STEP 01　将"轮廓线"层置为当前层，在命令行输入"rec（矩形）"，绘制一个105×35的矩形。然后将绘制的矩形分解，如下图所示。

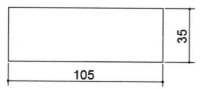

STEP 02　在命令行输入"o（偏移）"，底边直线向上偏移16和27，将右侧直线向左偏移5和12，如下图所示。

STEP 03 在命令行输入"f（圆角）"，将修剪模式设置为不修剪，然后对偏移的直线相交处进行R2、R3、R4的圆角，如下图所示。

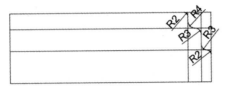

STEP 05 在命令行输入"tr（修剪）"，将和圆弧相交的直线进行修剪，结果如下图所示。

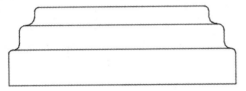

STEP 07 在命令行输入"o（偏移）"，将射线向两侧分别偏移35、37.5和45，底边直线向上偏移675.5和681.5，结果如下图所示。

STEP 04 在命令行输入"mi（镜像）"，将上步绘制的圆弧镜连同第2步偏移的两条竖直线一起镜像到矩形的另一侧，结果如下图所示。

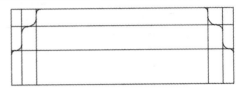

STEP 06 在命令行输入"ray（射线）"，过底边直线的中点绘制一条射线，如下图所示。

STEP 08 单击"默认>绘图>圆弧>起点、端点、半径"绘制两条半径为8.5的圆弧，如下左图所示。然后对图形进行修剪，如下右图所示。

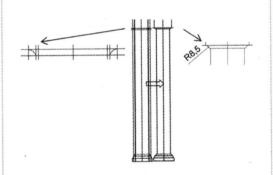

2．绘制后柱脚中间部分正立面

STEP 01 在命令行输入"o（偏移）"，将水平直线向上偏移2和15，将中心线向两侧偏移52.5，如下图所示。

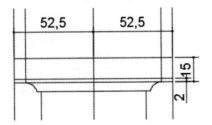

STEP 02 在命令行输入"tr（修剪）"，对上步偏移的直线进行修剪，结果如下图所示。

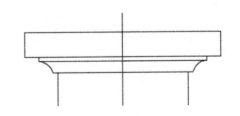

STEP 03 在命令行输入"f（圆角）"，将修剪模式设置为修剪，然后对偏移的修剪后的矩形进行R6.5的圆角，结果如下图所示。

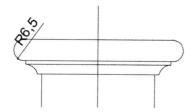

STEP 04 重复上述步骤继续绘制中间台阶部分，结果如下图所示。

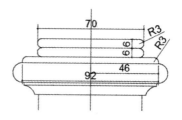

STEP 05 在命令行输入"pl（多段线）"，根据AutoCAD命令行进行如下操作。

```
命令:PLINE  指定起点：（捕捉图中A点端点）
当前线宽为 0.0000
    指定下一个点或 [圆弧(A)/半宽(H)/长度(L)/
放弃(U)/宽度(W)]: a↙
    指定圆弧的端点(按住 Ctrl 键以切换方向)或
[角度(A)……/宽度(W)]: r↙
    指定圆弧的半径: -2.5↙
    指定圆弧的端点(按住 Ctrl 键以切换方向)或
[角度(A)]: @-1,3.5↙
    指定圆弧的端点(按住 Ctrl 键以切换方向)或
[角度(A)……/宽度(W)]: r↙
    指定圆弧的半径: 4↙
    指定圆弧的端点(按住 Ctrl 键以切换方向)或
[角度(A)]: @-2.5,6.5↙
    指定圆弧的端点(按住 Ctrl 键以切换方向)或
[角度(A)/……/宽度(W)]:  （按空格键结束命令）
```

STEP 06 多段线绘制完成后结果如下图所示。

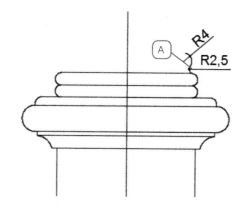

STEP 07 在命令行输入"mi（镜像）"，将上步绘制的多段线（圆弧）沿中心线镜像到另一边，并用直线将它们连接起来，结果如下图所示。

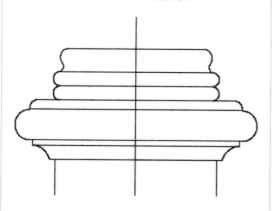

STEP 08 在命令行输入"co（复制）"，把图中最粗的台阶向上复制274.5，结果如下图所示。

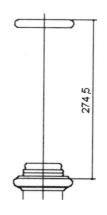

STEP 09 在命令行输入"o（偏移）"，将中心线分别向两侧偏移4、7.5、14.5、17、22和24.5，结果如下图所示。

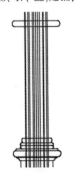

STEP 10 在命令行输入"tr（修剪）"，对上步偏移的直线进行修剪，结果如下图所示。

提示 tips

第5步中用多段线绘制圆弧时，应特别注意方向的选择。

绘制R2.5圆弧，输入端点（@-1，3.5）后不要按空格Enter键，而是先按住Ctrl键，然后单击鼠标确定圆弧的方向，如右图所示。确定圆弧方向是自己所要的方向后再按空格键或Enter键。同理，在绘制R4圆弧时也是同样操作。

3．绘制后柱脚上部正立面

STEP 01 选中上面复制的图案，将它两端分别向中间拉伸（缩短）17.5，结果如下图所示。

STEP 02 在命令行输入"co（复制）"，选中要复制的台阶，将它向上复制303.5和450.5，如下图所示。

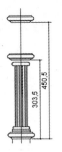

STEP 03 在命令行输入"o（偏移）"，将中心线向两侧分别偏移28和35，结果如下图所示。

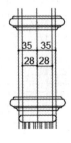

STEP 04 在命令行输入"tr（修剪）"，将偏移后的直线进行修剪，结果如下图所示。

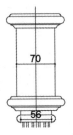

STEP 05 在命令行输入"rec（矩形）"，根据AutoCAD命令行进行如下操作。

> 命令：RECTANG
> 　　指定第一个角点或 [倒角(C)/标高(E)/圆角(F)/厚度(T)/宽度(W)]: f↙
> 　　指定矩形的圆角半径 <0.0000>: 3↙
> 　　指定第一个角点或 [倒角(C)/标高(E)/圆角(F)/厚度(T)/宽度(W)]: fro
> 　　基点：　　　　　[捕捉A点（中点）]
> 　　<偏移>: @-3,20↙
> 　　指定另一个角点或 [面积(A)/尺寸(D)/旋转(R)]: @6,82↙
> 　　　　　　　　　　　（按空格键结束命令）

STEP 07 在命令行输入"o（偏移）"，将中心线向两侧偏移30，最上端直线向上偏移3，如下图所示。

STEP 06 圆角矩形绘制完成后如下左图所示。然后在命令行输入"co（复制）"将绘制的矩形向两侧分别复制20，结果如下右图所示。

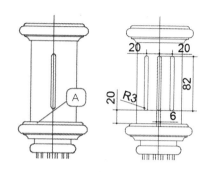

STEP 08 在命令行输入"tr（修剪）"，对图形进行修剪，修剪后对图形进行R1的圆角，如下图所示。

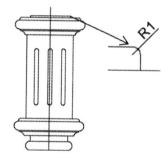

4. 绘制后柱脚顶部图案正立面（1）

STEP 01 在命令行输入"o（偏移）"，将中心线向两侧偏移14，上端直线向上偏移14和19，如下图所示。

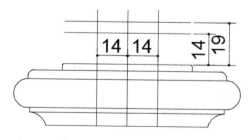

STEP 02 在命令行输入"f（圆角）"，将模式设置为不修剪，对图形进行R5和R14圆角，如下图所示。

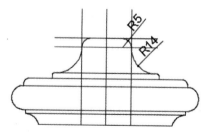

STEP 03 在命令行输入"tr（修剪）"，将多余的线条修剪或删除后如下图所示。

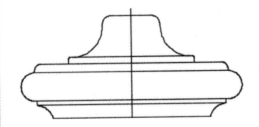

STEP 05 在命令行输入"tr（修剪）"，将偏移的直线的上部分全部修剪掉，如下图所示。

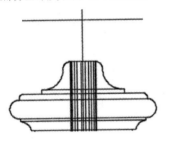

STEP 07 单击"默认>绘图>圆弧>起点、端点、半径"绘制圆弧，以5、6两步中相对应的两点为端点，除了中间两条圆弧半径为72外，其余的半径都为42，删除辅助线后如下图所示。

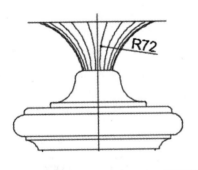

STEP 04 在命令行输入"o（偏移）"，将图中水平线向上偏移51，然后将中心线分别向两侧偏移1.5、4、6、7.5、8.5和9，如下图所示。

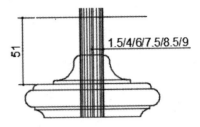

STEP 06 重复步骤4~5，将中心线向两侧偏移6、16、24、30、34和35，如下图所示。

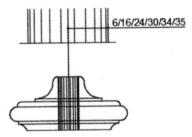

STEP 08 单击"默认>绘图>圆弧>起点、端点、半径"绘制圆弧，从左至右圆弧半径依次为3.5、8、9.5、11.5、13和14.5，如下图所示。

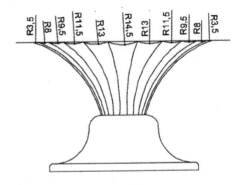

提示 tips 上面偏移和绘制圆弧时，可以先偏移一边，然后绘制一边圆弧，最后将绘制的圆弧沿中心线镜像到另一边会更容易，绘图速度会更快。

5. 绘制后柱脚顶部图案正立面（2）

STEP 01 在命令行输入"o（偏移）"，将图中水平线向上偏移95，然后将中心线向左侧偏移1.5、4、6、7.5、8.5和9，如下图所示。

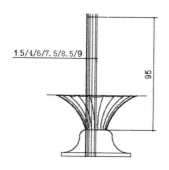

STEP 02 在命令行输入"tr（修剪）"，将偏移的直线下半部分修剪掉。单击"默认>绘图>圆弧>起点、端点、半径"绘制圆弧，从左至右半径依次为96、116、136、156、176和400。

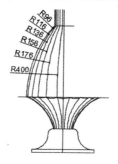

STEP 03 在命令行输入"mi（镜像）"，将绘制的圆弧沿中心线镜像到另一侧并删除辅助线，如下图所示。

STEP 04 在命令行输入"o（偏移）"，将中心线向两侧偏移7，水平直线向上偏移20，如下图所示。

STEP 05 在命令行输入"c（圆）"，以中心线与偏移的水平直线交点为圆心绘制一个半径为12的圆，如下图所示。

STEP 06 单击"默认>绘图>圆弧>起点、端点、半径"绘制圆弧，绘制两条半径为6.5的圆弧，如下左图所示。删除所有辅助线后整个后柱脚正立面如右图所示。

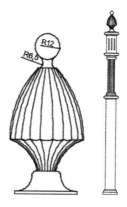

13.4.2 绘制双人床前柱脚正立面

　　床前柱脚与后柱脚的正立面投影有部分重合，如果两个前柱脚正立面都绘制，势必遮挡住部分后柱脚以及床框的其他结构，因此我们的前柱脚只绘制一个。前柱脚正立面绘制完成后如右图所示。

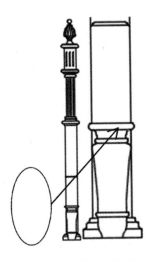

STEP 01　在命令行输入 "co（复制）"，将上节绘制的后柱脚正立面水平向左复制1890，如下图所示。

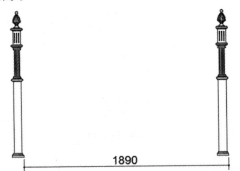

1890

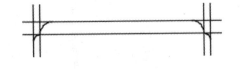

STEP 03　在命令行输入 "f（圆角）"，圆角半径分别为5和2.5，将圆角模式设置为不修剪，如下图所示。

STEP 02　在复制的后柱脚上绘制前柱脚投影。在命令行输入 "o（偏移）"，将底边直线向上偏移370和375，两侧直线向内偏移2.5。如下图所示。

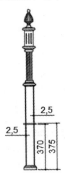

2.5

2.5

370

375

STEP 04　在命令行输入 "tr（修剪）"，将与圆弧相交的直线进行修剪，结果如下图所示。

R5　R2.5

STEP 05 在命令行输入"rec（直线）"，绘制三个圆角矩形，AutoCAD命令行提示如下。

命令：RECTANG
指定第一个角点或 [倒角(C)/……/宽度(W)]: f
指定矩形的圆角半径 <0.0000>: 4↙
指定第一个角点或 [倒角(C)/……/宽度(W)]: fro
基点：　　　　　（捕捉A点）
<偏移>: @22.5,37↙
指定另一个角点或 [面积(A)/尺寸(D)/旋转(R)]: @60,8↙
命令：RECTANG　当前矩形模式：圆角=4.0000
指定第一个角点或 [倒角(C)/……/宽度(W)]: fro
基点：　　　　　（捕捉A点）
<偏移>: @22.5,165↙
指定另一个角点或 [面积(A)/尺寸(D)/旋转(R)]: @60,8↙
命令：RECTANG　当前矩形模式：圆角=4.0000
指定第一个角点或 [倒角(C)/……/宽度(W)]: f↙
指定矩形的圆角半径 <8.0000>: 6↙
指定第一个角点或 [倒角(C)/……/宽度(W)]: fro
基点：　　　　　（捕捉A点）
<偏移>: @11.5,188↙
指定另一个角点或 [面积(A)/尺寸(D)/旋转(R)]: @82,12↙

STEP 06 三个圆角矩形绘制完成后如下图所示。

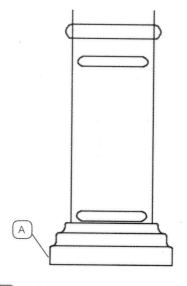

STEP 07 在命令行输入"f（圆角）"，圆角半径分别为9，将圆角模式设置为不修剪，如下图所示。

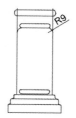

STEP 08 在命令行输入"l（直线）"，过中点绘制一条直线，并将绘制的直线向两侧偏移17.5，如下图所示。

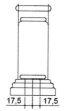

STEP 09 单击"默认>绘图>圆弧>起点、端点、半径"绘制圆弧，圆弧半径如下图所示。

STEP 10 在命令行输入"l（直线）"，过中点绘制一条直线，在命令行输入"tr（修剪）"，将与前柱脚相交的部分后柱脚删除，结果如下图所示。

13.4.3 绘制双人床前后屏、床垫和床梃正立面

双人床的后屏我们通过插入图块的方法来体现，前屏和床垫采用半立面加剖视的方法表达，床梃采用局部剖的方法表达。前后屏、床垫和床梃正立面完成后如下图所示。

1. 绘制后屏正立面

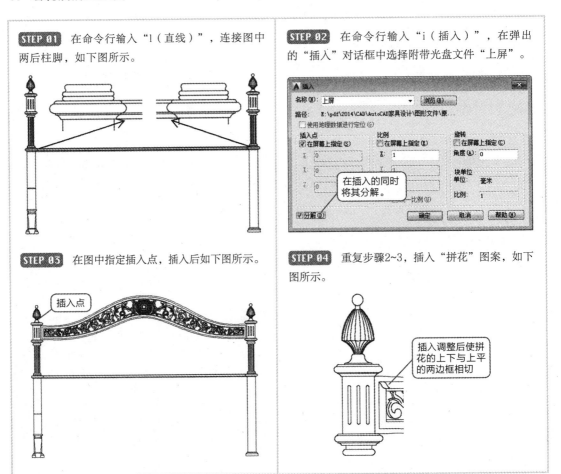

STEP 01 在命令行输入"1（直线）"，连接图中两后柱脚，如下图所示。

STEP 02 在命令行输入"i（插入）"，在弹出的"插入"对话框中选择附带光盘文件"上屏"。

在插入的同时将其分解。

STEP 03 在图中指定插入点，插入后如下图所示。

插入点

STEP 04 重复步骤2~3，插入"拼花"图案，如下图所示。

插入调整后使拼花的上下与上平的两边框相切

STEP 05 在命令行输入"ar(阵列)",选择"路径"阵列,并选择上边框为阵列的路径,在"创建阵列"选项卡中将间距设置为15,如下图所示。

选择与拼花相切的上边框为路径

STEP 06 重复4~5步,插入"拼花"(插入时可以通过"插入"对话框设置旋转角度)并阵列,阵列的路径都为相切的外边框,间距都为15,如下图所示。

插入时旋转90°

STEP 07 在命令行输入"tr(修剪)",对拐角处相交的拼花进行修剪,结果如下图所示。

STEP 08 重复步骤2~3,插入"下屏",插入后将"下屏调整到下图所示位置。

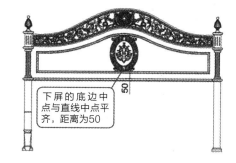

下屏的底边中点与直线中点平齐,距离为50

STEP 09 在命令行输入"l(直线)",过下屏拼接角的端点绘制与竖直线成135°夹角的直线,直线长度到与柱脚相接,如下图所示。

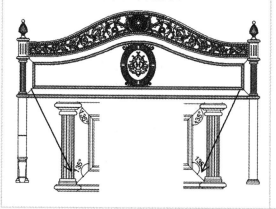

STEP 10 将"剖面线"层置为当前,然后在命令行输入"h(填充)",选择"木纹面2",填充结果如下图所示。

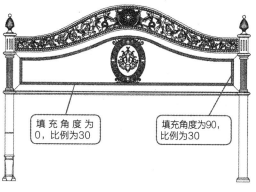

填充角度为0,比例为30

填充角度为90,比例为30

2. 绘制前屏和床垫

STEP 01 在命令行输入"o（偏移）"，将直线向下偏移225.5、315.5、355.5、390.5、435.5、475.5和520.5，并将直线延伸到两后柱脚，如下图所示。

STEP 02 将"中心线"层置为当前，然后在命令行输入"1（直线）"，绘制一条竖直中心线，如下图所示。

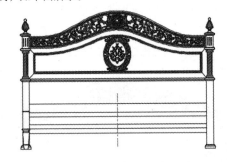

STEP 03 将"轮廓线"层置为当前，然后在命令行输入"rec（矩形）"，绘制一个圆角为20的矩形（床垫），如下图所示。

STEP 04 在命令行输入"o（偏移）"，将上步绘制的矩形向内侧偏移1.5和11.5，结果如下图所示。

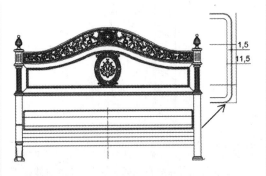

STEP 05 在命令行输入"tr（修剪）"，对偏移的直线和矩形进行修剪，结果如下图所示。

STEP 06 在命令行输入"o（偏移）"，将最低直线向上偏移64和160，将右侧柱脚向左偏移35，如下图所示。

STEP 07 在命令行输入"l（直线）"，连接下图所示矩形的四个角点，将矩形内直线水平直线删除后如下图所示。

STEP 08 将"剖面线"层设置为当前层，然后在命令行输入"h（填充）"，对床垫进行填充，填充图案、角度和比例如下图所示。

填充图案为GRASS，填充角度为0°，填充比例为2

填充图案为ZIGZAG，填充角度为45°，填充比例为10

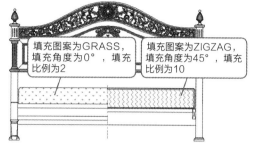

3. 绘制床梃正立面

STEP 01 将"轮廓线"层置为当前，在命令行输入"pl（多段线）"，根据AutoCAD提示进行如下操作。

```
命令：PLINE  指定起点: fro  基点：（捕捉A点）
<偏移>: @0,175    当前线宽为 0.0000
指定下一个点或 [圆弧(A)/……/宽度(W)]: @30,0
指定下一点或 [圆弧(A)/……)/宽度(W)]:
@0,120
指定下一点或 [圆弧(A)/……/宽度(W)]: @5,0
指定下一点或 [圆弧(A)/……/宽度(W)]: a
指定圆弧的端点……或[角度(A)/……)/宽度
(W)]: ce
指定圆弧的圆心: @0,5.5
指定圆弧的端点……或[角度(A)/长度(L)]: a
指定夹角(按住 Ctrl 键以切换方向): 180
指定圆弧的端点……或[角度(A)/……/宽度
(W)]: ce
指定圆弧的圆心: @-5,0
指定圆弧的端点……或[角度(A)/长度(L)]: a
指定夹角(按住 Ctrl 键以切换方向): 90
指定圆弧的端点……或[角度(A)/……/宽度
(W)]: ce
指定圆弧的圆心: @-4,0
指定圆弧的端点……或[角度(A)/长度(L)]: a
指定夹角(按住 Ctrl 键以切换方向): 90
指定圆弧的端点……或[角度(A)/……/宽度(W)]: l
指定下一点或 [圆弧(A)/……/宽度(W)]:
@-26,0
指定下一点或 [圆弧(A)/……/宽度(W)]:
（按空格键结束命令）
```

STEP 02 床梃绘制完毕后如下图所示。

STEP 03 将"细实线"层设置为当前层，然后在命令行输入"spl（样条曲线）"，绘制床框局部剖的断面线，如下图所示。

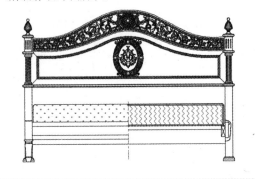

STEP 04 将"剖面线"层设置为当前层，在命令行输入"h（填充）"，对床框断面进行填充，选"木纹面1"为填充图案，填充角度为0，比例为15，如下图所示。

13.4.4 绘制双人床侧立面

侧立面的柱脚和正立面基本相同，只需将正立面的柱脚复制过来进行编辑即可，然后通过正立面中床框的高度确定侧立面中床框高度，侧立面绘制完毕后如右图所示。

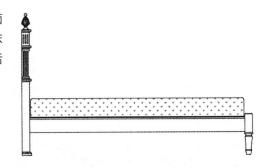

STEP 01 在命令行输入"co（复制）"，将正立面的前后柱脚沿水平线向右复制，两柱脚之间的距离如下图所示。

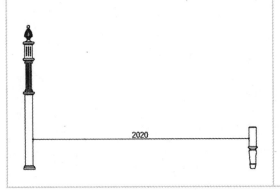

2020

STEP 02 将"轮廓线"层置为当前，然后在命令行输入"xl（构造线）"，过后柱脚上部的竖直线和床框相对应的端点绘制构造线，如下图所示。

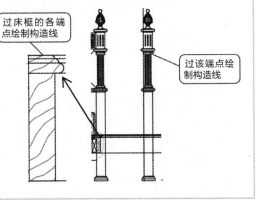

过床框的各端点绘制构造线

过该端点绘制构造线

STEP 03 在命令行输入"tr（修剪）"，将竖直构造线左侧的柱脚修剪掉，将两柱脚外的水平构造线修剪掉，结果如下图所示。

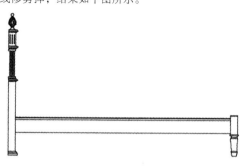

STEP 04 在命令行输入"rec（矩形）"，绘制一个圆角半径为20的2000×200的矩形（床垫），结果如下图所示。

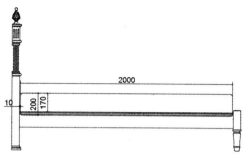

STEP 05 在命令行输入"tr（修剪）"，将床框遮住的床垫修剪掉，结果如下图所示。

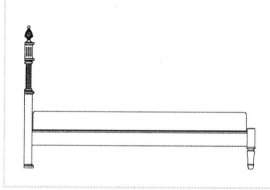

STEP 06 将"剖面线"设置为当前层，在命令行输入"h（填充）"，对床垫进行填充，选"GRASS"为填充图案，填充角度为0，比例为2，如下图所示。

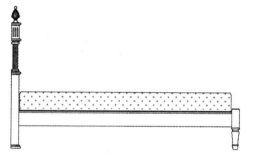

提示 tips

射线和构造线都可以作为创建其他对象的参考，通常情况下，向一个方向无限延伸时用射线，向两个方向无限延伸时用构造线。

创建构造线的默认方法是两点法，其中第一点是构造线概念上的中点，可以通过"中点"对象捕捉捕捉到该点，第二点是指定构造线的方向。因为构造线是向两端无限延伸的，所以构造线没有端点，相对于构造线，射线是向一个方向延伸的，因此射线有端点，但没有中点。

另外，构造线除了用作创建其他对象参考外，还经常用来创建角度平分线，我们接下来绘制后柱脚顶部图案平面图时将会用到构造线的这一功能。

13.4.5 绘制双人床平面图

双人床的平面图的大部分面积是床垫部分，因为床垫的结构是规整的，而且长度非常长，因此，在绘制床垫片面图时可以只画出一部分，然而后用折线在中间打断来表示。

双人床平面图绘制的难点是后柱脚顶部图案的水平投影和其中心点位置的确定，双人床平面图完成后如下图所示。

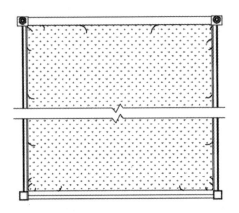

1. 绘制前后柱脚、前后屏和床梃平面图

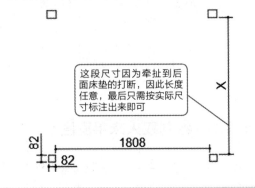

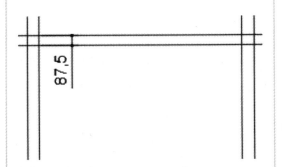

STEP 01 将"轮廓线"置为当前层，在命令行输入"ray（射线）"，沿正立面柱脚的端点绘制几条竖直参考线，然后绘制一条水平射线，如下图所示。

STEP 02 在命令行输入"o（偏移）"，将上步绘制的水平射线向下偏移87.5（侧立面图中后柱脚的宽度），如下图所示。

STEP 03 在命令行输入"tr（修剪）"，对绘制的射线和偏移后的射线进行修剪，得到后柱脚外轮廓的平面投影，如下图所示。

STEP 04 重复前面步骤绘制前柱脚的外轮廓水平投影，其中前柱脚的外轮尺寸和两柱脚水平方向间的距离结合正立面和侧立面得到，如下图所示。

这段尺寸因为牵扯到后面床垫的打断，因此长度任意，最后只需按实际尺寸标注出来即可

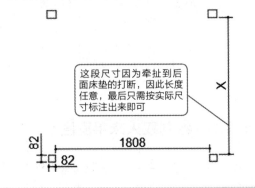

AutoCAD 2015 家具设计从入门到精通

STEP 05 在命令行输入"o（偏移）"，将上步绘制的前柱脚的外轮廓线向内偏移6，如下图所示。

STEP 06 在命令行输入"tr（修剪）"，对偏移后的直线进行修剪，如下图所示。

STEP 07 在命令行输入"l（直线）"，连接前柱脚内外矩形的对应角点，如下图所示。

STEP 08 重复直线命令，绘制前后屏的水平投影，如下图所示。

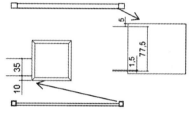

STEP 09 在命令行输入"ray（射线）"，沿正立面床梃的端点绘制几条竖直参考线，如下图所示。

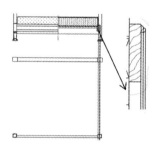

STEP 10 在命令行输入"tr（修剪）"，将两柱脚外的床梃部分修剪掉。然后在命令行输入"mi（镜像）"，将床梃镜像到另一侧，如下图所示。

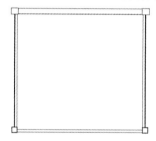

2. 绘制床垫图

STEP 01 在命令行输入"ray（射线）"，过正立面床垫的两边缘绘制两条射线，如下图所示。

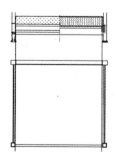

STEP 02 在命令行输入"l（直线）"，距后柱脚外边缘80mm处绘制一条水平线，过前柱脚内边缘10mm处绘制一条水平线，如下图所示。

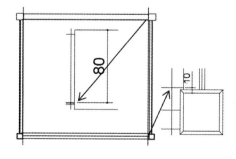

STEP 03 在命令行输入"f（圆角）"，对上面绘制的床垫进行半径为20的圆角，如下图所示。

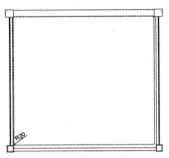

STEP 04 在命令行输入"pl（多段线）"，绘制床垫的打断线，如下图所示。

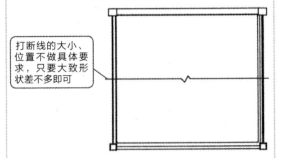

打断线的大小、位置不做具体要求，只要大致形状差不多即可

STEP 05 在命令行输入"co（复制）"，将上步绘制的打断线向下复制，复制位置不做具体要求，结果如下图所示。

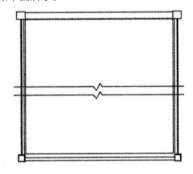

STEP 06 在命令行输入"tr（修剪）"，对打断线内的床垫和床框进行修剪。另外，将前屏遮挡住的床垫也修剪掉，结果如下图所示。

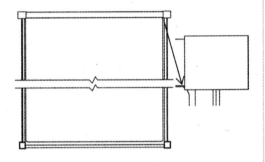

STEP 07 在命令行输入"a（圆弧）"，绘制床垫的褶皱，圆弧的位置和大小不做要求，大致形状差不多即可，如下图所示。

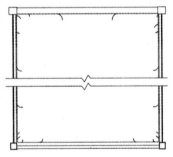

STEP 08 将"剖面线"设置为当前层，在命令行输入"h（填充）"，对床垫进行填充，选"GRASS"为填充图案，角度为0，比例为2，如下图所示。

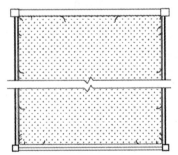

3. 绘制后柱脚顶部图案水平投影

STEP 01　在命令行输入"o（偏移）"，将后柱脚的水平轮廓线和底边轮廓线向内侧偏移52.5，如下图所示。

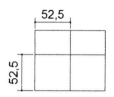

STEP 03　在命令行输入"div（定数等分）"，将半径为33的圆20等分，如下图所示。

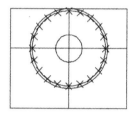

STEP 05　在命令行输入"xl（构造线）"，根据AutocAD命令行提示进行如下操作。

```
命令: XLINE
    指定点或 [水平(H)/垂直(V)/角度(A)/二等分
(B)/偏移(O)]: b
    指定角的顶点:              （捕捉圆心）
    指定角的起点: （捕捉直线上的等分点）
    指定角的端点:（捕捉另一条直线上的等分点）
    指定角的端点:              （按空格键结束命令）
```

STEP 07　在命令行输入"a（圆弧）"，选择三个点绘制圆弧，如下图所示。

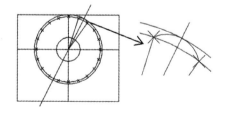

STEP 02　将"轮廓线"设置为当前层，在命令行输入"c（圆）"，绘制三个半径分别为12、33和35的同心圆，如下图所示。

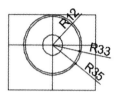

STEP 04　在命令行输入"l（直线）"，连接等分点与圆心，绘制两条直线，如下图所示。

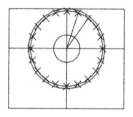

STEP 06　角度等分线绘制完成后如下图所示。

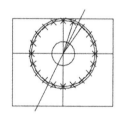

STEP 08　在命令行输入"tr（修剪）"，修剪掉小圆内的直线并删除两个大圆、所有等分点、两条垂直辅助线和角度平分线，如下图所示。

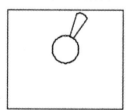

STEP 09 在命令行输入"ar（阵列）"，将绘制的圆弧和直线以圆心为基点进行环形（极轴）阵列，阵列个数为20，结果如下图所示。

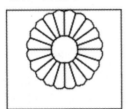

STEP 10 在命令行输入"mi（镜像）"，将所有图案沿中心线镜像到另一侧，结果如下图所示。

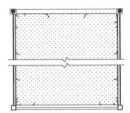

13.4.6 绘制剖视图

　　三视图绘制完毕后，图形的基本形状和轮廓就已经呈现出来了，但是对于一些细节结构表达的还不是特别清楚，比如，从三视图上看不出床的前后屏的结构，要想清楚地表达这些细节处的内部结构就需要剖视图。

1. 绘制后屏剖视图（1）

STEP 01 将"粗实线"层置为当前层，在正立面图上添加剖切位置和剖切标记，如下图所示。

STEP 02 将"轮廓线"层置为当前层，在命令行输入"rec（矩形）"，绘制一个60×45的矩形，并将其分解，如下图所示。

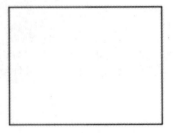

STEP 03 在命令行输入"l（直线）"，绘制一条竖直线，如下图所示。

后屏剖视图后面要打断，因此该直线长度不做特殊要求

STEP 04 在命令行输入"o（偏移）"，把绘制的直线向左偏移5、15、50和55，把矩形的底边向下偏移60，如下图所示。

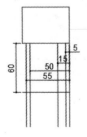

STEP 05　在命令行输入"l（直线）"，连接交点，绘制两条斜线，如下图所示。

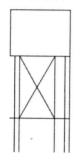

STEP 06　在命令行输入"co（复制）"，将绘制的两条斜线和两条水平线向下复制，如下图所示。

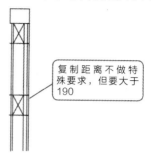

复制距离不做特殊要求，但要大于190

STEP 07　在命令行输入"pl（多段线）"，绘制打断线，如下图所示。

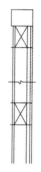

STEP 08　在命令行输入"co（复制）"，将绘制的打断线向下复制，如下图所示。

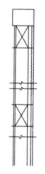

STEP 09　在命令行输入"tr（修剪）"，对图形进行修剪，结果如下图所示。

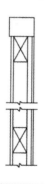

STEP 10　在命令行输入"t（多行文字）"，添加剖视图标记，将文字高度设置为10，并单击下划线按钮"⊔"，如下图所示。

整个剖视图绘制完成后再统一将图形放大，这里只是先标记出来

2．绘制后屏剖视图（2）

STEP 01 在命令行输入"ray（射线）"，过端点绘制一条水平射线，如下图所示。

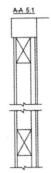

STEP 02 在命令行输入"o（偏移）"，把竖直线向右偏移13、14.5、16和17.5，把射线向下偏移10、17、25和30，如下图所示。

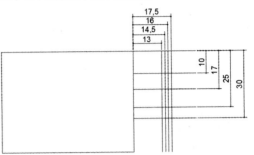

STEP 03 在命令行输入"f（圆角）"，对横1和竖3进行圆角，圆角半径为1.5，圆角模式为不修剪模式，如下图所示。

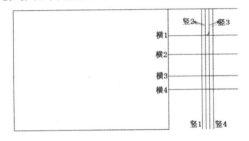

STEP 04 在命令行输入"a（圆弧）"，捕捉横1竖2的交点、横2竖4的交点、横3竖1的交点，如下图所示。

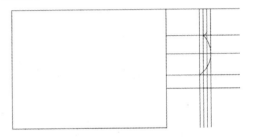

STEP 05 在命令行输入"tr（修剪）"，对图形进行修剪，结果如下图所示。

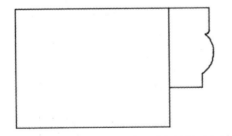

STEP 06 在命令行输入"co（复制）"，将绘制的图案向下复制160，结果如下图所示。

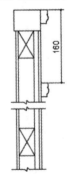

STEP 07 在命令行输入"o（偏移）"，将复制的图形的上边直线向下偏移15，如下图所示。

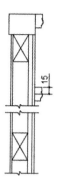

STEP 08 在命令行输入"mi（镜像）"，将复制的图形沿偏移直线进行镜像，选定镜像线后，当命令行提示是否删除源对象时，选择"是"。删除源对象和辅助直线后如下图所示。

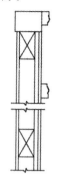

3. 绘制后屏剖视图（3）

STEP 01 在命令行输入"ray（射线）"，过断开线下面一点绘制一条水平射线，如下图所示。

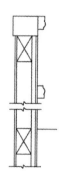

STEP 02 在命令行输入"o（偏移）"，把竖直线向右偏移2.5、10、11.5和13，把射线向下偏移6、15、19和25，如下图所示。

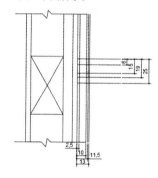

STEP 03 在命令行输入"f（圆角）"，对横1和竖3进行圆角，圆角半径为3，圆角模式为不修剪模式，如下图所示。

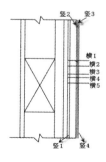

STEP 04 单击"默认>绘图>圆弧>起点、端点、半径"，捕捉横3横2与竖4的交点为起点和端点绘制一条半径为4.5的圆弧，捕捉横4横5与竖1的交点为起点和端点，绘制一条半径为8.5的圆弧，如下图所示。

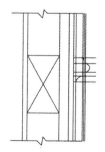

STEP 05 在命令行输入"tr（修剪）"，对图形进行修剪，结果如下图所示。

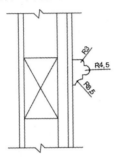

STEP 06 在命令行输入"o（偏移）"，将竖直线向右偏移11.5，得到雕花板的边线，如下图所示。

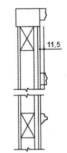

STEP 07 在命令行输入"tr（修剪）"，将偏移直线与下面图案相交部分修剪掉，然后将偏移直线延伸到与上面图案相交，如下图所示。

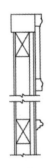

STEP 08 在命令行输入"sc（缩放）"，将后屏剖面放大5倍。然后将"剖面线"设置为当前层，在命令行输入"h（填充）"，对后屏剖面进行填充，结果如下图所示。

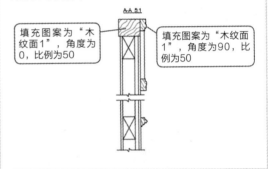

填充图案为"木纹面1"，角度为0，比例为50

填充图案为"木纹面1"，角度为90，比例为50

4．绘制前屏剖视图

STEP 01 将"轮廓线"设置为当前层，在命令行输入"rec（矩形）"，绘制一个35×160的矩形并将其分解，如下图所示。

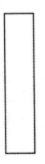

STEP 02 在命令行输入"o（偏移）"，将最上边水平边向下偏移40、75、95和120，将左侧竖直边向右偏移5、20和25，如下图所示。

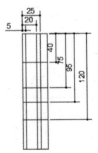

STEP 03 在命令行输入"tr（修剪）"，对偏移后的直线进行修剪，结果如下图所示。

STEP 05 在命令行输入"o（偏移）"，将竖直线向左偏移3和8，将两条水平线分别向内偏移5和10，如下图所示。

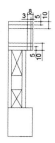

STEP 07 在命令行输入"tr（修剪）"，将与圆弧相交的直线修剪或删除，结果如下图所示。

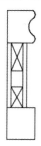

STEP 09 在命令行输入"tr（修剪）"，将与圆弧相交的直线修剪或删除，结果如下图所示。

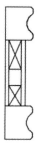

STEP 04 在命令行输入"l（直线）"，连接图中的交点，如下图所示。

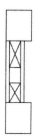

STEP 06 在命令行输入"a（圆弧）"，通过三点绘制圆弧，结果如下图所示。

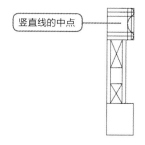

竖直线的中点

STEP 08 填充后在命令行输入"mi（镜像）"，将绘制的圆弧镜像到另一侧，如下图所示。

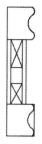

STEP 10 在命令行输入"sc（缩放）"，将前屏剖面放大5倍。然后将"剖面线"设置为当前层，对前屏剖面进行填充，结果如下图所示。

B-B 5:1

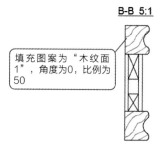

填充图案为"木纹面1"，角度为0，比例为50

5. 绘制C-C剖视图

STEP 01 将"轮廓线"设置为当前层,在命令行输入"c(圆)",绘制一个半径为25的圆,如下图所示。

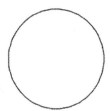

STEP 02 单击"默认>绘图>圆>两点",根据AutoCAD命令行提示进行如下操作。

```
命令: _circle
指定圆的圆心或 [三点(3P)/两点(2P)/切点、
切点、半径(T)]: _2p↵
    指定圆直径的第一个端点: (捕捉象限点)
    指定圆直径的第二个端点: @0,-10↵
```

STEP 03 圆绘制完成后如下图所示。

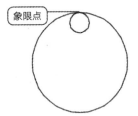

象限点

STEP 04 在命令行输入"ro(旋转)",根据AutoCAD命令行提示进行如下操作。

```
命令: ROTATE
UCS 当前的正角方向: ANGDIR=逆时针
ANGBASE=0
    选择对象: 找到 1 个 (选择刚绘制的小圆)
    选择对象: (按空格键结束选择)
    指定基点: (捕捉R25的圆心)
    指定旋转角度, 或 [复制(C)/参照(R)] <330>: c↵
    指定旋转角度, 或 [复制(C)/参照(R)] <330>: 30↵
```

STEP 05 旋转复制完成后如下图所示。

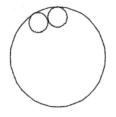

STEP 06 在命令行输入"f(圆角)",将圆角半径设置为2,给两个小圆圆角,如下图所示。

STEP 07 在命令行输入"tr(修剪)",对两个小圆进行修剪,结果如下图所示。

STEP 08 在命令行输入"ar(阵列)",将修剪后的圆弧以R25的圆的圆心为基点进行环形(极轴)阵列,阵列个数为12,如下图所示。

STEP 09 删除大圆后如下图所示。

STEP 10 在命令行输入"sc（缩放）"，将C-C断面放大5倍。然后将"剖面线"设置为当前层，对C-C断面进行填充，结果如下图所示。

C-C 5:1

填充图案为"木纹面1"，角度为0，比例为50

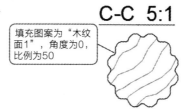

13.4.7 完善图形

视图绘制完毕后，接下来给视图添加详图及标注等。在标注之前，参照前面标注的设置，创建一个新的标注样式，将它的测量单位比例因子改为0.2，用于放大剖视图的标注。

STEP 01 将"剖切符号"层置为当前层，然后将"样式2"置为当前。在命令行输入"mld（多重引线）"添加一个详图标记，如下图所示。

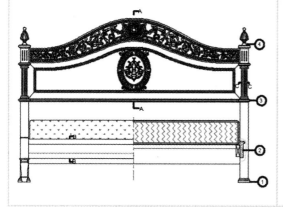

STEP 02 将要放大的详图（床梃正立面）复制到空白区域，然后将它放大5倍，添加上详图标记后如下图所示。

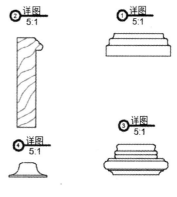

STEP 03 参照上面详图的绘制，绘制其他详图然后给图形添加表面处理说明和尺寸标注，结果如下图所示。

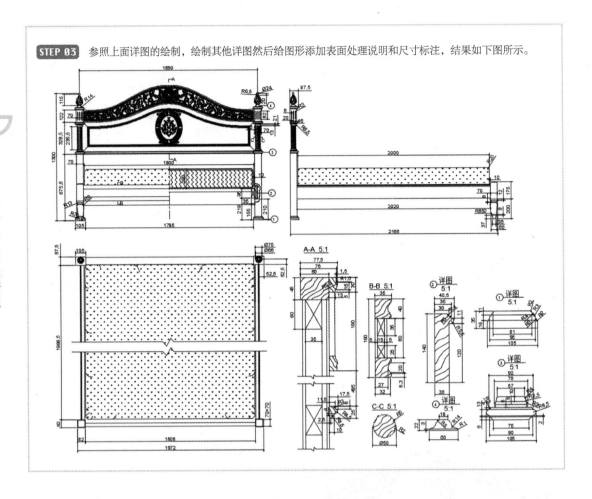

13.5 知识点延伸——弹簧床垫质量标准

弹簧床垫是床类家具的主要组成部分之一，作为家具设计人员，有必要对弹簧床垫的质量标准有所了解，弹簧床垫的质量标准如下表所示。

弹簧床垫质量标准

项 目	质量标准
主要设计尺寸（mm）	长L：1900，1950，2000，2100
	宽B：双人1350，1400，1500，1800；单人800，900，1000，1100，1200
	高H：≥140
尺寸极限偏差（mm）	长L：+10，-15；宽B：±10；高H：±10
	凸度面：单人≤80；双人≤100
	垫面邻边垂直度：单人≤20；双人≤25
面料	面料应清洁
	克重：60 g/m² ≤C级<80 g/m²；80 g/m² ≤B级<100 g/m²；A级≥100g/m²
铺垫料	不能有有害生物，不允许夹杂泥沙及金属杂物，无腐朽霉变，不能使用土制毛毡，无异味

项　目	质量标准		
面料、铺垫料强度与总克重	强度：棕片强度＞10N/cm；化纤（棉）毡强度≥10N/cm；椰丝垫强度≥16N/cm		
	总克重：1500g/m² ≤ C级＜1800 g/m²；1800g/m² ≤ B级＜2200 g/m²；A级≥2200g/m²		
泡沫塑料	复合面料上	密度≥15kg/m³	
	铺垫用	密度≥20kg/m³；拉伸强度≥80kpa；75%压缩永久变形≤10%	
垫料定位	衬垫料应铺设均匀，加以定位		
面料缝纫	面料绗缝松紧一致，无明显褶皱，无断线		
	浮线累计长度：A级≤100mm；B级≤200mm；C级≤400mm		
	跳单针：A级≤10处；B级≤20处；C级≤40处		
	跳双针及以上：A级≤5处；B级≤10处；C级≤20处		
缝　边	顺直，四角圆弧均匀对称，无断线		
	附着物：A级：没有；B级≤1处；C级≤3处		
	跳针：A级≤5处；B级≤10处；C级≤20处		
	浮线累计长度：A级≤100mm；B级≤200mm；C级≤400mm		
弹簧要求	徒手用力重压垫面，无弹簧摩擦声；有锈迹的弹簧芯不能使用		
	中凹形弹簧的钢丝直径：1.3mm~2.8mm；中凹形弹簧断面外径≤90mm		
	螺旋弹簧钢丝直径：1.3mm~1.8mm		
	弹簧覆盖率：50% ≤ C级＜58%；58% ≤ B级＜65%；A级≥65%		
耐久性	中凹形弹簧：A级：80000次；B级：40000次；C级：25000次		
	圆柱形包布弹簧：A级：90000次；B级：60000次；C级：25000次		
安全性	床垫弹簧钢丝不允许刺穿垫面		
	阻燃性能：床垫面上放置一支点燃的香烟，在一小时内，床垫不得有阴燃或焰燃烧现象		
产品标志	出厂产品应有中文厂名、地址、产品名称、质量等级、执行标准号和合格证等		

AutoCAD不仅可以绘制二维平面图，也可以创建三维立体模型，相对于二维平面图，三维实体模型具有更直观、更真实的特点。

在AutoCAD中创建三维实体模型可以通过三维建模功能来完成，也可以通过已有的二维草图来进行创建。

Chapter

14

在AutoCAD中创建三维家具模型

14.1 三维视图与视觉样式

三维模型可以真实地再现与现实生活中完全相同的家具模型。这些模型对家具设计有重要意义，可以在生产、制造和施工前通过三维模型来研究具体实施方案，及时发现设计中的各种问题，从而避免设计失误带来的损失。

14.1.1 AutoCAD三维模型空间

三维模型空间是由菜单栏、快速访问工具栏、选项卡、控制面板和绘图区域组成的集合，使用户可以在专门的、面向任务的绘制环境中工作，三维建模空间如下图所示。

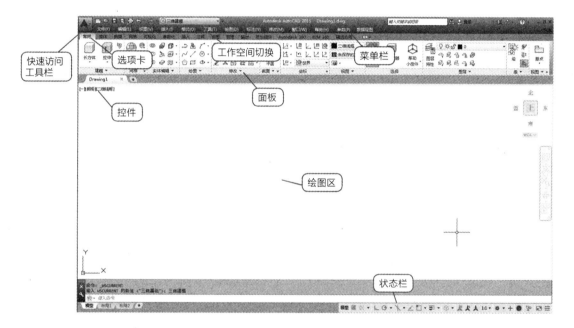

切换三维建模空间的方法如下。

① 单击状态栏切换工作按钮"　▼→三维建模"，如下左图所示。

② 单击快速访问工具栏中的"工作空间→　三维建模　"选项，如下中图所示。

③ 选择"工具>工作空间>三维建模"菜单命令，如下右图所示。

④ 在命令行输入"wscurrent（wsc）"命令，然后输入"三维建模"。

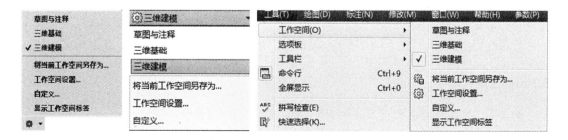

1. 如果状态栏没有按钮 ✿ ▼，可单击状态栏的按钮 ☰，在弹出的选择卡上选择"切换工作空间"选项即可出现按钮 ✿ ▼。

2. 如果快速访问工具栏没有按钮 ◎三维建模 ▼，可单击快速访问工具栏中的下拉按钮 ☰，在弹出的选择卡上选择"工作空间"选项即可。

3. 如果没有菜单栏，可单击快速访问工具栏中的下拉按钮 ☰，在弹出的选择卡上选择"显示菜单栏"选项即可。

4. 前面章节的绘图都是在二维"草图与注释"空间绘制的，接下来的三维绘图要在"三维建模"空间完成。

14.1.2 三维视图

视图是指在不同角度观察三维模型，对于复杂的图形可以通过切换视图样式来从多个角度全面观察图形。

1. 三维视图的分类

三维视图可分为标准正交视图和等轴测视图。

标准正交视图：俯视、仰视、主视、左视、右视和后视。

等轴测视图：SW（西南）等轴测、SE（东南）等轴测、NE（东北）等轴测和 NW（西北）等轴测。

2. 打开三维视图的方法

① 选择"视图">"三维视图"菜单命令，可以选择需要的视图，如下左图所示。

② 单击"常用"选项卡>"视图"面板后面的下拉按钮也可以打开三维视图，如下中图所示。

③ 单击绘图窗口左上角的视图控件，如下右图所示。

3. 切换三维视图

● 选择"视图>三维视图>西南等轴测"命令，效果如下左图所示。

● 选择"视图>三维视图>东北等轴测"命令，效果如下右图所示。

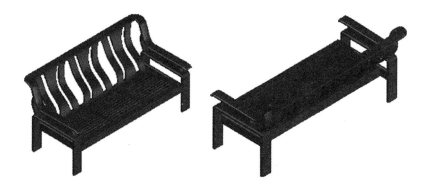

14.1.3 视觉样式

视觉样式是用于观察三维实体模型在不同视觉下的效果，在AutoCAD 2015中程序提供了10种视觉样式，即二维线框、线框、消隐、真实、概念、着色、带边缘着色、灰度、勾画和X射线，程序默认的视觉样式为二维线框。用户可以切换到不同的视觉样式来观察模型。

1. 打开视觉样式的方法

① 选择"视图>视觉样式"菜单命令，可以选择需要的视图，如下左图所示。
② 单击"常用"选项卡"视图"面板后面的下拉按钮也可以打开视觉样式，如下中图所示。
③ 单击绘图窗口左上角的视图控件，如下右图所示。

 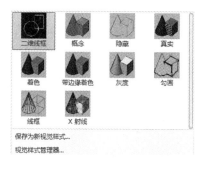 

2. 视觉样式管理器

视觉样式管理的打开方法与视觉样式打开方法相同，单击各种调用方法的面板下方的"视觉样式管理器……"，即可打开视觉样式管理器。

视觉样式管理器用于管理视觉样式，对所选视觉样式的面、环境、边等特性进行自定义设置。在视觉样式管理器选项板中，当前的视觉样式用黄色边框显示，其可用的参数设置将显示在样例图像下方的面板中，不同的视觉样式，下面的选项设置也不相同，下左图为选择"概念"视觉样式时的选项设置。

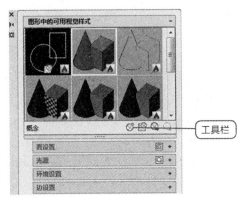

面设置	
面样式	古氏
光源质量	平滑
颜色	普通
单色	☐ 255,255,255
不透明度	-60
材质显示	关

（1）工具栏

用户可通过工具栏创建或删除视觉样式，将选定的视觉样式应用于当前视口，或者将选定的视觉样式输出到工具选项板。

（2）面设置特性面板

"面设置"特性面板用于控制三维模型的面在视口中的外观，面设置选项如上右图所示，其中各选项的意义如下。

"面样式"选项：用于定义面上的着色。其中，"真实"即非常接近于面在现实中的表现方式；"古氏"样式是使用冷色和暖色，而不是暗色和亮色来增强面的显示效果。

"光源质量"选项：用于设置三维实体的面插入颜色的方式。

"颜色"选项：用于控制面上的颜色的显示方式，包括"普通""单色""明"和"降饱和度"4种显示方式。

"单色"选项：用于设置面的颜色。

"不透明度"选项：可以控制面在视口中的不透明度。

"材质显示"选项：用于控制是否显示材质和纹理。

（3）光源和环境设置

"亮显强度"选项可以控制亮显在无材质的面上的大小。

"环境设置"特性面板用于控制阴影和背景的显示方式，如下左图所示。

（4）边设置

"边设置"特性面板用于控制边的显示方式，如下中图所示。

光源	
亮显强度	-30
阴影显示	关
环境设置	
背景	开

边设置	
显示	镶嵌面边
颜色	☐ 白
被阻挡边	
显示	否
颜色	随图元
线型	实线
相交边	
显示	否
颜色	☐ 白
线型	实线
轮廓边	
显示	是
宽度	3
边修改器	
线延伸	-6
抖动	中
折缝角度	40
光晕间隔 %	0

二维线框选项	
轮廓素线	4
绘制真实轮廓	否
二维隐藏 - 被阻挡线	
颜色	随图元
线型	关
二维隐藏 - 相交边	
显示	否
颜色	随图元
二维隐藏 - 其他	
光晕间隔 %	0
显示精度	
圆弧/圆平滑化	1000
样条曲线线段	8
实体平滑度	0.5

430

3. 各种视觉样式显示对比

（1）二维线框和线框

二维线框和线框视觉样式显示是通过使用直线和曲线表示对象边界的显示方法。光栅图像、OLE对象、线型和线宽均可见，如下左图所示。

（2）消隐

消隐（三维隐藏显示）是用三维线框表示的对象，并且将不可见的线条隐藏起来，如下中图所示。

（3）真实

真实是将对象边缘平滑化，显示已附着到对象的材质，如下右图所示。

（4）概念

概念是使用平滑着色和古氏面样式显示对象的方法，它是一种冷色和暖色之间的过渡，而不是从深色到浅色的过渡。虽然效果缺乏真实感，但是可以更加方便地查看模型的细节，如下左图所示。

（5）着色

使用平滑着色显示对象，如下中图所示。

（6）带边缘着色

使用平滑着色和可见边显示对象，如右图所示。

（7）灰度

使用平滑着色和单色灰度显示对象，如下左图所示。

（8）勾画

使用线延伸和抖动边修改器显示手绘效果的对象，如下中图所示。

（9）X射线

以局部透明度显示对象，如下右图所示。

14.2 绘制梳妆台三维图

 Chapter14\绘制书柜.avi

我们前面所有的绘图都是在自定义的标准样板文件下进行的，而对于三维图，之前的标准样板文件显然已经不合适了，因此，我们在绘图之前要重新对绘图环境进行设置。

以AutoCAD样板文件"acadiso"为模板，创建一个图形文件。

14.2.1 绘制梳妆台右侧部分

在绘制梳妆台之前首先要创建几个图层将梳妆台的几个部分用不同的颜色表达，以便区分。另外，除了二维图中的对象捕捉可以继续用于三维绘图之外，三维建模也有一些适合三维绘图的对象捕捉，比如面中心。因此，为了快速绘图，在绘图之前也要对这些捕捉进行设置。

梳妆台右侧部分绘制完成后（视觉样式显示）如右图所示。

1. 绘制右侧主体和镜框基座

STEP 01 在命令行输入"la（图层管理器）"，创建"梳妆台主体"和"梳妆台镜子"两个图层，并将"梳妆台主体"置为当前层，如下图所示。

STEP 02 在命令行输入"se（草图设置）"，单击"三维对象捕捉选项卡"，对三维捕捉模式进行设置，如下图所示。

STEP 03 将视图模式设置为"西南等轴测"。然后在命令行输入"box（长方体）"，绘制一个500×400×600的长方体，如下图所示。

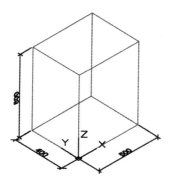

STEP 04 单击"常用"选项卡"实体编辑"面板中的"抽壳"按钮，抽壳厚度为15，并将长方体的前、后和底面删除，结果如下图所示。

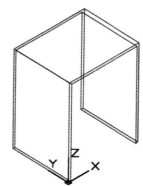

STEP 05 在命令行输入"box（长方体）"，以端点A为起点，绘制一个470×385×150的长方体（抽屉），如下图所示。

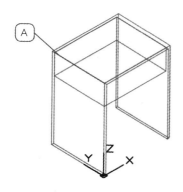

STEP 06 单击"常用"选项卡"实体编辑"面板中的"抽壳"按钮，抽壳厚度为15，并将抽屉的顶面删除，结果如下图所示。

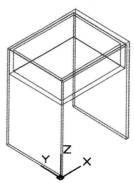

STEP 07 重复长方体命令，以B点为起点，绘制一个470×385×15的长方体（隔板），如下图所示。

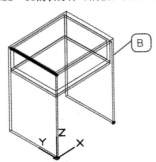

STEP 09 单击"实体"选项卡"实体编辑"面板中的"圆角边"按钮🔲，对面板的前端进行圆角，设置圆角半径为10，结果如下图所示。

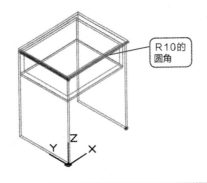

STEP 08 重复长方体命令，以C点为起点，绘制一个500×420×15的长方体（面板），如下图所示。

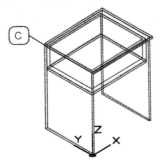

STEP 10 在命令行输入"uni（合并）"，选择梳妆台的面板和梳妆台的主体边框将它们合并成一体。在命令行输入"box（长方体）"，以端点D为起点，绘制一个500×20×400的长方体（镜框基座），如下图所示。

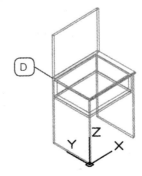

2. 绘制镜框和镜子

STEP 01 在命令行输入"tor（圆环体）"，以镜框基座的面中心为圆环体的中心，圆环的半径和圆环体的半径分别为250和25，如下图所示。

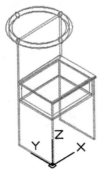

STEP 02 在命令行输入"3r（三维旋转）"，将上步绘制的圆环以中心点为基点，绕X轴旋转90°，结果如下图所示。

STEP 03 在命令行输入"uni（合并）"，将镜框和镜框基座合并为一体。然后在命令行"x（分解）"将合并后的整体分解，如下图所示。

分解后基座变成了单独的面域

STEP 04 在命令行输入"e（删除）"，将镜框内的基座部分删除后如下图所示。

STEP 05 将"梳妆台镜子"层设置为当前层，然后在命令行输入"c（圆）"，以圆环的中心圆的圆心为圆心，绘制一个半径为250的圆。

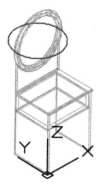

STEP 06 在命令行输入"3r（三维旋转）"，将上步绘制的圆圆心为基点，绕X轴旋转90°，结果如下图所示。

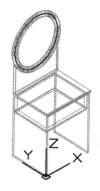

STEP 07 在命令行输入"ext（拉伸）"，将旋转后的圆沿Z轴负方向拉伸2.5，将视觉样式切换为"真实"，如下图所示。

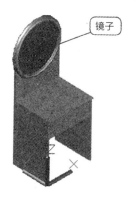

镜子

STEP 08 单击"实体"选项卡"实体编辑"面板中的"拉伸面"按钮 拉伸面，将上步绘制的圆柱体的顶面（即R=250的圆）向上拉伸2.5，将视觉样式切换为"二维线框"，结果如下图所示。

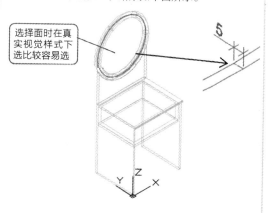

选择面时在真实视觉样式下选比较容易选

在对面板圆角时我们用了"圆角边"命令，在这里也可以用二维编辑命令中的"圆角"命令进行修改。其实，很多二维命令都可以在三维中使用，具体如下表所示。

能在三维中使用的二维命令

命 令	在三维绘图中的用法	命 令	在三维绘图中的用法
删除（E）	与二维相同	缩放（SC）	可用于三维对象
复制（CO）	与二维相同	拉伸（S）	在三维空间可用于二维对象、线框和曲面
镜像（MI）	镜像线在二维平面上时，可以用于三维对象	拉长（LEN）	在三维空间只能用于二维对象
偏移（O）	在三维中也只能用于二维对象	修剪（TR）	有专门的三维选项
阵列（AR）	与二维相同	延伸（EX）	有专门的三维选项
移动（M）	与二维相同	打断（BR）	在三维空间只能用于二维对象
旋转（RO）	可用于XY平面上的三维对象	倒角（CHA）	有专门的三维选项
对齐（AL）	可用于三维对象	圆角（F）	有专门的三维选项
分解（X）	与二维相同		

14.2.2 绘制梳妆台左侧部分

梳妆台左侧部分和右侧部分绘制方法相同，在绘制左侧部分的时候，采用在空白区域单独绘制，绘制完成后将左侧部分移动到右侧部分合并。左侧部分绘制完成后如右图所示。

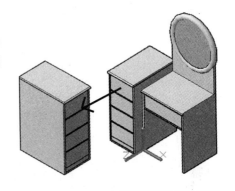

STEP 01 将"梳妆台主体"层置为当前层，在命令行输入"box（长方体）"，绘制300×500×700的长方体（左侧主体边框），如下图所示。

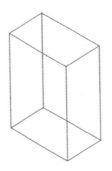

STEP 02 单击"常用"选项卡"实体编辑"面板中的"抽壳"按钮，抽壳厚度为15，并将长方体的前侧面删除，二维线框如下左图所示，消隐后如下右图所示。

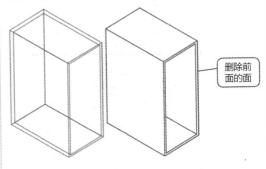

删除前面的面

STEP 03 在命令行输入"box（长方体）"，以A点为起点，绘制270×485×40的长方体（隔板1），如下图所示。

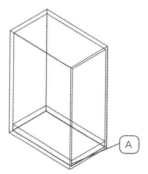

STEP 04 重复长方体命令，以B点为起点，绘制一个270×485×150的长方体（抽屉），如下图所示。

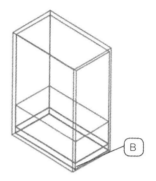

STEP 05 单击"常用"选项卡"实体编辑"面板中的"抽壳"按钮▣抽壳，抽壳厚度为15，并将抽屉的顶面删除，如下图所示。

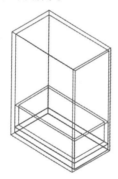

STEP 06 在命令行输入"box（长方体）"，以C点为起点，绘制270×485×10的长方体（隔板2），如下图所示。

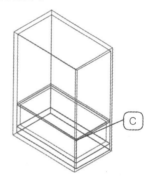

STEP 07 在命令行输入"3a（三维阵列）"，选中抽屉和隔板2进行矩形阵列，阵列的行数和列数都为1，层数4，间距为160，如下图所示。

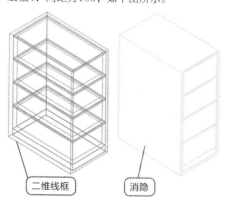

二维线框　　消隐

STEP 08 在命令行输入"box（长方体）"，以D点为起点，绘制300×520×15的长方体（面板），如下图所示。

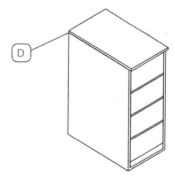

STEP 09 单击"实体"选项卡"实体编辑"面板中的"圆角边"按钮 ⬛ ，对面板的前端进行圆角，设置圆角半径为10，结果如下图所示。

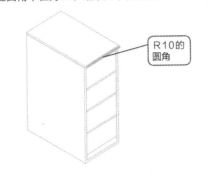

R10的圆角

STEP 10 在命令行输入"3m（三维移动）"，将左侧部分和右侧部分合并，在东南视图下显示如下图所示。

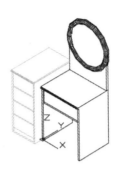

提示

1. 在移动图形时为了方便捕捉基点和目的点，将视图切换到东南视图，如下图下左图所示。捕捉住图中的E点作为基点，将它移动到目的点F，如下中图所示。为了验证移动是否到位，可以将视图切换到"前视"来加以验证，如下右图所示。

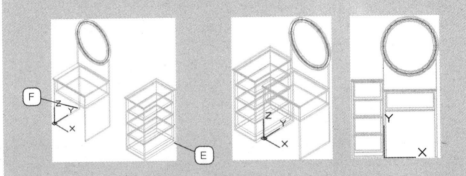

2. 在命令行输入"hi（消隐）"按空格键可出现消隐状态，输入"re（重新生成）"按空格键可恢复到原来状态。

14.3 绘制茶几三维图

 Chapter14\绘制茶几三维图.avi

梳妆台三维图主要运用三维绘图命令绘制，茶几三维图的绘制除了使用三维绘图命令直接生成模型外，还运用了另一种创建三维的方法，通过二维平面创建三维图形。茶几三维图绘制完成后如右图所示。

14.3.1 绘制梳妆台右侧部分

茶几腿是茶几的主要构成部件，也是绘制茶几三维图的主要内容，茶几腿绘制完成后如右图所示。

以AutoCAD样板文件"acadiso"为模板，创建一个图形文件。

STEP 01 在命令行输入"la（图层管理器）"，创建茶几腿、隔板和面板、装饰三个图层，并将"茶几腿"置为当前层，如下图所示。

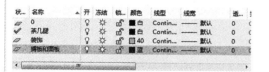

STEP 02 在命令行输入"cyl（圆柱体）"，以坐标原点为底面圆心，绘制一个底面半径为30，高为150的圆柱体，如下图所示。

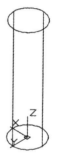

STEP 03 在命令行输入"isolines（线框密度）"，将线框密度设置为20。在命令行输入"re（重新生成）"，重新生成后结果如下图所示。

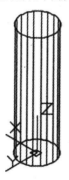

STEP 04 将"饰件"层置为当前，重复圆柱体命令，以坐标原点为底面圆心，绘制一个底面半径为40，沿Z轴负方向高度为10的圆柱体，如下图所示。

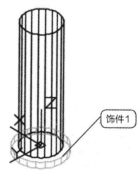

饰件1

STEP 05 重复圆柱体命令，以上步绘制的圆柱体的底面圆心为圆心，绘制一个底面半径为35，沿Z轴负方向高度为5的圆柱体（饰件2），如下图所示。

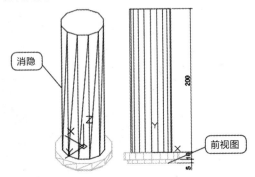

消隐

前视图

STEP 07 圆台体（茶几脚）绘制完成后如下图所示。

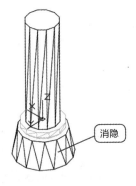

消隐

STEP 09 在命令行输入"co（复制）"，将两个饰件沿Z轴向上复制135，如下图所示。

STEP 06 将"茶几腿"置为当前层，单击"常用"选项卡"建模"面板中的"圆锥体"按钮△"，AutoCAD命令行提示操作如下。

```
命令: _cone
    指定底面的中心点或 [三点(3P)/两点(2P)/切
点、切点、半径(T)/椭圆(E)]: 0,0,-15
    指定底面半径或 [直径(D)] <45.0000>: 45
    指定高度或 [两点(2P)/轴端点(A)/顶面半径
T)] <-50.0000>: t
    指定顶面半径<0.0000>: 55
    指定高度或 [两点(2P)/轴端点(A)]-50.0000]:
-50
```

STEP 08 在命令行输入"f（圆角）"，然后分别对饰件1和圆台体的边圆角，圆角半径为2，如下图所示。

概念视觉样式

R2   R2

STEP 10 在命令行输入"ar（阵列）"，然后选中除茶几脚外的所有图形进行矩形阵列，阵列的行数和列数都为1，层数为3，间距为165，如下图所示。

提示 AutoCAD默认的线框密度是4，很多情况下这个密度显示出来的图形会失真，比如：球体，线框密度为4时，如下左图所示，很难看出是球体，右图则是线框密度为20时的球体，显然右图更真实。

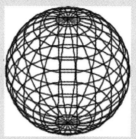

AutoCAD中设置线框密度的命令是"isolines"，用户可以根据自己需要重新设置线框密度，线框密度越大生成需要的时间和内存越大，因此，设置一个适中的线框密度即可，并不是越大越好。

14.3.2 绘制搁板

搁板是用于放置东西的，是茶几的另一重要部件。搁板通过拉伸二维面域生成。搁板绘制完成后如右图所示。

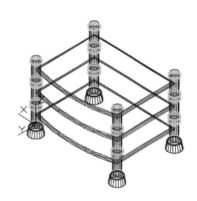

STEP 01 在命令行输入"co（复制）"，根据AutoCAD命令行提示进行如下操作。

命令: COPY
选择对象: all （输入"all"，选择所有对象找到20个）
选择对象： （按空格键结束选择）
当前设置: 复制模式 = 多个
指定基点或 [位移(D)/模式(O)] <位移>: ,0,0
指定第二个点或 [阵列(A)] <使用第一个点作为位移>: −700,0,0↙
指定第二个点或 [阵列(A)/退出(E)/放弃(U)] <退出>: 0,−500,0↙
指定第二个点或 [阵列(A)/退出(E)/放弃(U)] <退出>: −700,−500,0↙
指定第二个点或 [阵列(A)/退出(E)/放弃(U)] <退出>: （空格键）

STEP 02 复制完成后如下图所示。

STEP 03 将"搁板和面板"置为当前层，然后在命令行输入"rec（矩形）"，以"0,0,75"为第一个角点，绘制一个700×500的矩形，如下图所示。

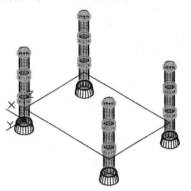

STEP 04 在命令行输入"o（偏移）"，将上步绘制的矩形向内侧偏移10，如下图所示。

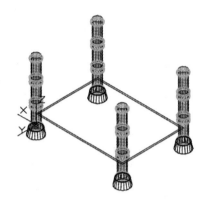

STEP 05 单击"常用"选项卡"绘图"面板中的"起点、端点、半径"选项，绘制两个半径分别为1250和1180的圆弧，如下图所示。

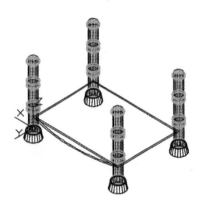

STEP 06 在命令行输入"x（分解）"，将两个矩形分解，并删除与圆弧连接的直线。然后在命令行输入"reg（面域）"，选择相连的直线和圆弧创建两个面域，如下图所示。

创建面域后单击，各自成为一个整体

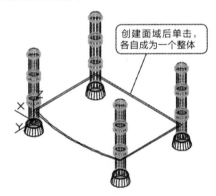

STEP 07 在命令行输入"ext（拉伸）"，将大的面域沿Z轴负方向拉伸10，将小的面域沿Z轴正方向拉伸10，结果如下图所示。

STEP 08 在命令行输入"ar（阵列）"，然后两个搁板进行矩形阵列，阵列的行数和列数都为1，层数为3，间距为165，结果如下图所示。

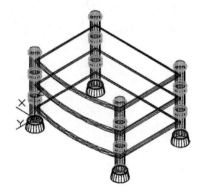

提示 tips

1. 如果拉伸的对象是由多个封闭的二维对象组成的，则需要先将其做成面域，然后才能拉伸成实体。如果不封闭或者不做成面域，则拉伸得到的是曲面。

2. 在三维中绘制矩形时，第一点个角点是三维坐标，即（X，Y，Z）格式，第二个角点则是XY平面的坐标，即（X，Y）格式。

14.3.3　绘制球体和面板

　　绘制一个球体后，通过复制得到其他球体。面板的绘制方法同上面的搁板绘制相同。球体和面板绘制完成后如右图所示。

STEP 01　将"茶几腿"置为当前层，单击"常用"选项卡"建模"面板中的"球体"按钮⬤，以点（0,0,480）为圆心，绘制一个半径为30的球，如下图所示。

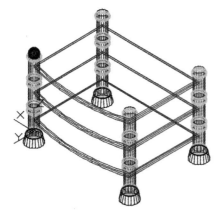

STEP 02　在命令行输入"co（复制）"，参照前面茶几腿的复制方法将球体复制到其他位置，AutoCAD命令行提示如下。

```
命令: COPY
选择对象: 找到 1 个 （选择刚绘制的球体）
选择对象: 　　　　 （按空格键结束选择）
当前设置: 复制模式 = 多个
指定基点或 [位移(D)/模式(O)] <位移>: ,0,0↙
指定第二个点或 [阵列(A)] <使用第一个点作
为位移>: @-700,0,0↙
指定第二个点或 [阵列(A)/退出(E)/放弃(U)]
<退出>: @0,-500,0↙
指定第二个点或 [阵列(A)/退出(E)/放弃(U)]
<退出>: @-700,-500,0↙
指定第二个点或 [阵列(A)/退出(E)/放弃(U)]
<退出>: （空格键）
```

STEP 03 复制完成后如下图所示。

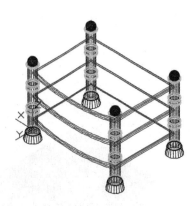

STEP 05 单击"常用"选项卡"绘图"面板中的"起点、端点、半径"选项，绘制一个半径为1950的圆弧，如下图所示。

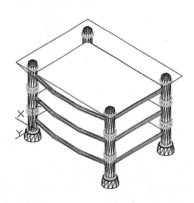

STEP 07 在命令行输入"sl（剖切）"，然后选择4个球体为剖切对象，当命令行提示指定切面的起点时输入"o"并按空格键，然后选择上步创建的面域为剖切平面，最后选择下半部分球体为保留对象，结果如下图所示。

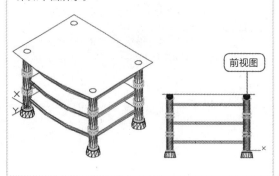

前视图

STEP 04 将"搁板和面板"置为当前层，然后输入"rec（矩形）"，两个角点的坐标如下。

75,75,495

−775，−575

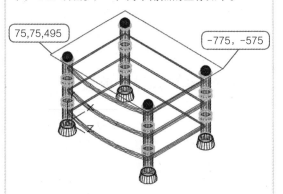

STEP 06 在命令行输入"x（分解）"，将两个矩形分解，并删除与圆弧连接的直线。然后在命令行输入"reg（面域）"，选择相连的直线和圆弧创建一个面域，如下图所示。

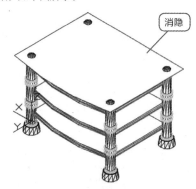

消隐

STEP 08 在命令行输入"ext（拉伸）"，将刚创建的面域沿Z轴向上拉伸20，将坐标系移动到其他位置，然后将视觉样式切换为"真实"，结果如下图所示。

14.4 绘制沙发三维图

 Chapter14\绘制沙发三维图.avi

沙发三维图绘制完成后如右图所示。

14.4.1 绘制扶手和框架

沙发的扶手是通过多段线拉伸而成的，在绘制多段线时需要建立一个新的坐标系。扶手和框架制成后如右图所示。

以AutoCAD样板文件"acadiso"为模板，创建一个图形文件。

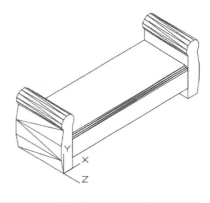

STEP 01 在命令行输入"la（图层管理器）"，创建扶手和靠背、沙发框架、沙发垫三个图层，并将"扶手和靠背"置为当前层，如下图所示。

STEP 02 将视图切换为"西南等轴测"，然后在命令行输入"ucs（坐标系）"，将世界坐标绕X轴旋转90°，如下图所示。

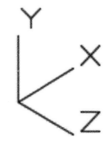

STEP 03 在命令行输入"pl（多段线）"，根据 AutoCAD命令行提示进行如下操作。

```
命令: PLINE指定起点: 0,0
当前线宽为 0.0000
指定下一个点或 [圆弧(A)/半宽(H)/长度(L)/
放弃(U)/宽度(W)]: a
    指定圆弧的端点……或[角度(A)/……/宽度(W)]: a
    指定夹角: -30
    指定圆弧的端点……或 [圆心(CE)/半径(R)]: 0,400
    指定圆弧的端点……或[角度(A)/……/宽度(W)]: a
    指定夹角: -270
    指定圆弧的端点……或 [圆心(CE)/半径(R)]:
100,400
    指定圆弧的端点……或[角度(A)/……/宽度(W)]: l
    指定下一点或 [圆弧(A)/……/宽度(W)]: 00,0
    指定下一点或 [圆弧(A)/……/宽度(W)]: c
```

STEP 04 多段线绘制完成后如下图所示。

STEP 05 在命令行输入"ext（拉伸）"，将多段线沿Z轴负方向拉伸500，结果如下图所示。

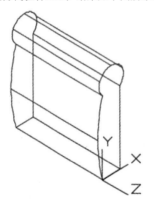

STEP 06 在命令行输入"mi（镜像）"，将上步绘制的扶手以竖直边为镜像线进行镜像，如下图所示。

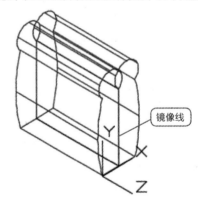

镜像线

STEP 07 在命令行输入"m（移动）"，将镜像后的扶手沿X轴正方向移动1300，结果如下图所示。

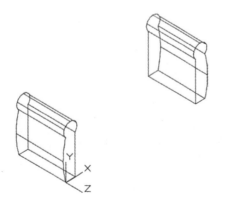

STEP 08 将"沙发框架"置为当前层，然后在命令行输入"box（长方体）"，绘制一个 1300×200×500的长方体（框架），如下图所示。

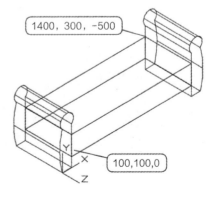

1400, 300, -500

100,100,0

STEP 09 单击"实体"选项卡"实体编辑"面板中的"圆角边"按钮，对框架进行圆角，设置圆角半径为30，结果如右图所示。

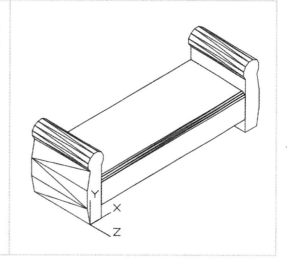

提示 tips AutoCAD的平面图默认只能在XY平面绘制，因此，在绘制三维图的过程中要绘制二维平面时，经常需要创建新的坐标系，来适应需要的绘图平面。

除了二维平面图，AutoCAD的标注也只能在XY平面标注，因此，要在三维图中标注尺寸，也需要不断地创建用户坐标系，将坐标系的XY平面与要标注的平面平齐才能标注。

14.4.2 绘制靠背

靠背的绘制方法与扶手相同，也需要创建一个新的坐标系，在新的坐标系下绘制多段线，然后通过拉伸命令创建靠背。靠背绘制完成后如右图所示。

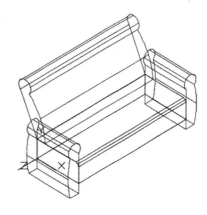

STEP 01 在命令行输入"ucs（坐标系）"，通过三点创建坐标系，AutoCAD提示如下。

命令: UCS
当前 UCS 名称: ★没有名称★
指定 UCS 的原点或 [面(F)/命名(NA)/对象(OB)/上一个(P)/视图(V)/世界(W)/X/Y/Z/Z 轴(ZA)] <世界>: （捕捉A点）
指定 X 轴上的点或<接受>: （捕捉B点）
指定 XY 平面上的点或<接受>: （捕捉C点）

STEP 02 新坐标系创建完成后如下图所示。

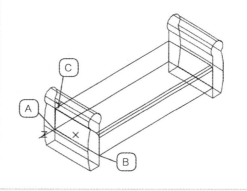

STEP 03 单击"视图>三维视图>平面视图 > 当前UCS"菜单命令,切换视图后如下图所示。

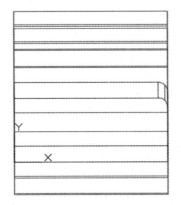

STEP 04 将"扶手和靠背"层置为当前层,然后在命令行输入"pl(多段线)",根据AutoCAD命令行提示进行如下操作。

```
命令: PLINE指定起点: 0,200
当前线宽为 0.0000
指定下一个点或 [圆弧(A)/……/宽度(W)]:
-200,600
指定下一点或 [圆弧(A)/……/宽度(W)]: a
指定圆弧的端点……或[角度(A)/……/宽度(W)]: a
指定夹角: -270
指定圆弧的端点……或 [圆心(CE)/半径(R)]:
@100,0
指定圆弧的端点……或[角度(A)/……/宽度(W)]: a
指定夹角: -45
指定圆弧的端点……或 [圆心(CE)/半径(R)]:
100,200
指定圆弧的端点……或[角度(A)/……/宽度(W)]: l
指定下一点或 [圆弧(A)/……/宽度(W)]: c
```

STEP 05 多段线绘制完成后如下图所示。

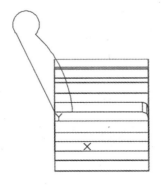

STEP 06 单击视图右上角的视图控件,将视图切换为"西南等轴测",如下图所示。

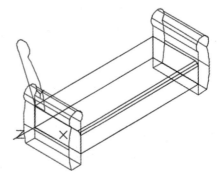

STEP 07 在命令行输入"ext(拉伸)",将绘制的多段线(靠背)沿Z轴负方向拉伸1300,结果如右图所示。

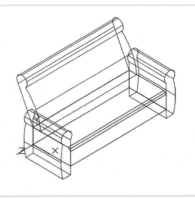

提示
tips

在进行视图之间切换时，经常会出现坐标系变动的情况，如下左图是在"西南等轴测"下的视图，当把视图切换到"前视"视图，再切换回"西南等轴测"时，发现坐标系发生了变化，如下中图所示。

出现这种情况是因为"恢复正交"设定的问题，当设定为"是"时，就会出现坐标变动，当设定为"否"时，则可避免。在命令行输入"view"按空格键，在弹出的"视图管理器"中将"预设视图"中的任何一个视图的"恢复正交"改为"否"即可，如下右图所示。

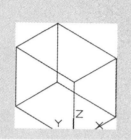 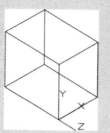 

14.4.3　绘制沙发垫

绘制沙发垫时，为了避免扶手、靠背等影响视图观察，在绘制的时候，可以将"扶手和靠背"以及"沙发框架"图层关闭，然后再绘制沙发垫。

STEP 01 单击"常用"选项卡"坐标"面板中的 ⌐ 按钮，当命令行提示指定新原点时，输入"100,200"，新坐标系如下图所示。

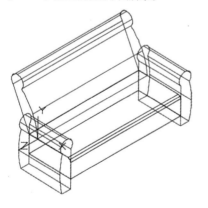

STEP 02 将"沙发垫"层置为当前层，并将其他两个图层关闭，如下图所示。

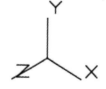

STEP 03 在命令行输入"box（长方体）"，以坐标原点为起点，（400,50，-433.3）为另一个角点绘制一个长方体（沙发垫），如下图所示。

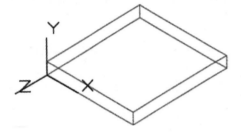

STEP 04 单击"实体"选项卡"实体编辑"面板中的"圆角边"按钮 ，对沙发垫进行圆角，设置圆角半径为10，结果如下图所示。

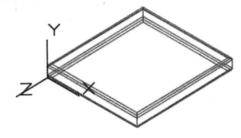

STEP 05 在命令行输入"co（复制）"，将沙发垫沿Z轴负方向复制两个，距离分别为433.3和866.6，结果如下图所示。

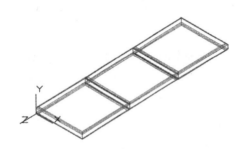

STEP 06 沙发垫绘制完成后将坐标系移动到其他空白区域，然后将所有图层打开，将视觉样式切换为"真实"，结果如下图所示。

14.5 绘制椅子三维图

 Chapter14\绘制椅子三维图.avi

前面梳妆台、茶几和沙发都是从零开始画起，椅子我们采用在二维原始平面图的基础上，通过二维图形生成三维图形的方式绘制。椅子三维图绘制完成后如右图所示。

14.5.1　绘制椅腿

椅腿是通过放样而成的，在绘制椅腿的时候横截面的绘制和放样设置是关键，因为放样直接影响到后面椅腿和坐垫的对齐。椅腿制完成后如右图所示。

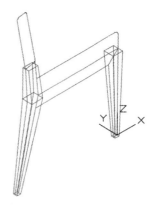

STEP 01　打开随书附带的光盘中的图片文件，如下图所示。

STEP 02　视图切换为"西南等轴测"，如下图所示。

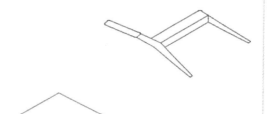

STEP 03　在命令行输入"3r（三维旋转）"，将立面图绕X轴旋转90°，如下图所示。

STEP 04　单击"常用"选项卡"坐标"面板中的按钮，将新原点放置到椅腿端点处，如下图所示。

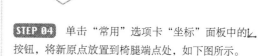 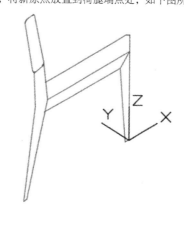

STEP 05 在命令行输入"rec（矩形）"，以图中椅腿的端点为起点绘制五个矩形，各个矩形的大小如下图所示。

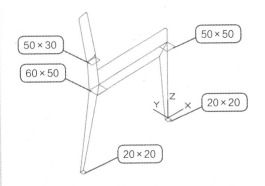

STEP 07 单击"实体"选项卡"实体"面板中的"放样"按钮，根据命令行提示进行如下操作。

```
命令：LOFT
当前线框密度：ISOLINES=4，闭合轮廓创
建模式 = 实体
    按放样次序选择横截面或 [点(PO)/合并多条
边(J)/模式(MO)]：找到 1 个
    按放样次序选择横截面或 [点(PO)/合并多条
边(J)/模式(MO)]：找到 1 个，总计 2 个
    按放样次序选择横截面或 [点(PO)/合并多条
边(J)/模式(MO)]：找到 1 个，总计 3 个
    按放样次序选择横截面或 [点(PO)/合并多条
边(J)/模式(MO)]：
    选中了 3 个横截面    （依次选中后腿的三
个横截面）
    输入选项 [导向(G)/路径(P)/仅横截面(C)/设
置(S)] <仅横截面>：s
    （输入"S"弹出第8步所示的放样设置对话框）
```

STEP 09 单击确定后如下图所示。

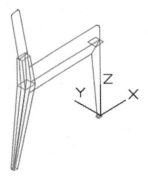

STEP 06 将正交打开，然后在命令行输入"m（移动）"，将上步绘制的矩形沿Y轴方向移动，将矩形的中点与立面图的椅子腿居中对齐，如下图所示。

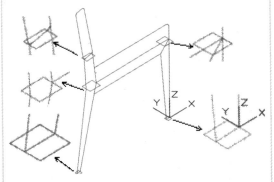

STEP 08 在放样设置对话框中选择"直纹"，如下图所示。

STEP 10 重复放样命令，绘制前腿，如下图所示。

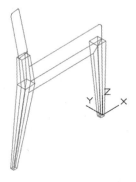

14.5.2 绘制坐垫、望板和横档

　　坐垫是绘制椅子的重点和难点，其中对齐望板、横档的绘制都比较繁琐复杂，坐垫的具体绘制步骤如下，坐垫绘制完成后如右图所示。

STEP 01 将"坐垫"层置为当前层，然后在命令行输入"ext（拉伸）"，将坐垫平面图沿Z轴正方向拉伸50，结果如下图所示。

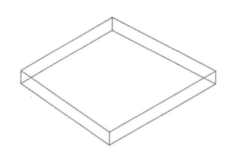

STEP 02 在命令行输入"3r（三维旋转）"，将椅腿绕Z轴旋转90°，并将原来的立面图删除，结果如下图所示。

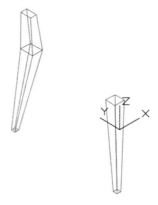

STEP 03 在命令行输入"al（对齐）"，根据命令行提示，捕捉源点1，目标点2；源点3，目标点4；源点5，目标点6，如下图所示。

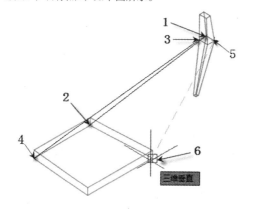

STEP 04 将后腿坐垫对齐后如下图所示。

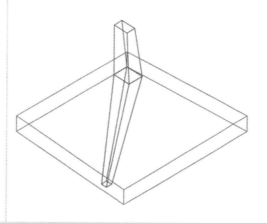

STEP 05 重复对齐命令，将前腿也对齐到相应的位置，结果如下图所示。

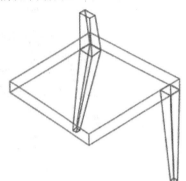

STEP 06 在命令行输入"co（复制）"，分别将前腿和后腿复制到坐垫的另一侧，如下图所示。

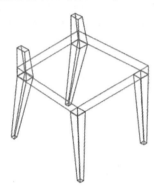

STEP 07 将"坐垫"层隐藏，并将"椅腿"层置为当前层，然后输入"pl（多段线）"，捕捉椅子腿上方矩形截面的中点绘制矩形，结果如下图所示。

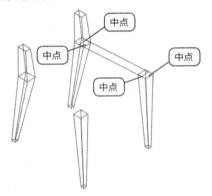

STEP 08 在命令行输入"o（偏移）"，将上步绘制的矩形向内侧偏移10，偏移后删除原矩形，结果如下图所示。

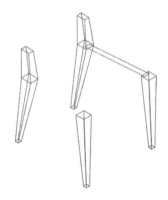

STEP 09 重复7~8步，绘制连接其他截面的中点绘制矩形，并将矩形向内偏移10后，删除原矩形，结果如下图所示。

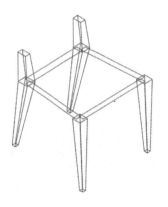

STEP 10 在命令行输入"ext（拉伸）"，将绘制的望板和横档沿Z轴负方向拉伸50，如下左图所示。在命令行输入"uni（并集）"将所有椅腿、望板和撑档合并，将"坐垫"层打开，并将视觉样式切换为"真实"，结果如下右图所示。

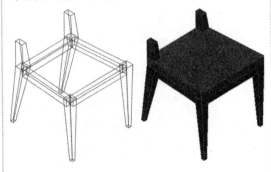

14.5.3 绘制靠背

椅子的靠背是通过长方体绘制出椅子靠背的外形，然后通过旋转将靠背旋转到合适的位置。

STEP 01 将"靠背"层置为当前层，然后在命令行输入"ucs"，以后椅腿的端点为新坐标系的原点创建坐标系，如下图所示。

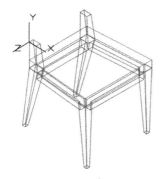

STEP 02 在命令行输入"box（长方体）"，绘制一个50×260×400的长方体（靠背），结果如下图所示。

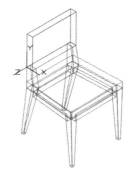

STEP 03 将视图切换为"左视图"，如下图所示。

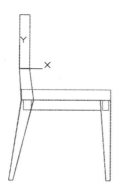

STEP 04 在命令行输入"ro（旋转）"，以长方体的右下端点为基点将其旋转15°，如下图所示。

基点

STEP 05 将视图切换为"西南等轴测"，将视觉样式切换为"真实"，并将坐标系移动到其他空白区域后如下图所示。

STEP 06 单击"实体"选项卡"实体编辑"面板中的"圆角边"按钮，对靠背的拐角处进行圆角，圆角半径为20，结果如下图所示。

R20

14.6 知识点延伸——渲染、光源和材质

渲染是基于三维场景来创建二维图像，使用已设置的光源、已应用的材质和环境设置，为场景的几何图形着色。

在AutoCAD中用户创建的光源有点光源、聚光灯和平行光，还可以模拟太阳光。

向对象添加材质会显著增强模型的真实感。在渲染环境中，材质描述对象如何反射或发射光线。在材质中，贴图可以模拟纹理、凹凸效果、反射或折射。

14.6.1 渲染

渲染是三维创建的后期处理，它能使图形饱含色彩和更具有真实感。

1. 渲染的功能和调用方法

AutoCAD的渲染模块具有以下几个功能，如下表所示。

AutoCAD渲染模块与常用功能

AutoCAD渲染模块的功能	支持4种类型的光源：点光源、聚光源、平行光源和广域网灯光，另外，还支持色彩并能产生阴影效果
	支持透明和反射材质
	在曲面上加上位图图像来帮助创建真实感的渲染
	加上人物、树木和其他类型的位图图像进行渲染
	完全控制渲染的背景
	对远距离对象进行明暗处理来增强距离感

渲染命令的调用方法如下。

① 选择"视图" > "渲染" > "渲染"菜单命令。

② 单击"可视化"选项卡"渲染"面板中的"渲染"按钮 🍵。

③ 在命令行输入"render（rr）"并按空格键或Enter键。

2. 渲染的参数设置

选择"视图" > "渲染" > "高级渲染设置"菜单命令，弹出如右图所示的"高级渲染设置"选项面板，该面板中可以控制许多影响渲染器如何处理渲染任务的设置，尤其在渲染较高质量的图像时。

（1）预设渲染品种

渲染预设存储了多组设置，使渲染器可以产生不同质量的图像。标准预设的范围从草图质量（用于快速测试图像）到演示质量（提供照片级真实感图像），如下左图所示。

使用标准预设作为基础，可以尝试各种设置并查看渲染图像的外观。如果用户对结果感到满意，可以创建一个新的自定义预设，如下右图所示。

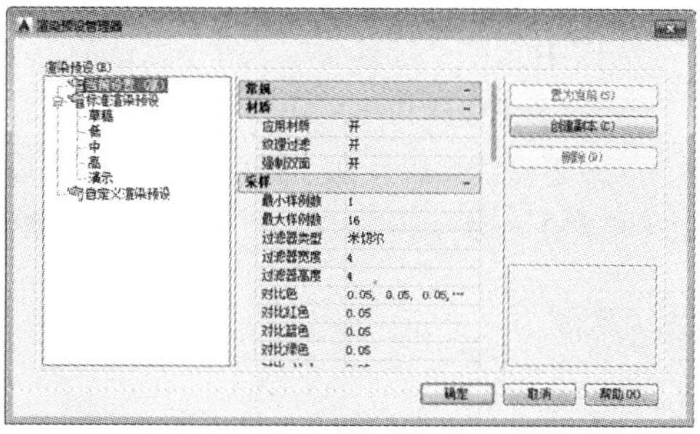

（2）渲染描述

“渲染描述”参数栏包含影响模型获得渲染的方式的设置。包括“过程、目标、输出文件名称、输出尺寸、曝光类型和物理比例”6个选项，如下左图所示。

输出“文件类型”格式有BMP（*.bmp）、PCX（*.pcx）、TGA（*.tga）、TIF（*.tif）、JPEG（*.jpg）和PNG（*.png）。

打开“输出尺寸”列表将显示4种最常用的输出分辨率，如下中图所示。注意，自定义输出尺寸不会与图形一起存储，并且不会跨绘图任务保留。

（3）材质

“材质”参数栏如下右图所示，包含影响渲染器处理材质方式的设置。

用户如果未选择“应用材质”选项，图形中的所有对象都假定为Global（全局）材质所定义的颜色、环境光、漫射、反射、粗糙度、透明度、折射和凹凸贴图属性值。

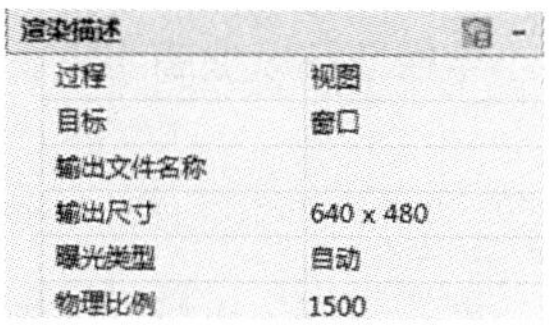

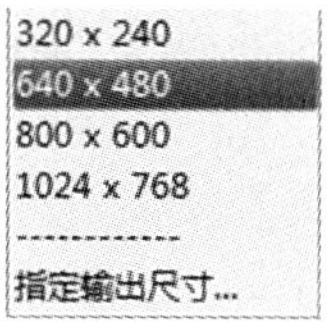

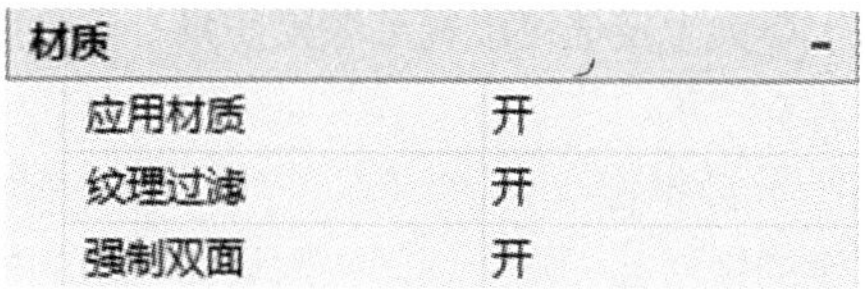

（4）采样

“采样”参数栏中的参数是用于控制渲染器执行采样的方式，采样参数栏如下左图所示。

单击“对比色”后面的“▭”打开“选择颜色”对话框，从中可以交互指定RGB的阈值，用户通过设置对比红色、对比蓝色和对比绿色分量的阈值的值来控制对比色。

这些值已被正则化且范围介于0.0和1.0之间，其中0.0表示颜色分量完全不饱和（黑色或以八位编码表示的0），1.0表示颜色分量完全饱和（白色或以八位编码表示的255）。

（5）阴影

“阴影”参数栏中包含影响阴影在渲染图像中显示方式的设置，如下中图所示。启用“💡”则渲染过程中计算阴影，关闭“💡”则渲染过程中不计算阴影。

阴影的模式可以是“简化”模式、“分类”模式或“分段”模式。简化是指按随机顺序生成阴影着色器。分类按从对象到光源的顺序生成阴影着色器。分段是指沿光线从体积着色器到对象和光源之间的光线段的顺序生成阴影着色器。

（6）光线跟踪

"光线跟踪"参数栏中包含影响渲染图像着色的设置，如下右图所示。启用"🔘"则着色时执行光线跟踪，关闭"🔘"则着色过程中不执行光线跟踪。

最大深度：限制反射和折射的组合。当反射和折射总数达到最大深度时，光线追踪将停止。例如，如果"最大深度"等于3并且两个跟踪深度都等于默认值2，则光线可以反射两次，折射一次，或者反射一次折射两次，但是不能反射和折射4次。

最大反射（折射）：设定光线可以反射（折射）的次数。设定为0时，不发生反射（折射）；设定为1时，光线只反射（折射）一次；设定为2时，光线可以反射（折射）两次，依此类推。

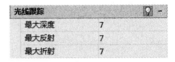

（7）全局照明

"全局照明"参数栏中的参数用于设置影响场景的照明方式，如下左图所示。启用"🔘"，指定光源将间接光投射到场景中，关闭"🔘"则不将指定光源投射到场景中。

光子/样例：用于计算全局照明强度的光子数。增加该值将减少全局照明的噪值，但会增加模糊程度。减少该值将增加全局照明的噪值，但会减少模糊程度。样例值越大，渲染时间越长。

（8）最终聚集

"最终聚集"参数如下中图所示。光线用于计算最终采集中间接发光的光线数。增加该值将减少全局照明的噪值，但同时会增加渲染时间。

减少最大半径值可以提高渲染质量，但会增加渲染时间。增加最小半径值可以提高渲染质量，但会增加渲染时间。

（9）光源特性

光源的特性会影响计算间接发光时光源的操作方式。默认情况下，能量和光子设置可应用于同一场景中的所有光源，"光源特性"参数如下右图所示。

光子/光源增加将增加全局照明的精度，但同时会增加内存占用量和渲染时间。减少该值将改善内存占用和减少渲染时间，且有助于预览全局照明效果。

能量乘数用于增加全局照明、间接光源、渲染图像的强度。

14.6.2 光源

创建光源的方式有以下几种。

① 选择"视图>渲染>光源"菜单,然后在菜单中选择要创建的光源类型,如下图所示。

② 单击"可视化"选项卡"光源"面板"创建光源"的下拉按钮 ⬚。

③ 在命令行输入"light"并按空格键或Enter键。

AutoCAD默认光源来自两个平行光源,在模型中移动时该光源会跟随视口。模型中所有的面均被照亮,以使其可见。用户可以控制默认光源的亮度和对比度。用户要想进一步控制光源,就要创建属于自己的光源。

AutoCAD为用户提供了3种光源类型,分别是点光源、聚光灯和平行光。

点光源:点光源从其所在位置向四周发射光线。除非将衰减设置为"无",否则点光源的强度将随距离的增加而减弱。可以使用点光源来获得基本照明效果,如下左图所示。

聚光灯:聚光灯发射定向锥形光,可以控制光源的方向和圆锥体的尺寸。聚光灯的强度随着距离的增加而衰减。可以用聚光灯亮显模型中的特定特征和区域,如下右图所示。

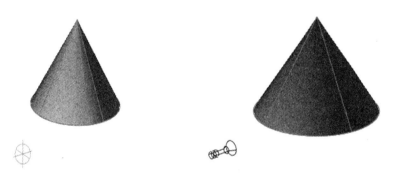

平行光:平行光仅向一个方向发射统一的平行光光线。可以在视口中的任意位置指定From点和To点,以定义光线的方向。图形中没有表示平行光的光线轮廓。

平行光的强度并不随着距离的增加而衰减;对于每个照射的面,平行光的亮度都与其在光源处相同。可以用平行光统一照亮对象或背景。

平行光只有方向性,即使在光源后的对象也能被它照射到。平行光在其光源定位点用一个标有Direct的光源图标表示。在光源图标上的平行线(代表平行光束)表示光源的方向。

14.6.3 材质

材质可以通过材质浏览器赋予图形材质，也可以通过贴图给图形赋予材质，然后通过材质编辑器对所赋予的材质进行编辑。

1. 材质编辑器

调用"材质编辑器"面板的方式有以下几种。

① 选择"视图>渲染>材质编辑器"菜单，如下中图所示。

② 单击"可视化"选项卡"材质"面板旁边的按钮 ↘

③ 在命令行输入"materials"并按空格键或Enter键。

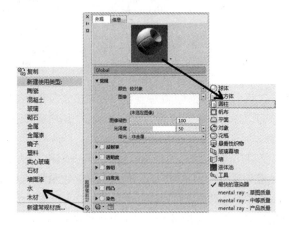

采样类型：单击按钮 ⊡，弹出如上右图所示的列表，单击其中一个类型，就可以把当前被选中的材质样本变为所选的形状，例如设置为圆柱体、立方体或其他类型。

创建或复制材质：单击按钮 ⊕·，可以创建新的材质或者复制一个材质库中的材质，系统会弹出一个如上左图所示的列表，这里提供了材质库中的所有材质类型。

2. 材质特性

图形中始终包含默认的"通用"材质，它使用真实样板。用户可以将该材质或任何其他材质用作创建新材质的基础，在此基础上编辑各项材质特性，如下图所示。

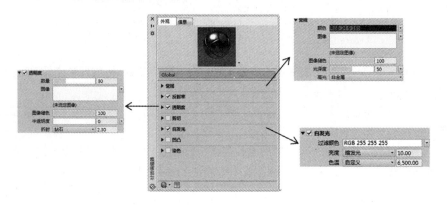

选项卡中主要选项及其参数解释如下表所示。

材质编辑器选项卡说明

选项卡	参 数	解 释
常 规	颜 色	设置材质的漫反射颜色，也可以称为对象的固有色
	图 像	单击此处，可以为材质指定一张贴图（关于贴图的相关内容见3）
	图像褪色	控制基础颜色和漫射图像之间的混合。仅当使用图像时才可编辑图像褪色特性
	光泽度	设置材质的反光度或粗糙度，若要模拟有光泽的曲面，材质应具有较小的高亮区域，并且其镜面颜色较浅，甚至可能是白色。较粗糙的材质具有较大的高亮区域，并且高亮区域的颜色更接近材质的主色
	高 光	此特性控制材质的反射高光的获取方式。金属高光以各向异性方式发散光线。各向异性指的是依赖于方向的材质特性。金属高光是材质的颜色，而非金属高光则是光线接触材质时所显现出的颜色
透明度	透明度	透明对象可以传递光线，但也会散射对象内的某些光线；例如玻璃。透明值百分比为0.0时，材质不透明；为100.0时，材质完全透明
	折 射	在半透明材质中，光线通过材质时将被弯曲，因此通过材质将看到对象被扭曲。例如，折射率为1.0时，透明对象后面的对象不会失真。折射率为1.5时，对象会严重失真，就像通过玻璃球看对象一样（不适用于金属样板）
自发光		对象本身发光的外观。例如，若要在不使用光源的情况下模拟霓虹灯，可以将自发光值设定为大于零。没有光线投射到其他对象上（不适用于金属样板）

3. 贴图

贴图包括二维图像或贴图，作为创建材质的一部分投射到三维对象的表面以创建真实效果。

漫射贴图可以为材质的漫射颜色指定图案或纹理。贴图的颜色将替换材质的漫射颜色。例如，要使一面墙看上去是由砖块砌成的，可以选择具有砖块图像的贴图。用户还可以使用任何纹理贴图或程序材质（木材材质和大理石材质）的一种。

● 纹理贴图

（1）单击"材质编辑器"面板的空白"图像"参数栏，弹出AutoCAD自带的图像文件，如下左图所示，选择其中一种，如下右图所示。

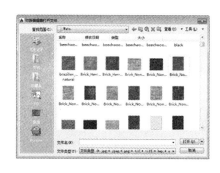 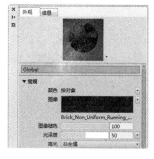

（2）右键单击附着的图像，在弹出的下拉列表中可以选择其他图像替换贴图，也可以选择编辑图像或删除图像，如对页左图所示。

（3）单击"材质编辑器"上的贴图，弹出"纹理编辑器-COLOR"面板，在此面板上可以编辑贴图的亮度、位置和贴图比例等参数，如对页右图所示。

● 程序贴图

程序材质具有某些特性，用户可以调整这些特性获得想要的效果，例如，木材材质中木纹的颜色、颗粒。贴图也可以用于其他用途，也可以为同一材质使用多个贴图，主要有以下几种。

凹凸贴图：创建浮雕或浅浮雕效果。深色区域被解释为没有深度，而浅色区域被解释为突出。凹凸贴图会显著增加渲染时间，但会增加场景的真实感。

反射贴图：使用环境贴图模拟在有光泽对象的表面上反射的场景。要使反射贴图获得较好的渲染效果，材质应有光泽，反射位图本身应具有较高的分辨率（至少 512×480 像素）。

不透明贴图：指定不透明和透明的区域。

4. 材质浏览器

调用"材质浏览器"面板的方式有以下几种。

① 选择"视图>渲染>材质浏览器"菜单，如下左图所示。

② 单击"可视化"选项卡"材质"面板的"材质浏览器"选项。

③ 在命令行输入"matbrowseropen"并按空格键或Enter键。

双击材质的名称，可以把材质附着给模型，同时回到"材质编辑器"对话框，如下右图所示，同样，单击"材质编辑器"底部的按钮，可以打开或关闭"材质浏览器"。

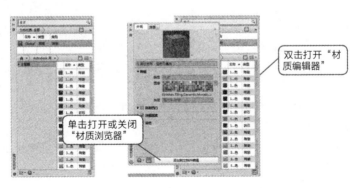

双击打开"材质编辑器"

单击打开或关闭"材质浏览器"

读书笔记

读书笔记